环境承载力评估监测预警的理论方法与实证研究

蒋洪强　刘年磊　卢亚灵　胡　溪　著

中国环境出版集团·北京

图书在版编目（CIP）数据

环境承载力评估监测预警的理论方法与实证研究/蒋洪强等著．—北京：中国环境出版集团，2019.7

ISBN 978-7-5111-3993-1

Ⅰ．①环…　Ⅱ．①蒋…　Ⅲ．①环境承载力—评估方法　Ⅳ．①X-21

中国版本图书馆 CIP 数据核字（2019）第 093987 号

出 版 人　武德凯
责任编辑　葛　莉　宾银平
责任校对　任　丽
封面设计　宋　瑞

出版发行　中国环境出版集团
（100062　北京市东城区广渠门内大街 16 号）
网　　址：http：//www.cesp.com.cn
电子邮箱：bjgl@cesp.com.cn
联系电话：010-67112765（编辑管理部）
发行热线：010-67125803，010-67113405（传真）
印　　刷　北京中科印刷有限公司
经　　销　各地新华书店
版　　次　2019 年 7 月第 1 版
印　　次　2019 年 7 月第 1 次印刷
开　　本　787×960　1/16
印　　张　16.25
字　　数　306 千字
定　　价　80.00 元

前　言

近几十年来，中国经济社会高速发展，过度依赖高资源消耗、高污染排放的粗放型发展方式，导致环境污染和生态破坏问题突出，资源环境越来越成为经济社会发展的制约瓶颈，深刻地影响着我国现代化进程。如何科学衡量资源环境对经济社会发展的承载能力，提出适合中国国情、适应不同区域自然条件和社会经济发展水平的资源环境承载力空间规划与优化模式，有效解决日趋严重的资源环境问题，已成为中央及各级政府关注的重大议题。

党的十八届三中全会通过的《中共中央关于全面深化改革若干重大问题的决定》明确指出，“建立资源环境承载能力监测预警机制，对水土资源、环境容量和海洋资源超载区域实行限制性措施”。资源环境承载力监测预警机制的建立成为全面深化生态文明体制改革的一项重大任务。此项工作由国家发展和改革委员会牵头，包括生态环境部（原环境保护部）在内的 13 个部门参加。生态环境部主要负责建立环境承载能力监测预警机制，具体由生态环境部环境规划院作为技术支撑单位开展相关工作。2014 年年底，经国务院同意，国家发展和改革委员会联合生态环境部等 12 个部门印发了《建立资源环境承载能力监测预警机制的总体构想和工作方案》。中国科学院地理科学与资源研究所作为技术牵头单位，联合生态环境部环境规划院、中国土地勘测规划院、水利部水利水电规划设计总院、中国农业科学院、国家海洋环境监测中心、北京林业大学、中科院生态中心等研究机构进行联合技术攻关。

2014 年以来，按照国家发展和改革委员会的统一安排和部署，在生态环境部的组织指导下，生态环境部环境规划院作为主要技术支撑单位，深入开展了环境承载力评价方法、预警方法、多目标优化调控方法，以及平台开发框架等相关研究，取得了一系列研究成果。2014 年，编制完成《2013 年度全国环境承载能力评价报告》。2015 年，重点开展技术方法研究，编制完成《环境承载能力评估指标与方法研究报告》，并配合中科院完成《全国资源环境承载能力监测预警技术方法》，开展了河北省试点地区环境承载力评价工作。2016 年，开展了京津冀区域试评价工作，编制完成《京津冀区域环境承载能力试点评估报告》，参与编写了国家发展和改革委员会联合生态环境部等 12 个部门下发的《资源环境承载能力监测预警技术方法（试行）》。2017 年，配合完成《中共中央办公厅　国务院办公厅关于建立资源环境承载能力监测预警长效机制的若干意见》，同时编写完成《长江经济带环境承载能力试点评价报告》。

本书系统梳理了关于环境承载力的基本理论、评价方法、预警方法、多目标调控方法，以及试点评价、平台开发等方面的研究成果，建立了环境承载力评价监测预警技术方法体系。全书共分 8 章，第 1 章对环境承载力监测预警的概念、内涵、机制，以及国内外研究进展进行了深度分析和综述研究。第 2 章为环境承载力监测预警技术体系部分，构建了环境承载力监测预警指标体系、评估模型和阈值确定、监测预警模型以及优化调控模型技术方法。第 3 章至第 8 章为实证研究部分，其中第 3 章至第 5 章分别从全国、京津冀区域以及长江经济带层面开展了环境承载力评价，进行了超载成因解析和政策预研，得出了环境承载力监测预警结论；第 6 章重点结合主体功能区定位，针对全国以及京津冀、西北五省（自治区）等重点区域，提出了环境承载力约束下的全国产业发展、能源产业和重点区域产业布局调控战略对策；第 7 章在对全国及各省环境容量测算的基础上，构建了主体功能区环境容量约束力指标地区分解方法，提出了各省环境容量约束力目标分解方案；第 8 章着重介绍了环境承载力监测预警平台开发的框架、功能和开发成果。

环境承载力监测预警研究是一项崭新领域和开创性工作，笔者将工作中取得的技术方法和成果整理成书并发行，希望本书的工作能够推动环境承载力监测预警领域的深入讨论与思考，并促进更多相关问题的提出、发掘、探讨与解决，从而更好地为全国落实主体功能区规划、优化空间格局，推进生态文明建设提供坚实的支撑。

全书由蒋洪强研究员提出框架和撰写方案，指导主笔者完成各个章节初稿，然后进行逐章逐节数次修改、讨论、完善和最终统稿定稿。第 1 章由胡溪、刘年磊负责；第 2 章由刘年磊、卢亚灵、段扬负责；第 3 章由刘洁、卢亚灵、刘年磊负责；第 4 章由刘年磊、卢亚灵、吴文俊负责；第 5 章由胡溪、刘年磊、卢亚灵、杨勇负责；第 6 章由吴文俊、刘年磊、段扬负责；第7章由李勃、卢亚灵、刘年磊负责；第8章由李红华、郭晓、杨勇负责。

本书的研究与出版得到了生态环境部财政预算重点项目（2110107）、国家水体污染控制与治理科技重大专项（2012ZX07601-002）与中国工程院咨询项目“生态文明建设若干战略问题研究（二期）”（2015-ZD-16）经费资助。本书在写作与相关研究的开展过程中，得到了生态环境部大气司、综合司、环评司领导，以及生态环境部环境规划院王金南院长的精心指导和帮助，在此表示衷心的感谢！

本书所反映的研究工作虽然取得了一定的进展，但由于作者的知识和经验有限，加之相关研究尚处于起步阶段，书中难免出现疏漏和不足之处，殷切希望读者不吝批评指正。

目　录

第1章　概述

本章着重于环境承载力的基本理论研究，系统阐释了环境承载力、承载力评价和预警的基本概念与内涵，深入探讨了环境承载力国内外研究进展，并对我国环境承载力监测预警机制在技术方法、试点评估等方面的进展情况进行了详细介绍，在此基础上总结分析了我国环境承载力监测预警工作面临的问题与挑战，对环境承载力评价方法研究趋势进行了展望，为进一步开展该领域的深入研究提供了重要参考。

1.1　环境承载力的概念与内涵

1.1.1　承载力概念的由来

承载力（carrying capacity）来源于物理力学领域，是指物体在不产生任何破坏时的最大荷载，在工程领域是描述地基的强度对建筑物负重的最大能力，可通过实验或经验公式方法进行度量。后来承载力的概念逐渐被引入生物学和区域系统研究中，分别指某一生境（habitat）所能支持的某一物种的最大数量和区域系统对外部环境变化的最大承受能力。从上述概念可知，承载力包含着一定的极限思想，这早在亚里士多德时代就有论述。工业革命兴起后，随着人类生产水平和生活水平的快速提高，承载力概念遂被正式提出，其内涵与外延随着社会经济的发展不断拓展。

关于承载力研究的起源最早可追溯到 1758 年法国重农学派经济学家魁奈（Quesnay），其在《经济表》一书中讨论了土地生产力与经济财富的关系。继后，1798 年 T. 马尔萨斯（T. Malthus）发表了著名的《人口学原理》，其中假设食物是限制人口增长的唯一因素，且人口呈指数增长和食物呈线性增长，这种增长倾向受资源环境（主要是土地和粮食）的约束，会限制经济增长。他提出了第一个承载力研究的基本框架，即根据限制因子的状况，得出研究对象的极限数量，不仅为承载力概念赋予了现代内涵，而且对后世达尔文的生物学和生态学发展乃至对 20 世纪的人口学和经济学研究都产生了深远影响。1838 年，Verhust 将马尔萨斯的人口增长数学模型化，他根据 19 世纪早期法国、比利时、俄国和英国的埃塞克斯 20 年的人口统计资料，提出了著名的逻辑斯缔方程（Logistic Equation），用容纳能力指标反映环境因素对人口增长的约束，这是最早的承载力概念数学表达式。与承载力有关的内容虽然早已开始研究，但直到 1921 年，人类生态学家帕克（Park）和伯吉斯（Burgess）才确切提出了承载力这一概念，即“某一特定环境条件下（主要指生存空间、营养物质、阳光等生态因子的组合），某种个体存在数量的最高极限”。由此可知，关注极限机制问题尚未得到重视，且研究对象的范畴也极其有限。生态学上容纳能力的概念是建立在种群增长的逻辑斯缔方程基础上，Hawden 和 Palmer 在 1922 年将容纳能力定义为“在环境干扰变化条件下，给定区域的生态系统能支持的种群数量变化的一个范围”。该定义首先指明了环境状态与种群数量变化之间的关系，使关于容纳能力的研究从种群增长率的变化转向种群增长率与环境状态变化之间均衡的研究，由绝对数量转向了相对平衡数量，但该定义留下了评估种群和环境之间相互作用大小的难点。1933 年，Leopold 对容纳能力也进行了相似的定义：为区域生态系统能支撑的最大种群密度变化的范围。Nicholson 在其著名的蝴蝶实验中得出的分析结论表明，加入人口变化的时间滞后因子能更好地拟合逻辑斯缔增长方程。1949 年，美国学者 William 提出了土地资源承载力的概念，他认为土地的生产潜力决定了它为人类提供饮食住所的能力。这种土地向人们提供粮食、衣着、住所的能力以及环境阻力对生物潜力限制的程度是土地资源承载力的主要内涵。1953 年，Odum 在《生态学原理》（*Fundamentals of Ecology*）中，赋予了承载力概念较精确的数学形式，将承载力与对数增长方程相联系。

20 世纪六七十年代，随着资源耗竭和环境恶化等全球性问题的爆发，人们逐渐意识到生态系统与人类之间的相互矛盾与依存关系。承载力研究范围迅速扩展到了整个生态系统。相比环境容量，承载力研究更多考虑环境变化和人类活动对生态环境的影响。研究目的由种群平衡延伸到社会决策，承载本质由绝对上限走向相对平衡，研究对象日趋复杂，概念核心由现象描述转向机制分析，承载理念由静态平衡转到动态变化，进而深化到系统可持续发展。1972 年罗马俱乐部《增长的极限》指出“土地、可供开采的资源和容纳环境污染能力的有限性不能支持人类经济的无限增长”，同年，联合国在瑞典斯德哥尔摩召开人类环境会议提出“可持续发展”（sustainable development）一词；1985年联合国教科文组织（UNESCO）和世界粮农组织（FAO）提出了“资源承载力”（resources carrying capacity）的概念；1987年世界环境与发展委员会出版《我们共同的未来》对“可持续发展”做出了科学定义，此后“可持续发展”成为“承载力”研究的核心理念。1995年，Arrow等发表《经济增长、承载力和环境》一文，引发了人们对环境承载力相关问题的高度关注。当前，承载力研究领域涵盖自然资源、环境污染及生态系统承载力范畴，研究范围逐渐从定性转为定量，从单一要素转向综合性多要素，从以生物种群、人口数量及经济增长极限探索逐渐转向人类经济社会可持续发展面临纷繁复杂现实问题的研究。

图1-1给出了百年来国内外资源环境承载力研究的重要事件，表1-1则给出了承载力概念的演化与发展。

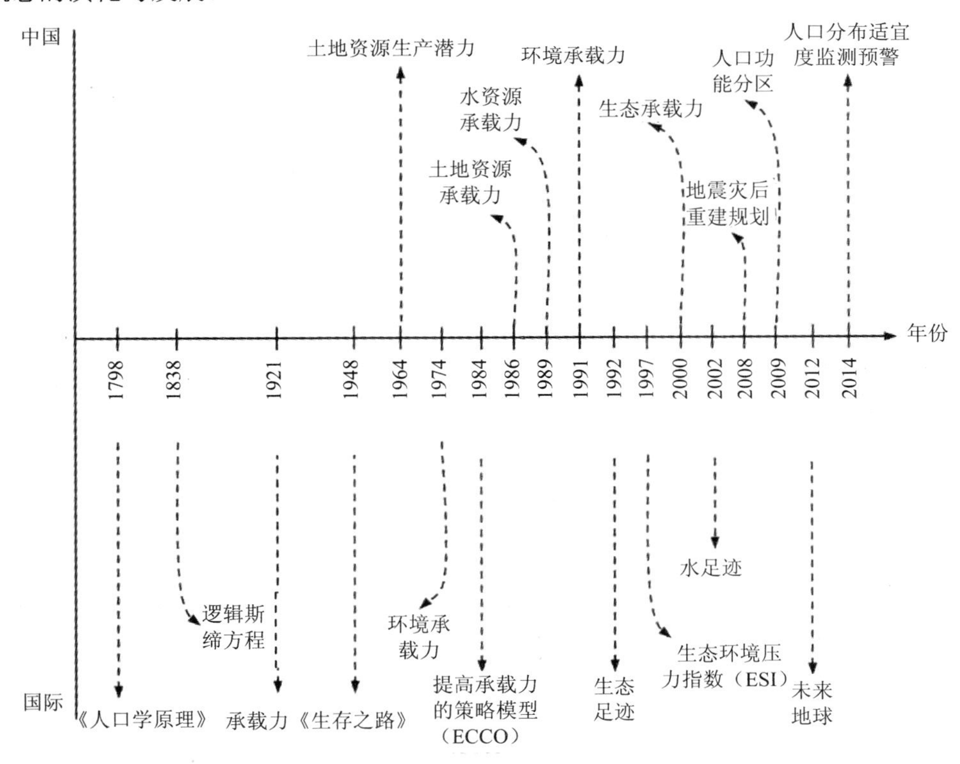

图1-1 百年来国内外资源环境承载力研究的重要事件

表 1-1 承载力概念的演化与发展

承载力名称		产生背景	承载力的含义
种群承载力		生态学发展	生态系统中可承受的某种种群数量
资源承载力	土地资源承载力	人口剧增，土地资源紧缺	土地资源的生产能力及可承受的最大人口数量
	水资源承载力	人口膨胀，工业用水增加，水环境污染导致水资源短缺	水资源可支持的最大人口数量、可支持的工农业生产活动强度
	矿产承载力	资源短缺	矿产资源所容纳的人口数量
	森林承载力	森林砍伐	森林资源所能承受的人口数量
	旅游承载力	旅游广泛	旅游景点所能承受的最大人口数量
	……	……	……
环境承载力	水环境	环境污染	某特定环境对人口增长和经济发展的承载能力
	大气环境		
	土壤环境		
生态承载力		生态污染	生态系统可承载的人类社会经济活动的能力

1.1.2 环境承载力的概念与特征

环境承载力的概念是随着人类对环境问题认识的不断深入以及环境科学的发展而提出的，其理论雏形源于环境容量。与资源承载力相类似，它是区域环境与经济发展矛盾激化的结果，本质上反映了两者的辩证关系。1974 年，Bishop 在其《区域环境管理中的承载力》一书中认为环境承载力是“在维持一个可以接受的生活水平前提下，一个区域能永久承载的人类活动的强烈程度”。1978 年，Schneider 则认为环境承载力是“自然或人造环境系统在不会遭到严重退化的前提下，对人口增长的持续容纳能力”，明确了主客体之间的关系，既包括发展性的正向因子，又存在其限制作用的负向效应。中国环境界在 20 世纪 70 年代后期引入环境容量的概念，并于 1991 年在《我国沿海新经济开发区环境的综合研究——福建省湄洲湾开发区环境规划综合研究报告》中首次明确提出环境承载力的概念。该报告给出的环境承载力的概念为“某一时期、某种环境状态下，某一区域环境对人类社会经济活动支持能力的阈值”。所谓的“某种环境状态”，实际上指的是环境系统的结构不向明显不利于人类生存方向转变时环境系统所保持的状态。

1996年，彭再德等在对上海市浦东新区5个开发小区区域环境承载力分析研究的基础上，提出了区域环境承载力饱和度的概念，用来衡量区域环境系统对区域经济社会活动的承受能力，他们认为，“区域环境承载力是指在一定时期和一定区域范围内，在维持区域环境所承受的区域社会经济活动的适宜程度”。1997年，叶文虎、唐剑武则将环境承载力定义为：“某一时期、某种状态下、某一区域环境对人类社会经济活动支持能力的阈值。”2001年，毛汉英、余丹林认为所谓的某种环境状态，是指环境系统的结构不向明显不利于人类生存方向转变，同样从主客体两个方面反映了“平衡范围”的概念。随后，国内学者围绕基础理论、评价方法及实践应用等方面对区域大气、水、土壤、噪声、固体废物和辐射等单一环境要素的承载力开展了深入研究，环境对各种污染物的容纳能力以及人类在不损害环境的前提下能够进行的最大活动限度成为环境承载力研究的核心。进入21世纪，环境承载力研究的方法日趋多样化，研究的深度和可操作性不断提高，相关成果在环境管理与规划、区域可持续发展等领域也得到广泛的应用。

综上所述，环境承载力就是指在一定时期、一定状态或条件下、一定的区域范围内，在维持区域环境系统结构不发生质的变化、环境功能不遭受破坏的前提下，区域环境系统所能承受的人类各种社会经济活动的能力，即环境对区域社会经济发展的最大支持能力，是环境的基本属性和有限的自我调节能力的量度。环境承载力的大小可用人类活动（或指人类活动导致的污染物排放）的规模、强度、速度等指标表示。根据不同环境要素，环境承载力包括大气环境承载力、水环境承载力、土壤环境承载力等。本书中讨论的环境承载力主要聚焦于大气环境承载力和水环境承载力。

（1）大气环境承载力

大气环境承载力（atmospheric environment carrying capacity，AECC）研究是从地理气象、能源消费、社会生活等众多因素之间的关系入手研究大气环境与人类活动间的关系，从而为人口、社会、经济与环境的协调发展提供科学依据。大气环境承载力一般定义为在一定时期、一定状态或条件下、一定的区域范围内，在维持区域大气环境系统结构不发生质的变化、大气环境功能不遭受破坏的前提下，区域大气环境系统所能承受的人类各种社会经济活动的能力。大气环境承载力反映了人类与环境相互作用的界面特征，是研究环境与经济是否协调发展的一个重要判据（王俭等，2005；郑滢玥，2011；洪阳等，1998；彭再德，1996）。

（2）水环境承载力

水环境承载力（water environment carrying capacity，WECC）研究是从水环境、宏观经济、人口、社会等众多因素之间的关系入手，从本质上反映环境与人类活动间的辩证关系，从而为人口、社会、经济与环境的协调发展提供科学依据。目前，国内外尚无统一和成熟的水环境承载力研究方法，且国外大都将其纳入可持续发展的范畴进行研究（Clarke，2002；Campbell，1998）。近年来，我国学者通过对水环境承载力概念和内涵的研究，提出了水环境承载力的定义，即在某一时期、一定环境质量要求下，在某种状态或条件下，某流域（区域）水环境在自我维持、自我调节能力和水环境功能可持续正常发挥的前提下，所支撑的人口、经济及社会可持续发展的最大规模（李清龙等，2004，2005；赵卫等，2007）。

环境承载力作为判断人类社会经济活动与环境是否协调的依据，具有以下主要特征：①客观性和主观性。客观性体现在一定时期、一定状态下的环境承载力是客观存在的，是可以衡量和评价的，它是该区域环境结构和功能的一种表征；主观性体现在人们用怎样的判断标准和量化方法去衡量它，也就是人们对环境承载力的评价分析具有主观性。②区域性和时间性。环境承载力的区域性和时间性是指不同时期、不同区域的环境承载力是不同的，相应评价指标的选取和量化评价方法也应有所不同。③动态性和可调控性。环境承载力的动态性和可调控性是指其大小是随着时间、空间和生产力水平的变化而变化的。人类可以通过改变经济增长方式、提高技术水平等手段来提高区域环境承载力，使其向有利于人类的方向发展。

1.1.3 环境承载力预警的内涵

预警是指在灾害或灾难以及其他需要提防的危险发生之前，根据以往总结的规律或观测得到的可能性前兆，发出紧急信号，报告危险情况，以避免危害在不知情或准备不足的情况下发生，从而最大限度地减轻危害及损失的行为。在灾害预警、突发事件预警、大风预警等表达中，预警的对象分别为灾害、突发事件和大风等。

预警在军事领域的运用时间较长，随着社会的发展，预警概念逐渐进入社会经济领域。从经济学意义上讲，预警是指对经济系统未来的演化趋势进行预期性评价，提前发现经济系统未来运行可能出现的问题及成因。国内外在多方面开展了预警研究，本书主要介绍经济预警和环境预警两个方面。

（1）经济预警

经济预警研究起源于19世纪末20世纪初，福里利（Forelli）指出经济波动和气象观测一样是可以预测的，可采用经济晴雨表预测宏观经济波动。1909年，美国经济统计学家巴布森认为经济波动遵循力学中“作用力与反作用力大小相等方向相反”的原理，提出了“经济活动指数”，用来预测经济活动。20世纪70年代末期，预警系统本身已日趋成熟。1979年美国全国经济研究局与美国哥伦比亚大学国际经济循环研究中心合作，建立了国际经济指标系统。在经济预警方法与其他经济理论结合上也出现了许多新的研究成果。现代经济学中的新理论，如新古典均衡理论、货币主义、新供给学派理论、理性预期理论、非均衡理论，以及传统的计量经济学模型、系统动力学模型等模型理论，都在与经济预警方法相结合。

我国最早的经济预警思想出现在春秋战国时代，范蠡提出了“贵上极则反贱，贱下极则反贵”的物价贵贱变化是由供给关系所决定的思想。现代意义下的经济预警出现在20世纪80年代后，针对1985年和1986年我国经济出现的过热现象，国内经济理论界和政府决策部门开始研究我国宏观经济监测预警系统，开展建立预警指标体系、预警理论研究。1988年国家信息中心经济信息部首次发表了我国经济预警信号系统。1997年，国家统计局成立了中国经济景气监测中心，研制了国经指数、国企指数和国房景气指数，建立了企业景气调查系统和消费者景气调查系统。

（2）环境预警

环境污染日趋严重，为了实现经济的持续发展，环境预警逐步受到重视。国外对环境预警的研究开始于20世纪70年代中期，大量的环境预警系统已经建立并且投入应用。1975年建立了全球环境监测系统（GEMS），对全球的环境质量进行监测，实施比较、排序和预警。1984年英国苏格兰资源利用研究所提出了提高资源环境承载能力备择方案的ECCO模型，对生态环境的协调发展实施预警。1985年国际莱茵河保护委员会发起预警报警计划（warning and alarm plan，WAP），推动了水环境事故预警系统的建设。1995年土耳其原子能机构等开发了环境辐射监测预警系统，用于辐射风险预警领域。中国学者对生态环境预警方面开展的研究时间较短，但发展十分迅速。傅伯杰院士对生态环境预警的原理和方法进行了探讨，并通过建立指标体系对中国各省区的生态环境状况进行了排序和预警研究。陈国阶对生态环境预警评价的基本概念、原则与标准、预警类型，以及数学表达形式进行了阐述，并对三峡库区的环境影响预警进行了研究。在理论逐渐建立的基础上，随之开展了大量的实证研究和深入的理论研究。在研究内容上，主要集中在生态环境、生态安全和生态承载力预警方面；在研究方法上，从传统的层次分析法、主成分分析法、模糊综合评价法逐步向变权-物元模型分析法、模糊物元法、BP 神经网络法、遗传算法、元胞自动机等人工智能算法发展，结合 GIS 技术在预警系统中的应用，进一步满足了预警分析动态性和预测性的要求；在研究对象上，既有对单一生态环境的研究，也有针对区域复合生态环境进行的综合预警研究。

按照这一规则，环境承载力预警应该是对承载力各构成要素及其组合的变化规律的预言预判，对未来可能出现的承载力危险进行报告，以避免或缩小因承载力临界超载或超载带来的损失。但从政策制定的需求来看，根据承载力状态的变化诊断发展存在的问题，及时调整限制性和约束性政策，以实现未来可持续发展的目标，更为迫切和重要。因此，环境承载力预警的对象不是环境承载力，而是利用环境承载状态同可持续发展状态存在良好耦合性的特点，通过监测和评价各地区环境超载状况，诊断和预判各地区可持续发展状态，为制定差异化、可操作的限制性措施提供依据。环境承载力监测预警是承载力研究的新领域。环境承载力监测预警，是指通过对环境超载状况的监测和评价，对区域可持续发展状态进行诊断和预判，为制定差异化、可操作的限制性措施奠定基础。考虑到有些环境要素指标的阈值难以确定，可以通过监测超过阈值造成的生态环境损害来预警承载力超载程度。

理论上，无论水环境、大气环境、土壤环境等各类环境都有一个可接纳污染物的合理容量，无论污染物属性、环境自净能力、累积效应等污染过程如何复杂，其结果均表现为环境质量的变化。随着社会经济发展，污染物排放不断占有环境容量、有可能逼近甚至超越环境合理容量，区域发展进入不可持续过程（图 1-2），而且，在环境容量合理范围内有可能存在这样的阈值（即拐点 B_2），一旦污染排放超越该阈值，路径依赖即演变为超越容量上限的过程，或者环境治理成本出现增长拐点。因此，符合可持续发展要求的环境管理，应根据环境剩余容量对社会经济发展过程进行调控，而且预警的不应只是合理容量超越与否，而应同时超前给出临界预警。在环境容量没有具体给出之前，按照环境质量标准或环境质量变化状态进行管理就不失为一种有效且科学合理的方式。

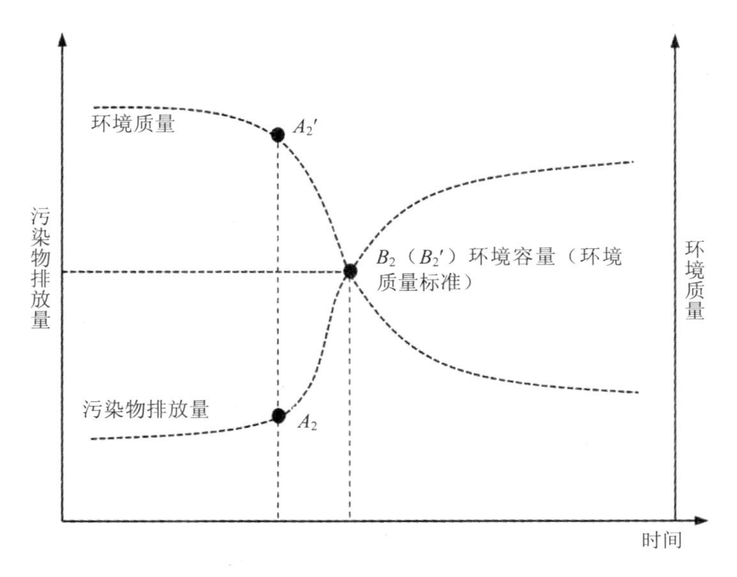

图 1-2　环境类承载力状况

预警的理论基础就是可持续发展的增长极限理论。“增长的极限”指出人口经济增长、资源环境的开发利用都存在“极限”，超过这一“极限”将产生资源短缺、环境污染等一系列问题，进而导致社会经济健康发展难以持续，这已形成共识。其中，“极限”可以认为是资源环境承载力的超载阈值。经济社会发展不与资源环境承载力相协调，其发展的结果必然导致“超载”，因此，采取资源环境承载状态评估来表征区域发展的可持续性是进行监测预警的逻辑起点。如果将人类对资源环境需求表达为承载对象压力，随着承载对象压力不断增加，资源环境（即承载体）的损耗将不断增加，资源环境供给能力随之下降，承载体的脆弱性不断增强（图 1-3）。在人类对资源环境需求和资源环境供给能力之间相互作用的过程中，承载对象压力曲线与承载体脆弱性曲线形成了 3 个重要的阈值节点（或阈值区间），即点 *A*、*B*、*C*，分别为临界超载、超载、不可逆。这里，临界超载是指可能发生惯性逼近超载的状态，或治理与调控的成本激增的拐点；超载是指承载体难以满足承载对象压力增长需要或承载体将出现恶化的状态；不可逆则是指采取任何干扰措施都无法恢复承载体的原有状态。因此，资源环境承载力预警，既要对阈值进行研究并对相应状态进行预警，同时也要对阈值之间的变化过程（如 *AB*、*BC* 段）进行诊断并对相应状态进行预警。也就是说，资源环境承载力预警以可持续性调控为功能定位，既可以通过确定资源环境约束上限或人口经济合理规模等关键阈值的方式进行超载状态的预警，也可通过自然基础条件的变化或资源利用和环境影响的变化态势进行可持续性的预警。

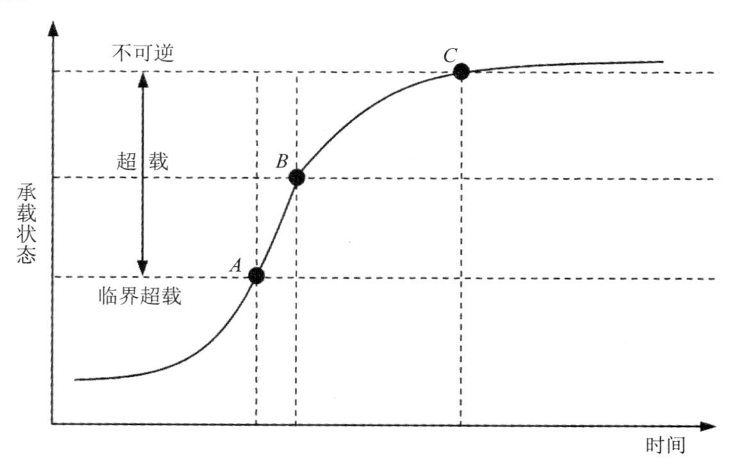

图 1-3 资源环境承载力监测预警过程与内涵

资源环境承载力预警的学术思路可归纳为：以区域可持续发展理论为基础，按照承载体（自然基础）同承载对象（人类生产生活活动）之间形成的“压力—状态—响应”过程，从资源环境约束上限或人口经济合理规模等关键阈值开展超载预警，以及从自然基础条件变化或资源利用和环境影响变化态势开展可持续性预警 2 个维度，采用单项指标与综合指标互动融合、静态分析和过程测度相互支撑、短板效应与集成作用互为佐证、流动资源分配与总量控制相互协调的方式，开展资源环境承载力的预警评估。同时，把反映资源环境承载状态一般规律的评价作为基础，进行地域全覆盖的评价；把反映不同功能区特征的评价作为专项评价和关键阈值确定的依据，进行分类评价；在此基础上进行复合，形成在鲜明主体功能定位指向下具有差别化的评价方法但具有一致性表达的评价结果。最后，通过自然基础条件和人类生产生活之间的相互作用关系，解析资源环境承载力超载原因，并提出优化资源环境配置、调整社会经济发展思路、完善可持续发展体制机制的政策建议。

1.2 环境承载力国内外研究进展

目前，国内外对环境承载力概念以及评估理论和方法尚没有统一的认识，评估方法繁杂多样，总结归纳目前应用较广的评估方法主要包括指标体系综合评价法、生态足迹法、系统动力学方法、优化决策模型、承载率评价法5大类。其中，指标体系综合评价法是通过将反映经济、社会、资源环境、生态状况的多种指标综合成一个指数或综合指标来评价区域的承载能力。常用的指标体系综合评价法有层次分析法（Peng et al.，2016）、PSR（压力—状态—响应）框架模型（Wei et al.，2014；王奎峰等，2014；Zheng et al.，2015）、矢量模法（李磊等，2014）、模糊综合评价法（Gong et al.，2009；段新光等，2014）、主成分分析法（王春娟等，2012）和模糊物元模型（张会涓等，2012）等。指标体系综合评价法的主要优点是计算结果的综合性强，计算过程相对简单，但该方法的结果通常为单一指数，相对抽象，难以对具体管理实践形成有效指导。生态足迹法是承载力量化的另一种经典方法，是一种从资源的供需角度研究承载力问题的模型。该方法通过数学转换方法将区域的自然资源和人类活动强度折合为标准的生产性土地面积，通过比较两者之间的差异判断承载力状况（Wackernagel et al.，1998；Sutton et al.，2012；刘东等，2012）。该方法相对成熟和稳健，结果直观且易于理解，缺点是涉及大量生产力转换参数，在不同区域应用时，面临本土化参数缺少的问题和不同生产性土地功能替代性的假设问题。系统动力学方法在处理复杂、非线性和反馈问题上具有一定的优势，近年来在环境承载力领域得到广泛应用（徐琳瑜等，2013；王西琴等，2014；Yang et al.，2015；Zeng et al.，2016），但该模型的优化功能相对较弱。优化决策模型是环境承载力研究中的另一重要模型，能够处理非线性、动态、不确定性、多目标等多种复杂问题，在环境承载力研究中得到广泛应用（Wang et al.，2013；叶龙浩等，2013；Li et al.，2016；高伟等，2016）。相对于其他模型，优化决策模型的计算结果与管理实践联系紧密且模型功能较为稳健。承载率评价法也是目前应用较多的一种评价方法，它是建立模拟模型计算各项污染因子的环境容量，通过污染物排放量与环境容量比较来表征环境要素承载力状况（薛文博等，2014；白辉等，2016），显然，该方法的核心为环境容量的核算，而目前中国环境容量核算在技术方法、数据支持、计算结果的科学性等方面还存在诸多不确定性，短期内难以广泛应用。

大气环境承载力评价方法主要有指数评价法、承载率评价法、“压力—状态—响应”（PSR）框架模型等。指数评价法是目前环境承载力量化评价中应用较多的一种。该法需要根据各项评价指标的具体数值，应用统计学方法或其他数学方法得到可以用于评价研究区域社会经济与环境状况协调程度的综合环境承载力指数，进而实现环境承载力的评价。目前用于计算环境承载力指数的方法主要有矢量模法、模糊评价法、主成分分析法等（陈楷根，2002；郭秀锐，2000）。承载率评价法（洪阳，1998；郭秀锐，2000）也是目前比较常用的一种评价大气环境承载力的方法。该法需要通过计算大气环境承载率来评价大气环境承载力的大小。承载率是指区域环境承载量与该区域环境承载量阈值的比值，环境承载量阈值是容易得到的理论最佳值或预期要达到的目标值（标准值）。应用该法进行环境承载力评价，可以从评价结果清晰地看出某地区环境发展现状与理想值或目标值的差距，具有一定的现实意义。目前常用的承载率评价法有两种，一种是污染物排放量与环境总量承载率评价法（刘龙华等，2013），另一种是环境质量与环境质量标准承载率评价法（张静等，2013），该方法简便易行、应用广泛。PSR 框架模型（张军以等，2011；塔娜，2007；钱跃东，2011）主要反映的是人类活动对环境施加了一定的压力，环境在一定范围内进行自我调节，而社会根据环境调节的状况做出响应，以维持环境系统的健康稳定状态。其中，大气环境容量及其分布相当于 PSR 框架模型的状态，城市污染控制措施与社会经济发展水平相当于 PSR 框架模型的响应，环境所承载的主要污染物排放量相当于 PSR 框架模型的压力，共同构成了环境承载力评价指标体系的 PSR 框架模型。在实际应用中压力指标、状态指标和响应指标之间没有明显的界线，在指标选取及进行评价时必须把 3 个指标结合起来考虑。

水环境承载力评价方法主要有指标体系评价法、系统动力学法、多目标最优化法、人工神经网络法等。有关水环境承载力的研究很多，例如，张文国等（2002）研究指出，模糊优选模型较矢量模法能够更好地反映水环境承载力问题的实质；李如忠等（2005）针对水环境承载力评价模糊优选模型和矢量模法存在的不足，建立了区域水环境承载力评价的模糊随机优选模型；汪彦博等（2006）采用系统动力学方法，建立了石家庄市水环境承载力的模型，并对承载力指标进行量化；涂峰武等（2006）以西洞庭湖为例，构建了湖泊流域水环境承载力模型，预测分析其水资源承载力；王俭等（2007）从阈值角度出发，建立了基于人工神经网络的区域水环境承载力评价模型，并将其应用于辽宁省水环境承载力评价研究中；赵卫等（2008）以辽宁省境内辽河流域为例，运用多目标规划建立水环境承载力模型，并结合情景分析法，分析了排污结构和用水结构对水环境承载力的影响，以探寻水环境承载力的优化方案；李新等（2011）构建了湖泊水环境承载力多目标优化模型及指标体系，并运用指标体系评价与层次分析（AHP）相结合的方法，计算洱海流域水环境承载力；叶龙浩（2013）等基于水环境承载力核算模型，提出了流域系统优化调控方法，并应用于沁河流域；高方述（2013）建立了洪泽湖西部湖滨水环境承载力研究的系统动力学模型和基于因子分析确定权重的水环境承载力评价模型，解析了洪泽湖西部湖滨水环境承载力状况及其主要制约要素。

1.3 我国环境承载力监测预警机制研究进展

党的十八届三中全会通过的《中共中央关于全面深化改革若干重大问题的决定》明确指出，“建立资源环境承载能力监测预警机制，对水土资源、环境容量和海洋资源超载区域实行限制性措施”。资源环境承载力监测预警机制的建立成为全面深化生态文明体制改革的一项重大任务，在之后出台的生态文明体制改革总体方案中也成为一项重要举措。2014 年年底，经国务院同意，国家发展和改革委员会联合生态环境部（原环境保护部）等 12 个部门印发了《建立资源环境承载能力监测预警机制的总体构想和工作方案》，对相关工作进行了科学部署。此项工作由国家发展和改革委员会牵头，包括生态环境部在内的 12 个部门参加。生态环境部主要负责建立环境承载能力监测预警机制，具体由生态环境部环境规划院作为技术支撑单位开展相关工作。中国科学院地理科学与资源研究所作为技术牵头单位，联合生态环境部环境规划院、中国土地勘测规划院、水利部水利水电规划设计总院、中国农业科学院、国家海洋环境监测中心、北京林业大学、中科院生态中心等研究机构进行联合技术攻关。至此，环境承载力监测预警技术方法的研究进入全面试行阶段。

2014 年以来，按照国家发展和改革委员会的统一安排和部署，在生态环境部的组织指导下，生态环境部环境规划院作为主要技术支撑单位，深入开展了环境承载力评价方法、预警方法、多目标优化调控方法，以及平台开发框架等相关研究，取得了一系列研究成果。2014 年，技术团队初步开展了 2013 年度全国环境承载力评价工作。2015 年，重点开展了环境承载力监测预警指标体系和技术方法探索研究，编制完成《环境承载能力评估指标与方法研究报告》，并参与完成《全国资源环境承载能力监测预警技术方法》，开展了河北省试点地区环境承载力评价工作。2016 年，技术团队进一步完善技术方法并通过专家论证，开展了京津冀地区试评价工作，京津冀 2 市 1 省政府按照试评价工作结果起步建立限制性政策体系。同年，国家发展和改革委员会同包括生态环境部在内的 12 个部门联合下发《资源环境承载能力监测预警技术方法（试行）》，作为各省（市、自治区）开展相关工作的指导性技术文件。2017 年，技术团队进一步加强技术方法及实践研究，开展了长江经济带地区环境承载力试评价工作。2017 年 9 月，《中共中央办公厅　国务院办公厅关于建立资源环境承载能力监测预警长效机制的若干意见》颁布实施，以推动实现资源环境承载力监测预警规范化、常态化、制度化，引导和约束各地严格按照资源环境承载力谋划经济社会发展。目前，全国各区域、各省（市、自治区）的环境承载力研究与实践也在同步推进中。

1.4　环境承载力监测预警面临的问题及发展趋势

1.4.1　面临的主要挑战和问题

（1）环境承载力评价关键技术方法仍不完善

尽管有关部门出台了资源环境承载力评估的技术规程，但仍然存在很大的争议，主要集中在承载力内涵界定不清晰、环境承载力的若干关键技术问题（如单要素评估、综合评估、尺度效应、关键阈值等）亟待解答、缺乏基于空间和时间差异的精细化评价方法、生态承载力难以定量评价，以及监测预警评估技术方法缺乏等方面，受到有关机构、专家、技术管理人员的质疑。同时，环境承载力评估方法对数据要求高，地方难以获取，部分区县数据严重缺失，也影响承载力评价工作的开展。

（2）环境承载力研究与经济社会发展实际应用脱节

当前经济社会发展的相关规划多数未能在顶层设计中考虑环境的承载能力，没有体现环境承载力的基础性、源头性和约束性作用，对实施空间规划和主体功能区规划评估修订的支撑力度不够。同时，基于环境承载力评价，如何从产业规模、产业结构、产业布局方面，以及行业减排、项目准入、排放标准、负面清单等管理方面提出有效的管控措施，如何提出缓解承载压力、增强承载能力的有效路径，且如何与现有环境管理政策制度相衔接还不清晰，对优化国土开发空间、加大环境保护力度、新型城镇化和城乡统筹、产业结构与布局调整等的科学化、精细化决策支撑力度明显不够。

（3）实时动态的环境承载力监测预警系统尚未建立

环境承载力的评价以及监测预警需要建立全国统一的信息平台，开发环境承载力监测预警数据库和信息技术平台是建立形成资源环境承载力监测预警长效机制的重要基础。目前开展的工作重点集中于技术方法体系的研究，尚未深入研究环境承载力监测预警数据库的建设以及技术平台的开发，如何运用云计算、大数据处理及数据融合技术，实现数据整合集成与实时动态更新，形成环境承载力监测预警智能分析与动态可视化平台是后续工作的重点方向，特别是建立实时动态的环境承载力监测、评估、预警系统平台，对环境承载力的潜在风险实现系统预警还需要加大开发。

1.4.2 发展趋势

（1）多尺度精细化环境承载力综合评估技术

突破多尺度精细化环境承载力综合评价技术是未来环境承载力研究的一个重要方向，对于提升环境承载力评估科学化水平、有效支撑环境管理决策具有重要意义。研究内容应包括：深化环境承载力要素识别，完善评估指标体系，增加 NH_3、O_3 等污染指标研究；进行网格化空间尺度的精细化大气环境承载力评估；进行不同季节时间尺度的精细化容量与承载力评估；深入开展基于控制单元的精细化水环境承载力评估；在传统单要素环境承载力评价的基础上，构建环境承载力综合评价指标体系与模式，发展基于单要素到综合要素（特别是不同资源、环境和生态要素）的环境承载力综合评价技术，实现环境承载力综合科学评价。

（2）环境承载力阈值与风险识别技术

环境承载力研究的关键在于找出该区域或流域、城市的环境系统可以承载的经济、社会发展规模上限，在当前经济社会发展规模接近或者超过这个上限的时候，进行预警提醒和限制性措施。该上限不是由某一单个环境要素决定的，需要对环境系统进行综合评价。而单个环境要素又可能对区域经济社会发展规模具有“短板效应”。因此，需要构建环境承载力阈值识别的主要影响因子、阈值等级和数学模型，从统计学、机理角度科学定量识别环境承载力的阈值。针对环境承载力关键要素安全阈值问题，构建环境承载力关键要素变化风险评估技术与指标体系，开展不同尺度环境承载力风险评估与风险等级划分。

（3）环境承载力监测技术

开展环境承载力动态监测是进行环境承载力评价的基础，是环境承载力监测预警机制建立的重要支撑。目前，我国基于环境承载力的监测体系尚未形成，亟须开展以下研究：基于环境承载力评估指标体系与评估技术，整合经济社会统计调查数据、遥感影像数据、环境统计数据和环境质量监测数据等多源数据，建立基于统计调查的环境承载力监测方法。研究星地一体化、“3S”（遥感技术、地理信息系统和全球定位系统）、自动监测等环境承载力动态监测技术，建立大气环境、水环境、土壤环境、生态系统等单项监测指标及综合监测指标技术体系，实现环境承载力的硬监测技术。重点观测影响环境承载力关键要素的动态变化。

（4）环境空间与环境承载力管控技术

针对环境空间的特点与具体需求，以环境承载力为理论基础，研究基于区域环境承载力的环境空间划分技术，形成一套完整的全国环境空间方案。根据各地区环境、生态、资源的情况，确定一批环境功能退化区，研制环境超载恢复的共性技术，并针对这些区域构建一套基于环境承载力的国土空间管控、产业调控与优化配置、资源能源消耗水平、人口规模、生态保护红线、制度考核机制等关键技术方案，以实现环境功能脆弱区的环境承载力的优化与提升。

（5）环境承载力预警信息技术系统

针对环境承载力的关键要素风险阈值基线，以及经济、人口、资源能源、污染物产生排放等要素的“输入—响应”关系分析，构建环境承载力关键要素变化的风险预警评估技术、关键参数与警示指标体系，建立环境承载力的预警机制（信号解释、采取措施的指南）。研发实时动态的环境承载力监测、评估、预警系统平台，对环境承载力的潜在风险实现系统预警。主要包括环境承载力预警指标、环境承载力预警模型、环境承载力预警展示模块及环境承载力预警对策机制模块等。

（6）环境承载力动态预测与决策技术

动态情景模拟需要考虑两个方面：一是以气候变化为主的自然环境变化；二是社会经济和科技的发展、人类活动强度与方式的变化。需要针对国民经济社会发展阶段目标和区域自然环境变化的不同情景，构建在不同阶段经济社会发展水平下环境变化的多种情景，研发影响环境承载力关键要素的预测技术，模拟未来不同情景下环境承载力关键要素的时空格局和变化趋势。研制基于自然和社会经济的承载力综合超载成因分析系统，开展多情景政策实施效果的测试与方案综合比选，支持国土开发、资源利用、生态保护、环境整治等领域的优化决策。在此基础上，形成环境承载力决策方案库，结合多目标优选决策模型技术，建立集模拟、评估、优选、反馈于一体的环境承载力监测预警决策支持系统，提出不同尺度下环境承载力的调控管理和限制性措施。

（7）环境承载力大数据平台技术

大数据平台是开展环境承载力研究与相关技术研发的重要基础，因此，未来应强化基于大数据平台技术的环境承载力研究：在环境承载力立体监测技术的基础上，整合遥感影像数据、地面调查数据、统计数据、基础地理信息数据等多源数据，基于多源数据融合和大数据技术，建立应用于环境承载力要素变化研究的长时间序列数据管理系统和数据更新方法；构建环境承载力动态监测基础地理信息平台，发展环境承载能力评价基础数据融合集成技术与大数据技术，以实现资源环境承载力的动态分析与实施管理，为预警技术提供必要的数据和技术支撑。

第2章　环境承载力评估监测预警方法

不同时空的环境承载力评估技术、阈值与风险等级识别技术、监测预警技术、优化调控技术是环境承载力监测预警机制建立的重要基础。本章按照环境承载力“评估—监测—预警—调控”的基本思路，构建了环境承载力评估监测预警技术方法体系，主要技术方法包括：基于指标体系、环境质量以及环境容量的3种评估技术方法，监测预警指标构建与预警等级划分技术方法，基于多目标决策理论的环境承载力优化调控技术方法。

2.1　基于指标体系的评估方法

2.1.1　大气指标体系法

从已有文献看，大气环境承载指标体系构建的概念模型，多是基于“压力—状态—响应”的概念模型。“压力—状态—响应”模型的指标体系，不同的研究指标选择各异。一般认为自然和人为活动中能够对大气质量产生负面扰动的因素为“压力”，大气环境质量或者承载现状为“状态”，自然修复/恢复及人类社会为消除压力影响而采取的正向措施为“响应”。本书认为大气环境承载力评估指标构建应该立足于空气质量“现状”，评估结果能够反映空气质量评价结果；为了与目前大气污染防治及相关管理工作相适应，导致超载的“压力”因素和政府“响应”因素也应该易于识别和判断。当前学术界关于“大气环境承载力”的研究，应用于环境影响评价（吴俊松，2009）和区域尺度的承载力分析（刘立勇等，2009）较多。此类研究中，相当一部分采取指标体系法，通过构建与大气污染/空气质量相关的指数进行大气环境承载力计算。指标体系法计算方法简单，但是指数体系构建没有统一的标准，且与目前环保部门的质量总量双控难以挂钩，因此适合学术研究领域。指标体系法通过对指标变量值与其阈值的比值进行加权计算，获得评价指数。

以《区域大气环境承载力评价指标体系与评价方法研究》（刘伟等，2010）为例，该研究从大气环境、污染控制、社会经济 3 个层面构建大气环境承载力评估指标体系，然后采用层次分析法确定各指标的权重，最后采用简单易用的综合评价指数法进行评估，其指标体系及权重见表 2-1。实际评估时，可结合近年我国生态环境及相关部门的大气环境规划、管理政策完善该指标体系。

表 2-1　已有案例研究中的区域大气环境承载力评价指标体系

目标层	准则层	指标层	指标单位
大气环境类 B_1（0.620）	空气环境质量优良天数	C_1（0.324）	天数/a
	大气环境容量利用率	C_2（0.222）	%
	SO_2 年排放强度	C_3（0.152）	万 t/万元
	NO_2 年排放强度	C_4（0.102）	万 t/万元
	烟尘年排放强度	C_5（0.065）	万 t/万元
	CO_2 年排放强度	C_6（0.065）	万 t/万元
	O_3 年排放强度	C_7（0.042）	mg/m^3
	挥发性有机物年平均质量浓度	C_8（0.028）	mg/m^3
污染控制类 B_2（0.258）	环保投资占 GDP 比重	C_9（0.422）	%
	清洁能源占总能源消耗比例	C_{10}（0.269）	%
	液化天然气占总能源消耗比例	C_{11}（0.171）	%
	应当实施清洁生产的企业比例	C_{12}（0.069）	%
	重点工业企业废气排放量稳定达标率	C_{13}（0.069）	%
社会经济类 B_3（0.122）	人均 GDP	C_{14}（0.065）	万元/人
	人口增长率	C_{15}（0.076）	%
	第三产业占 GDP 比重	C_{16}（0.218）	%
	单位 GDP 能耗	C_{17}（0.271）	t 标煤/万元
	人均公共绿地面积	C_{18}（0.192）	m^2/人
	城市化率	C_{19}（0.053）	%
	城市气化率	C_{20}（0.125）	%

2.1.2　水环境指标体系法

指标体系综合评价法是通过将反映经济、社会、资源环境、生态状况的多种指标综合成一个指数或综合指标来评价区域的承载能力。在水环境承载力评价方面，常用的指标体系综合评价法有层次分析法、PSR（压力—状态—响应）、矢量模法、模糊综合评价法、主成分分析法和模糊物元模型等。指标体系综合评价法的主要优点是计算结果综合性强，计算过程相对简单，但目前关于该方法的研究成果一般仅为探索性的成果，还未形成统一的、公认的评价指标体系。

以《水环境承载力评价技术方法体系建设与实证研究》（曾维华等，2017）为例，该研究关于水环境承载力开发利用潜力评价指标体系如表 2-2 所示，其准则层包括区域水环境承载率、区域水资源利用与污染物排放强度以及区域发展能力。其中区域水环境承载率核算采用内梅罗指数法，区域水资源利用与污染物排放强度指数、区域发展能力指数的评价采用熵权-模糊综合评判法。实际评估时，可结合近年我国生态环境及相关部门的水环境规划、管理政策完善该指标体系。

表 2-2　已有案例研究中的区域水环境承载力评价指标体系

目标层	准则层	指标层		单位
水环境承载力评价指标体系	区域水环境承载率	水资源承载率		%
		COD 承载率		%
		NH_3-N 承载率		%
		水环境容量丰裕度指数		%
		水环境容量紧缺度指数		%
		水环境容量季节变异系数		—
	区域水资源利用与污染物排放强度	水资源	万元工业增加值耗水量	m^3/万元
			人均生活用水量	m^3/（人·d）
			单位面积水资源量	m^3/m^2
			水资源可利用指数	%
		水环境	万元工业增加值 COD 排放量	t/万元
			万元工业增加值 NH_3-N 排放量	t/万元
			人均生活 COD 排放量	kg/（人·d）
			人均生活 NH_3-N 排放量	kg/（人·d）
	区域发展能力	公路网密度		km/km^2
		城市化率		%
		平均受教育年限		a/人
		GDP 增长率		%
		第三产业占比		%
		全社会劳动生产率		元/人
		环保投资占 GDP 比重		%
		研发经费内部支出占 GDP 比重		%
		非农业产业比重		%

2.2　基于环境质量的评估方法

2.2.1　大气环境承载力评估方法

基于空气环境质量的评估方法，主要是根据现行空气质量评估体系，构建大气环境承载力评价指标体系。以各指标年均监测浓度与标准限值之差作为各要素环境超载量，以各指标的标准限值来表征大气环境系统所能承受的人类各种社会经济活动的阈值。大气污染物指标限值采用《环境空气质量标准》（GB 3095—2012）中规定的二级浓度限值，通过计算超载率衡量大气环境承载力状况。最后从大气污染物排放特征、自然资源禀赋、经济社会发展压力、环境效率等方面解析重点区域大气环境超载的成因，并从经济社会发展、产业结构及布局、能源利用效率、大气环境约束角度提出限制性政策措施。

大气环境承载力评价指标是衡量大气环境承载力大小的重要依据。影响大气环境承载力的因素复杂多样，主要从大气环境质量状况出发，根据大气环境质量状况的主要监测指标与现有空气质量标准限值相对比，用“大气污染物质量浓度超载率”表征大气环境承载情况。空气质量评价指标包括 SO_2、NO_2、PM_{10}、CO、O_3 和 $PM_{2.5}$，相应的大气环境承载力评价指标也包括这 6 项指标，如图 2-1 所示。

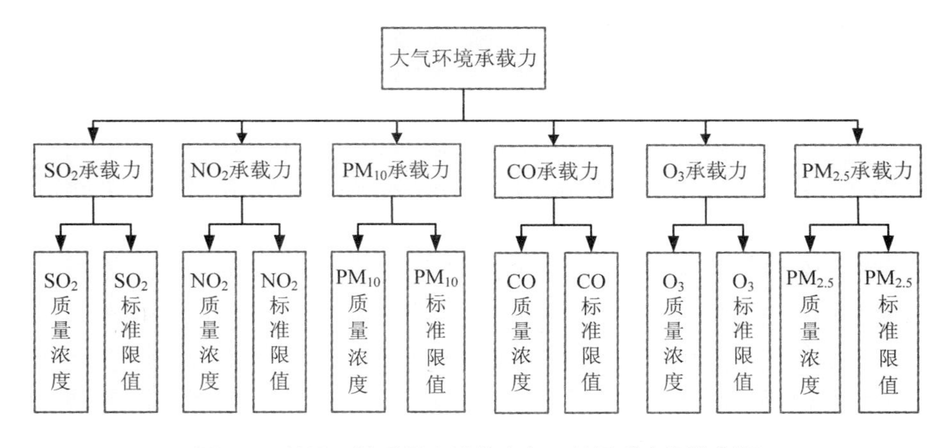

图 2-1　基于环境质量方法的大气环境承载力评价指标

（1）单指标大气环境超载率

以 SO_2、NO_2、PM_{10}、CO、O_3 和 $PM_{2.5}$ 等主要污染物的年均质量浓度（其中 CO 为 24 h 平均浓度的 95 百分位，O_3 为日最大 8 h 平均浓度的 90 百分位）与各项污染物的标准限值之差作为大气环境超载量，以各项污染物的标准限值来表征环境系统所能承受的人类各种社会经济活动的阈值，限值采用《环境空气质量标准》（GB 3095—2012）中规定的各类大气污染物浓度限值二级标准，不同地区各项污染指标的环境超载率计算公式如下：

$$R_{气ij} = \frac{C_{ij}}{S_i} - 1 \tag{2-1}$$

式中：$R_{气ij}$——地区 j 的某种污染物 i 的大气环境超载率；

C_{ij}——地区 j 的某种污染物 i 的年均质量浓度监测值；

S_i——i 污染物质量浓度二级标准限值；

i=1，2，3，4，5，6，分别代表 SO_2、NO_2、PM_{10}、CO、O_3、$PM_{2.5}$。

（2）大气环境综合超载率

$$R_{气j} = \max(R_{气ij}) \tag{2-2}$$

式中：$R_{气j}$——地区 j 的大气环境综合超载率，其值为 6 项大气污染物环境超载率的最大值。

（3）阈值确定方法

借鉴其他部门资源环境承载力阈值，将大气环境承载力阈值划分为三级：超载、临界超载、不超载。由上述各项大气环境指标超载率数值特点以及其模型的计算方法可知，最终计算获得的大气环境超载率值是无量纲值。“0”为大气环境超载率临界值，环境超载率值越小，表明环境承载力越强。这里界定大气环境承载力阈值为：当超载率大于 0 时，大气环境处于超载状态；当超载率介于–20%～0 时，大气环境处于临界超载状态；当超载率小于–20%时，大气环境处于不超载状态。

（4）优缺点分析

其优点包括：①方法简单。该方法原理明晰、计算方法简单，易于掌握和推广。②数据易于获取。除西部欠发达地区，各区县基本都有空气质量监测数据，数据较为容易获取。③评估结果误差较小，可信度较高。该方法基于质量监测数据计算，误差小，与空气质量评价结果接近，与公众感受也较为符合。④可评估的时空尺度较广。从空间尺度看，该方法不仅适用于城市尺度，也可进行省级及区县级评估；从时间尺度看，应用该方法可进行日、月、季、年等多种时间尺度评估。

其缺点包括：①与空气质量评价存在部分重复。该方法与空气质量评价方法虽然不完全一致，但都是与空气质量标准进行对比，某种程度上存在重复。②难以与大气污染防治和社会经济优化调整挂钩。该方法只是对空气质量现状的超载评估，对与大气总量控制、污染防治措施、社会经济相关的要素进行调整无法提出针对性建议，需要进一步分析。

2.2.2　水环境承载力评估方法

根据地表水环境质量评价标准，选取主要有机污染因子，构建水环境承载力评价指标体系，以各指标年均监测浓度与标准限值之差作为各要素水环境超载量，以各指标的标准限值来表征水环境系统所能承受人类各种社会经济活动的阈值，水污染物指标限值采用《地表水环境质量标准》（GB 3838—2002）中规定的III类水质标准，通过计算水污染物浓度超标指数衡量水环境承载力状况。主要水污染物指标包括高锰酸盐指数（COD_{Mn}）、五日生化需氧量（BOD_5）、化学需氧量（COD_{Cr}）、氨氮（NH_3-N）、总氮（TN）和总磷（TP）等六项，考虑河流和湖库在区域地表水环境质量评价中的差异性，进一步选取相应评价指标，如对于评价区域中的河流选择除总氮（TN）以外的五项指标进行评价，湖库则选择上述六项指标进行评价。

（1）单项水污染物浓度超标指数

以各控制断面 COD_{Mn}、BOD_5、COD_{Cr}、NH_3-N、TN、TP 等主要污染物年均浓度与该项污染物水质标准限值的差值作为水污染物超标量。标准限值采用《地表水环境质量标准》（GB 3838—2002）中规定的各类水污染物浓度的III类水质标准限值。计算公式如下：

$$R_{水ijk} = \frac{C_{ijk}}{S_{ik}} - 1 \tag{2-3}$$

$$R_{水ij} = \frac{\sum_{k=1}^{N_j} R_{水ijk}}{N_j},\ i = 1,2,\cdots,6 \tag{2-4}$$

式中：$R_{水ijk}$——区域 j 第 k 个断面第 i 项水污染物浓度超标指数；

C_{ijk}——区域 j 第 k 个断面第 i 项水污染物的年均浓度监测值；

S_{ik}——第 k 个断面第 i 项水污染物的水质标准限值；

$R_{水ij}$——区域 j 第 i 项水污染物浓度超标指数；

i——某项水污染物，i=1，2，…，6，分别对应 COD_{Mn}、BOD_5、COD_{Cr}、NH_3-N、TN、TP；

k——某一控制断面，k=1，2，…，6；

N_j——区域 j 内控制断面个数。

对于式（2-3），当 k 为河流控制断面时，k=1，2，3，4，6；当 k 为湖库控制断面时，k=1，2，…，6。

（2）区域水污染物浓度超标指数

计算公式如下：

$$R_{水jk} = \max_i \left(R_{水ijk} \right) \tag{2-5}$$

$$R_{水j} = \frac{\sum_{k=1}^{N_j} R_{水jk}}{N_j} \tag{2-6}$$

式中：$R_{水jk}$——区域 j 第 k 个断面的水污染物浓度超标指数；

$R_{水j}$——区域 j 的水污染物浓度超标指数。

2.2.3 环境承载力综合评估方法

由于大气、水是不同的环境要素，不宜采用加权平均等综合方法进行综合评价，因此，本书采用极大值模型进行污染物浓度的综合超标指数计算。计算公式如下：

$$R_j = \max \left(R_{气j}, R_{水j} \right) \tag{2-7}$$

式中：R_j——区域 j 的污染物浓度综合超标指数；

$R_{气j}$——区域 j 的大气污染物浓度超标指数；

$R_{水j}$——区域 j 的水污染物浓度超标指数。

2.3　基于环境容量的评估方法

2.3.1　大气环境承载力评估方法

2.3.1.1　基本思路

以环境容量为基础的承载力评价，技术流程主要包括污染因子的确定、大气污染物环境容量和排放量核算、大气环境承载力计算、超载成因分析等主要步骤。大气环境承载率为大气污染物排放量与环境容量的比值。

根据国家大气环境管理现状、大气环境统计现状以及未来对大气环境质量的影响因素，选择 SO_2、NO_x、一次 $PM_{2.5}$ 作为评价指标（如图 2-2 所示），VOCs 等污染物总量统计工作基础不足，现不予考虑。

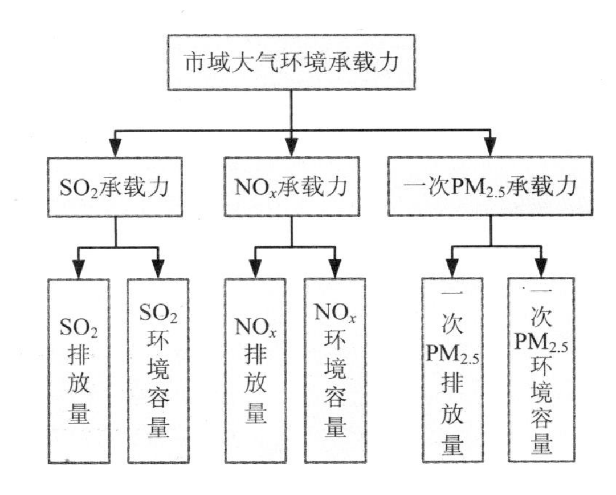

图 2-2　基于环境容量方法的大气环境承载力评价指标体系

新形势下大气环境容量计算，以城市空气质量达标下的第三代空气质量模型模拟较为准确。但是该方法计算全国城市单元的大气环境容量计算量过大。因此采用模型模拟法与其他方法相结合进行计算，主要是采用空气质量模型模拟省域单元尺度的环境容量，然后结合气象和地形因素的影响等，将省域环境容量分配到市域。

大气污染物排放量核算以环境统计数据为基础。通过环境统计数据可获得市域单元

SO_2、NO_x、烟粉尘排放量，然后根据烟粉尘计算一次 $PM_{2.5}$ 排放量。技术路线如图 2-3 所示。

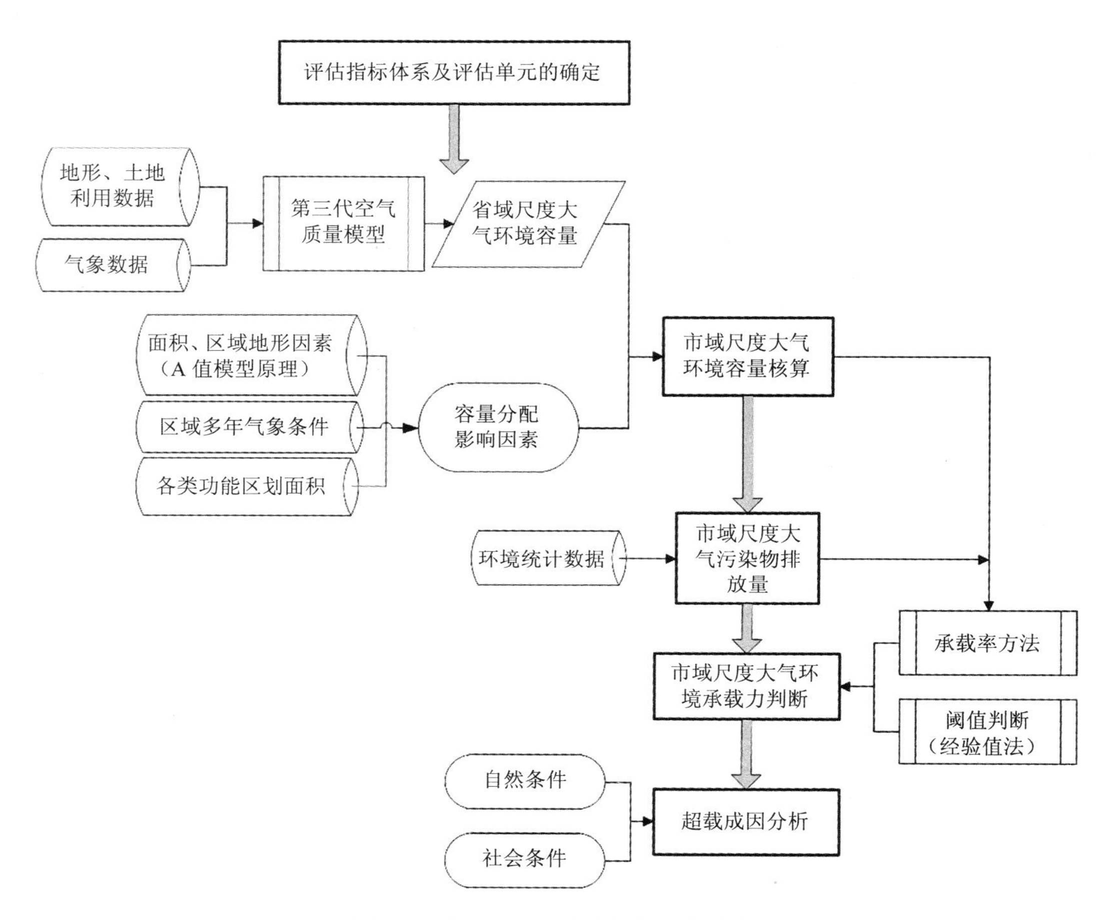

图 2-3　大气环境承载力评估技术路线

2.3.1.2　大气环境容量核算基本方法

我国专家通过研究提出了“大气环境容量是包含着大气环境的自然规律参数和社会效益参数两类参数的多变量函数，它是一个多值函数”的观点，因此环境容量是包含自然规律参数和社会效益参数在内的多变量函数。大气环境容量不仅受客观因素的影响

（如气象、地形及背景值的影响等），同样受到主观因素的影响（如污染源布局、排放特征、空气质量标准的提高），环境容量核算需基于一定的假设条件之下。尽管大气环境容量不是常数，而是随一定的自然和社会条件而变的变量，但总体上是属于有科学规律可循的客观存在，另外，环境容量作为环境的承载力是一种有限的自然资源。

围绕不同环境目标下的大气环境容量，我国学者已开展了许多研究工作。任阵海等模拟了全国城市 SO_2 年均浓度达标下的最大允许排放量，约为 1 200 万 t（任阵海等，2000）；基于郝吉明等酸沉降临界负荷研究成果（段雷等，2002a；叶雪梅等，2002；段雷等，2002b），柴发合等计算了硫沉降临界负荷约束下的全国 SO_2 环境容量，约为 1 700 万 t（柴发合等，2006）。在区域和城市层面也有诸多大气环境容量的研究案例，如李云生等核算了 113 个环保重点城市 SO_2 年均浓度达标下的最大允许排放量（李云生等，2005）；王金南、蒋洪强等根据主体功能区划类型核算了 SO_2 年均浓度达标下的最大允许排放量（王金南等，2013）；李莉等通过 CAMQ 空气质量模型计算了河北省滦县 PM_{10}、SO_2 和 NO_2 在不同达标率下的大气环境容量，并分析了环境容量的季节性变化特征（李莉等，2010）。这些研究主要以 SO_2、NO_2、PM_{10} 环境浓度达标或不超过酸沉降临界负荷为约束条件，采用的方法主要包括 A-P 值法、线性优化法及模型模拟法等线性分析方法（薛文博等，2013；王金南等，2005；徐鹤等，2010；肖杨等，2008；范绍佳等，1994；王勤耕等，1997）。

我国 2012 年对《环境空气质量标准》进行了修订，$PM_{2.5}$ 成为影响我国城市空气质量达标的首要污染物，相比 SO_2、NO_2、PM_{10}，环境空气中的 $PM_{2.5}$ 标准限值成为更严格的约束。另外，$PM_{2.5}$ 是由污染源排放的 SO_2、NO_x、一次 $PM_{2.5}$、NH_3、VOCs 等多种污染物经化学转化形成，并可随大气的流动进行长距离传输。因此从我国空气质量管理的需求出发，亟须以 $PM_{2.5}$ 达标为约束核算大气环境容量，为大气污染物减排提供科学依据。薛文博等（2014）的研究表明，我国 31 个省（市、自治区）$PM_{2.5}$ 年均浓度受外来源贡献最高可达 70%以上，且 $PM_{2.5}$ 中各化学组分的跨区域输送特征存在显著差异，因此传统的基于线性分析的环境容量核算方法不适用于计算以 $PM_{2.5}$ 达标为目标的多污染物环境容量。此外，薛文博等还在第 3 代空气质量模型 WRF-CAMx 的基础上建立了环境容量迭代计算方法，开发了以 $PM_{2.5}$ 达标为约束的多污染物环境容量计算系统，以我国 333 个地级城市 $PM_{2.5}$ 年均浓度达标为约束目标，计算了全国 31 个省（市、自治区）SO_2、NO_x、一次 $PM_{2.5}$ 及 NH_3 的最大允许排放量，并分析了全国、重点区域及各省（市、自治区）2010 年大气环境容量超载率，定量描述了我国 SO_2、NO_x、一次 $PM_{2.5}$、NH_3 环境容量及超载率的空间分布特征。

基于单一环境问题约束的单一污染物环境容量、基于单一环境问题约束的多污染物环境容量、基于多重环境问题同时约束的多污染物环境容量核定思路，见表 2-3。

表 2-3 环境容量核定思路

核定思路	环境问题	污染物种类	特点与假设	实践问题	技术难点
基于单一环境问题约束的单一污染物环境容量	单一问题	单一污染物	污染物排放与环境问题一一对应，相互之间无化学反应或较弱	SO_2、NO_2 及 PM_{10} 达标对应的各污染物环境容量	采用 A 值法，不考虑优化问题；采用线性规划法，仅考虑空间优化
基于单一环境问题约束的多污染物环境容量	单一问题	多污染物	多污染物排放引起的单一空气污染问题，污染物之间存在协同性	$PM_{2.5}$ 或 O_3 单一指标达标下，SO_2、NO_x、PM、VOCs 及 NH_3 等多污染物环境容量	容量在空间上优化分配；前体物间的协同优化
基于多重环境问题同时约束的多污染物环境容量	多重问题	多污染物	多污染物排放引起的多重空气污染问题，污染物之间存在协同性	基于“一个大气”的理念，酸雨、$PM_{2.5}$、O_3、SO_2、NO_2 及 PM_{10} 等多指标同时达标下，SO_2、NO_x、PM、VOCs 及 NH_3 等多污染物环境容量	容量在空间上优化分配；前体物间的协同优化

2.3.1.3 大气环境容量核算模型

在第 3 代空气质量模型的基础上建立环境容量迭代计算方法，以 $PM_{2.5}$ 年均浓度达标为约束目标，计算大气污染物的最大允许排放量，技术路线如图 2-4 所示。

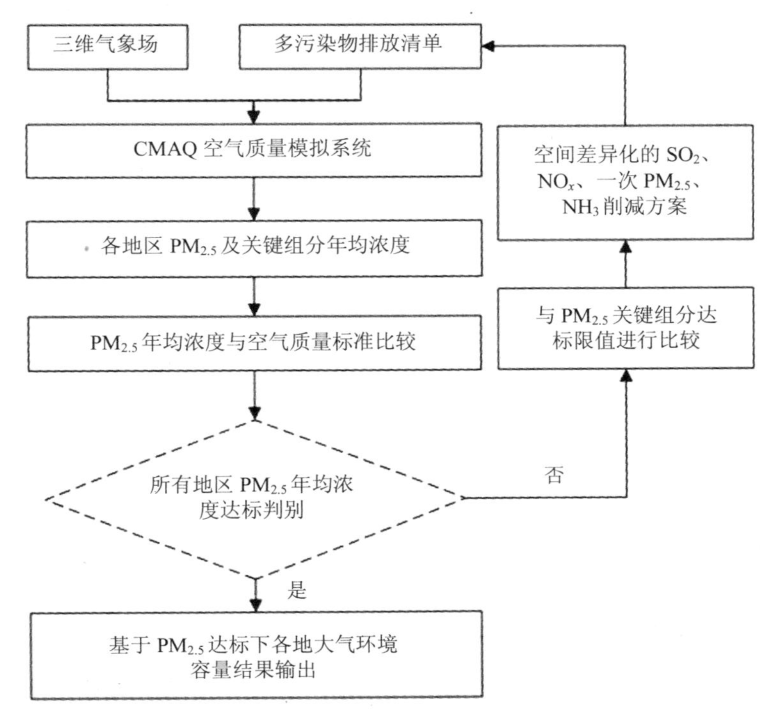

图 2-4　大气环境容量模拟技术路线图

（1）基准气象选取

可根据以下原则进行基准气象条件的选取：①选取近 5 年或 10 年最不利气象条件；②选取近 5 年或 10 年平均气象条件。

（2）约束指标选取

以 $PM_{2.5}$ 为约束性指标，即核算 $PM_{2.5}$ 达标约束下 SO_2、NO_x、PM 等多污染物环境容量。选取 $PM_{2.5}$ 作为空气质量约束指标的原因包括：①$PM_{2.5}$ 可视为空气质量“综合性指标”。污染源排放的 SO_2、NO_x、PM、VOCs 及 NH_3 等各种大气污染物均是 $PM_{2.5}$ 的直接或间接贡献者，如 $PM_{2.5}$ 达标空气中其他污染物浓度大多能够得到显著控制。②$PM_{2.5}$ 污染严重，是大多数城市的首要污染物。目前我国 $PM_{2.5}$ 污染严重，威胁着公众健康，是政府、公众及媒体关注的热点，也是我国大气环境保护工作的重点。

（3）核算污染物选取

核算污染物选取的原则：

①核算 SO_2、NO_x、PM、VOCs 及 NH_3 等影响 $PM_{2.5}$ 达标的全指标环境容量；

②考虑到目前只有 SO_2、NO_x、PM 有有效的管控手段，只计算 SO_2、NO_x、PM 的环境容量，假定 VOCs、NH_3 维持不变或简化处理；

③计算 SO_2、NO_x、PM、VOCs 的环境容量，假定 NH_3 维持不变或简化处理。

（4）评价单元选取

评价单元为重要的环境受体，是核定环境容量的约束对象，环境容量应保障大多数评价单元空气质量达标。考虑到我国空气质量管理的基本单元为城市，建议选取地级及以上城市作为全国大气环境容量核定的大气环境评价单元。

（5）排放单元概化

将研究区域划分为若干个规则或不规则的空间排放单元，进行空间概化。排放单元的空间概化方案及分辨率决定了环境容量核算结果的空间分辨率，全国环境容量核定建议以省为单元概化排放源。

（6）理想环境容量核算

1）空气质量模型迭代试算法——试算法

基本思路：基于基准气象条件，制定具有空间差异化（基于 $PM_{2.5}$ 污染程度、相互输送关系等要素）、前体物差异化（依据 $PM_{2.5}$ 的化学构成等要素）的多区域、多污染物协同减排方案，利用空气质量模型（或 RSM 模型）迭代试算，模拟不同削减方案实施的环境效果，逼近“达标临界”，直至“评价单元”$PM_{2.5}$ 年均或月均浓度基本达标，得到全国及各“排放单元”的环境容量。

2）线性规划与模型混合算法——耦合法

基本思路：第一步：基于基准气象条件，利用空气质量模型模拟建立“排放单元”与“评价单元”间的定量传输响应矩阵；第二步：假定“排放”与“质量”呈线性关系，快速逼近“达标临界”。具体方法为：基于“排放单元”与“评价单元”间的传输响应矩阵，以各“评价单元”$PM_{2.5}$ 年均浓度达标为约束条件，以各“排放单元”污染物排放量之和最大化为目标函数，建立线性优化模型，通过最优化求解计算出全国及各“排放单元”最大允许排放量；第三步：将初算的环境容量代入空气质量模型，重新进行计算，检验是否能够保障“评价单元”达标。如不能，进行方案调整、优化，直至“评价单元”$PM_{2.5}$ 年均或月均浓度基本达标，得到全国及各“排放单元”的环境容量。

（7）实际环境容量确定

理想环境容量为“评价单元”达标下各“排放单元”的污染物最大允许排放量，并未考虑各地社会经济及产业特征、经济承受能力及技术可行性等因素，不代表实际环境容量。因此，在理想环境容量计算的基础之上，应结合经济、技术可行性对环境容量进行修订、优化。

2.3.1.4　大气环境承载率计算方法

通过环境统计数据可以获得各市 SO_2、NO_x、烟粉尘排放量数据。各市烟粉尘排放量乘以换算系数，可以估算一次 $PM_{2.5}$ 排放量。然后结合大气环境容量进行大气环境承载率的计算，表示大气环境承载力。

（1）单指标大气环境承载率

各分要素大气污染物环境承载率：以 SO_2、NO_x 和一次 $PM_{2.5}$ 等主要污染物的年排放量与各项污染物的环境容量为基础数据，计算不同单元各项污染指标的环境承载率：

$$R_{气ij}=\frac{P_{ij}}{Q_{ij}} \tag{2-8}$$

式中：$R_{气ij}$——某地 j 的第 i 种污染物的大气环境承载率；

P_{ij}——某地 j 的第 i 种污染物的年排放量；

Q_{ij}——某地 j 的第 i 种污染物的环境容量；

i=1，2，3，分别代表 SO_2、NO_x、一次 $PM_{2.5}$。

（2）大气环境综合承载率

以单指标大气环境承载率为基础，采用短板法构建大气环境综合承载率模型：

$$R_{气j}=\max(R_{气ij}) \tag{2-9}$$

式中：$R_{气j}$——某地 j 的大气环境承载率，其值为 3 项大气污染物环境承载率的最大值。

2.3.1.5　阈值确定方法

大气环境承载率阈值确定采用文献调研与专家咨询相结合的方法确定。一般承载状态划分为 3 个等级，分别为“不超载”“临界超载”“超载”。由于“1”为“超载”临界点已经获得学界认可，因此需要专家打分确定“不超载”与“临界超载”的阈值。

根据研究成果，选择 0.6、0.65、0.7、0.75、0.8、0.85、0.9、0.95 作为“不超载”与“临界超载”的可选阈值。目前，大多数专家认为 0.8 作为承载力阈值较为符合我国大气污染现状，因此将 0.8 和 1 作为阈值设置的关键结点。即，当环境承载率小于 0.8 时为不超载，环境承载率介于 0.8 和 1 之间时为临界超载，环境承载率大于 1 时为超载。

2.3.1.6 方法优劣及适用性

基于环境容量的大气环境承载力评估方法，其优点包括：①易于解释。该方法与大气环境承载力的概念更接近，超载与否更易于与概念结合进行解释。②易于与大气污染防治管理挂钩。该方法可以较为明确地分析自然地理气象条件、产业结构、能源消费、污染排放等对不同地区的承载力的影响，可以有针对性地制定污染防控对策。

其缺点包括：①方法过于复杂。该方法的环境容量的计算，需要在熟练掌握空气质量模拟模型的基础上进行迭代计算，很难掌握和推广。②难以以县域为基本单元进行评价。由于环境容量是区域概念，进行区县单元的计算意义不大，而且该方法过于复杂，在全国等大尺度进行县域单元计算，费时费力。③数据难于获取。模拟需要大量数据，包括气象部门的气象监测站点数据、不同来源的排放数据，而目前环境统计只包括工业（重点点源）、生活、集中式和机动车的 SO_2、NO_x、烟粉尘统计数据，要获得全口径的排放清单较难。④误差较大。无论是排放清单编制，还是参数设置与模拟本身，都存在较大的不确定性，该方法的模拟与计算结果，与空气质量评价结果和公众感受可能存在一定差异。

适用性方面，从空间尺度看，该方法适用于评价单元为城市甚至更大的区域尺度；从时间尺度看，该方法适用于月、季、年等多种时间单元评价，但是工作量大、时间长；从政策角度看，该方法能够进行超载成因分析，可直接得出可操作的建议。

2.3.2 水环境承载力评估方法

2.3.2.1 基本思路

以水环境容量核算为基础，采用承载率评估方法，即通过计算各主要水污染物排放量与其水环境容量的比值衡量水环境承载力状况。选取 COD 和 NH_3-N 作为水环境承载力评价的主要指标，即作为水环境容量核算的主要计算指标，湖库增加总磷和总氮指标。以上 4 项关键水质指标，构成水环境承载力综合评价的指标体系。基于环境容量的水环境承载力评价技术流程主要包括关键污染因子识别、水质模型选取、主要水污染物环境容量和排放量核算、水环境承载力计算、超载成因分析等主要步骤。技术路线如图 2-5 所示。

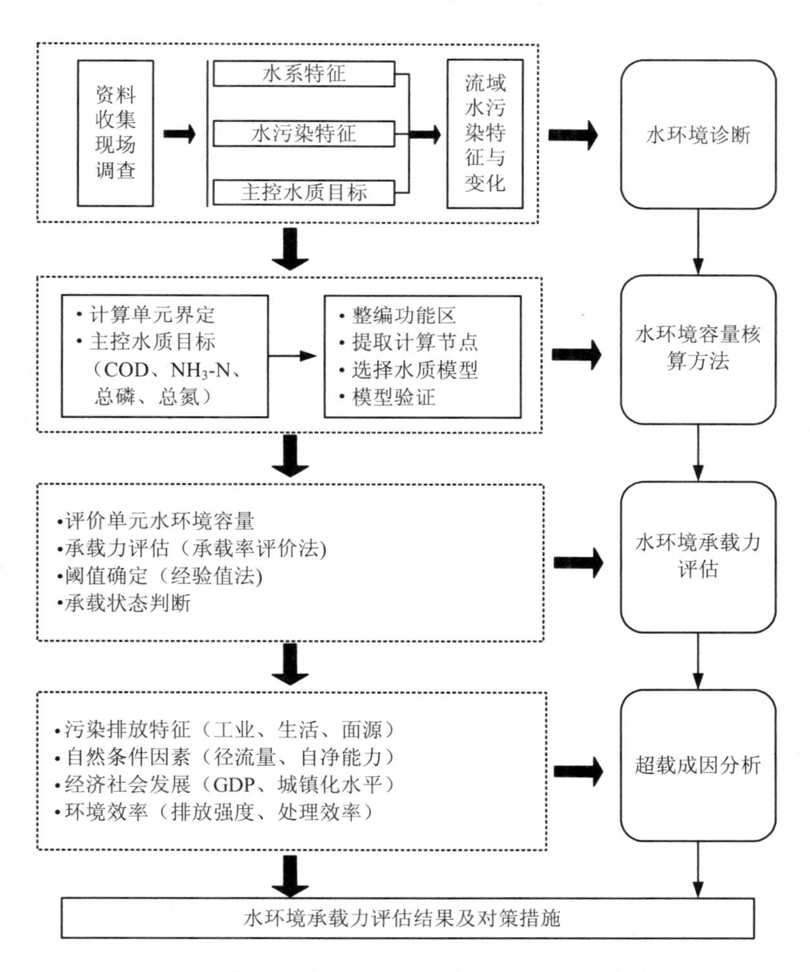

图 2-5　基于环境容量的水环境承载力评估技术路线

2.3.2.2 水环境容量核算基本方法

水环境容量是环境容量的重要组成部分，是容量总量技术体系的核心内容之一。目前，国外多个国家都实施了容量总量控制技术，尤其以美国 TMDL（最大日负荷总量）计划的应用最为广泛。美国于 20 世纪 80 年代开始制订 TMDL 计划，形成了一套完整的总量控制计划体系，包括保护目标的确定、水质标准制定、流域模型、水环境容量计算与总量分配等技术方法，成为支撑国家水环境管理的关键手段。随着中国水环境管理体系从浓度控制、目标总量控制向容量总量控制的转变，实现流域水质目标管理与水功能区限制纳污红线管理（孟伟等，2007；彭文启，2012），水环境容量理论及计算方法研究的重要性更加凸显。

早在 20 世纪 70 年代后期，随着环境容量概念的引入，中国学者即开始了对水环境容量的研究（张永良等，1988）。在经过短时期对水环境容量基本概念的激烈争论后，迅速实现从基本理论到实际应用，从定性研究到定量化计算的转变（王华东和夏青，1983）；同时注重吸收欧美等国的研究成果（夏青等，1989）。随着研究的不断深入，特别是水环境数学模型应用及计算机技术的不断进步，逐渐形成了公式法、模型试错法、系统最优化法、概率稀释模型法、未确知数学法五大类计算方法，其特征如表 2-4 所示，盲数理论等不确定性数学方法也引入其中（李如忠等，2003）。在地表水方面，水环境容量计算中所用的水环境数学模型从 Streeter-Phelps 简单模型发展到 WASP、Delft 3D 等大型综合模型软件（栗苏文等，2005），计算区域从河段、河流发展到河口、湖库、河网、流域（董飞等，2012），计算维数从一维发展到二维和三维（韩龙喜等，2001），计算条件从稳态发展到动态（郑孝宇等，1997），所针对的污染物从易降解有机物、重金属发展到营养盐等（余顺，1984）。目前来看，公式法已成为中国应用最广泛的方法，《水域纳污能力计算规程》和《全国水环境容量核定技术指南》中所采用的即为公式法。

表 2-4 不同水环境容量计算方法特点分析

方法	应用领域	污染物类型	数学方法	优点	缺点
公式法	河流、湖泊、水库、(感潮)河网、流域、河口	可降解有机物、营养盐、重金属	确定性方法	概念清晰、计算简便	有不同的表达方式，会使计算结果有所不同

方法	应用领域	污染物类型	数学方法	优点	缺点
模型试错法	河流、河网、海湾、湖泊	可降解有机物、营养盐	确定性方法	概念清晰、精度高	需多次试算，计算效率低
系统最优化法	河流、湖泊、水库、(感潮)河网、流域、河口	可降解有机物、营养盐、酚类	线性规划、随机规划	自动化程度高、精度高，适用范围广	计算复杂，优化的结果可能不可行
概率稀释模型法	河流	可降解有机物、重金属、营养盐、石油类、酚类	随机数学、数值积分	计算结果为动态水环境容量，更接近于水体的真实情况	数据需求量大，一般需长系列监测数据
未确知数学法	河流、湖泊、水库	可降解有机物、营养盐	未确知数学	充分考虑水环境系统中各类参数的不确定性	研究时间相对较短，应用相对较少

2.3.2.3 水环境容量核算模型

（1）基本步骤

通过对水环境功能区和水功能区的整编避免工作内容交叉重叠造成的管理混乱，合理确定各流域水系水体的水质保护目标和使用功能。根据不同类型水域特征、污染源水陆对应关系以及水污染物排放的分类调查，选取合适的水质模型和水环境容量模型，建立污染源—水环境质量的输入响应关系，通过模型正向模拟，核算不同水域达到功能区水质目标要求的水环境容量，校核、分析、确定各功能区、河流、控制单元、控制区、流域、行政单元等不同层次的水环境容量。水环境容量计算可按照以下 7 个步骤进行。

1）功能区整编

水环境功能区和水功能区的整编主要包括：区划河段数据校准编码、两区划叠加部分识别与分离和水质目标的匹配衔接。基本思路是把两功能区在 GIS 中叠加到一起，重叠部分采用高标准要求、就高不就低的原则确定水质目标，不重叠的部分采用原有区划的水质目标。最后再把重叠部分和不重叠部分叠加到一起，形成环保部门和水利部门均认可的流域功能区划。

2）基础资料调查与评价

包括调查与评价水域水文资料（流速、流量、水位、体积等）和水域水质资料（多项污染因子的浓度值），同时收集水域内的排污口资料（废水排放量与污染物浓度）、支流资料（支流水量与污染物浓度）、取水口资料（取水量、取水方式）、污染源资料（排污量、排污去向与排放方式）等，并进行数据一致性分析，形成数据库。

3）选择控制点（或边界）

根据整编后的功能区划和水域内的水质敏感点位置分析，确定水质控制断面的位置和浓度控制标准。对于包含污染混合区的环境问题，则需根据环境管理的要求确定污染混合区的控制边界。

4）确定设计条件

主要包括计算单元的划分、控制节点（控制断面）的选取、水文条件的设定、边界条件的设定、排污方式的概化。

5）选择水质模型

根据水域扩散特性的实际情况，选择建立零维、一维或二维水质模型，在进行各类数据资料的一致性分析的基础上，确定模型所需的各项参数。

6）水环境容量计算分析

应用设计水文条件和上下游水质限制条件进行水质模型计算，利用试算法（根据经验调整污染负荷分布反复试算，直到水域环境功能区达标为止）或建立线性规划模型（建立优化的约束条件方程）等方法确定水域的水环境容量。

7）合理性分析和检验

水环境容量核算的合理性分析和检验应包括基本资料的合理性分析、计算条件简化和假定的合理性分析、模型选择与参数确定的合理性分析和检验，以及水环境容量计算成果的合理性分析检验。

（2）水质模型

水质模型是描述污染物在水体中运动的变化规律及其影响因素相互作用的数学表达式。水质模型按描述水质变化的空间分布特性，可分为零维、一维、二维、三维模型；按水质随时间变化的特性，可分为稳态模型和动态模型；按模拟的污染源特性，可分为点源污染模型和面源污染模型；按包含作用因素的多少，可分为单一水质模型和综合水质模型。近年来，不确定性分析方法、人工神经网络、地理信息系统以及虚拟现实等方法技术与水质模型的结合，极大地促进了水质模拟和水环境管理技术的发展。

河流水质模型是用数学模型的方法来描述污染物进入天然河道后所产生的稀释、扩散及自净规律。水质模型基本方程如下：

$$\frac{\partial C}{\partial t}=-\frac{\partial V_x C}{\partial x}-\frac{\partial V_y C}{\partial y}-\frac{\partial V_z C}{\partial z}+\frac{\partial}{\partial x}\left(D_x\frac{\partial C}{\partial x}\right)+\frac{\partial}{\partial y}\left(D_y\frac{\partial C}{\partial y}\right)+\frac{\partial}{\partial z}\left(D_z\frac{\partial C}{\partial z}\right)+S \tag{2-10}$$

式中：V_x、V_y、V_z——分别为 x、y、z 方向的流速分量；

D_x、D_y、D_z——分别为 x、y、z 方向的扩散系数；

C——污染物浓度；

t——时间；

S——源汇项。

由式（2-10）可知，水中污染物浓度变化与水流的平流、扩散作用以及生物降解、吸附、沉淀等源汇项有关。严格来讲，河流、水库、湖泊等水体的污染问题都是三维问题，但在实际应用中，一般都根据污染物与水体的混合情况以及不同层次的水质管理需要，将水质模拟简化为二维、一维乃至零维来处理。

1）零维水质模型

零维水质模型基于污染物全断面均匀混合的假设之上，适合于湖库、废水连续稳定排放情况下，保守性污染物或降解项可忽略的有机物的水质模拟。其污染物浓度计算结果一般偏小，可引入不均匀系数加以修正。河流的零维水质模型又称为稀释混合模型，如方程（2-11）所示。

$$C=\left(\frac{C_p Q_p + C_h Q_h}{Q_p + Q_h}\right) \tag{2-11}$$

式中：C——污染物稀释浓度，mg/L；

C_p——污染物排放浓度，mg/L；

C_h——河流污染物浓度，mg/L；

Q_p——废水排放量，m^3/s；

Q_h——河流流量，m^3/s。

2）一维水质模型

如果污染物进入水域后，在一定范围内经过平流输移、纵向离散和横向混合后达到充分混合，或者根据水质管理的精度要求允许不考虑混合过程而假定在排污口断面瞬时完成均匀混合，即假定水体内在某一断面处或某一区域之外实现均匀混合，则可以按一维问题概化计算条件。对于河流而言，一维模型假定污染物浓度仅在河流纵向方向上发生变化。当计算河段同时满足以下条件时：①窄浅河段，可简化为矩形断面；②污染物在较短时间内基本混合均匀；③河流为恒定流动；④废水连续稳定排放，可采用以下一维水质方程进行模拟，如式（2-12）、式（2-13）所示。

$$C = C_0 \cdot \exp\left(-Kt\right) \tag{2-12}$$

$$C = C_0 \cdot \exp\left(-\frac{Kx}{86\,400 \cdot u}\right) \tag{2-13}$$

式中：C——预测断面的水质浓度，mg/L；

C_0——起始断面水质浓度，mg/L；

K——水质综合衰减系数，d^{-1}；

x——断面间河段长，m；

u——河段平均流速，m/s。

3）二维水质模型

河流二维对流扩散模型通常假设污染物浓度在水深方向均匀分布，只在纵向、横向上有变化。理论上，污水进入水体后，不能在短距离内（主要考虑在预测断面处的水质）达到全断面浓度混合均匀的河流均应采用二维模型。实际工作中，二维模型主要用于混合区的水质模拟。大、中河流的水面较宽（大于 200 m），水量较大，纵向流速远大于横向扩散速度，排入的污染物不可能在短距离内达到全断面混合，并非全部水体参与稀释，污染物往往在排放口附近形成明显的污染带，此时可采用二维模型对污染带即污染物在纵、横向上的浓度分布进行较精细的模拟，得出超标水域范围，进而对混合区加以限制。另外，同一维模型相比，二维模型控制偏严，也适用于一些水质敏感区域，如饮用水水源地河段的纳污能力计算。河流二维模型可根据污染物投放地点分为岸边排放与江心排放，按排放规律分为瞬时排放与连续排放。模型解的形式有解析解与数值解。式（2-14）给出了岸边稳态排放的二维解析解模型。

$$C\left(x,y\right) = \frac{C_p Q_p}{h\sqrt{\pi M_y x u}}\left\{\exp\left(-\frac{uy^2}{4M_y x}\right) - \exp\left(-\frac{Kx}{86\,400u}\right)\right\} \tag{2-14}$$

式中：y——预测点到岸边距离，m；

M_y——横向扩散系数；

h——污染带起始断面平均水深，m；

其他符号意义同前。

上述模型均只针对单个污染源排污的情况，且没有考虑河流背景值的影响。多个污染源排污对控制点或控制断面的综合影响，等于各个污染源单个影响作用之和，符合线性叠加关系。同样，河流背景值的影响也可以与污染源影响进行线性叠加。

4）三维水质模型

三维水质模型一般用于深海排放污水时进行水质的预测，因为不采用断面平均值，所以不会出现弥散系数，其公式如式（2-15）所示。

$$\frac{\partial C}{\partial t}=E_x\frac{\partial^2 C}{\partial x^2}+E_y\frac{\partial^2 C}{\partial y^2}+E_z\frac{\partial^2 C}{\partial z^2}-u_x\frac{\partial C}{\partial x}-u_y\frac{\partial C}{\partial y}-u_z\frac{\partial C}{\partial z}-KC \tag{2-15}$$

式中：u_x、u_y、u_z——分别为x、y、z坐标方向的流速分量；

E_x、E_y、E_z——分别为x、y、z方向的湍流扩散系数。

（3）水环境容量模型

1）水环境容量的基本计算公式

谈到容量，通常会联想到容器可装载的最大液体量，如一个杯子所能装的水量即为它的容量。倘若水中含有某种物质，那么用该物质在水中的平均浓度乘以水量，就可以得到杯子所装载的该物质的量。对河流而言，河床好比杯子，只不过里边的水是在不停流动、不断更新的。于是人们采用单位时间内通过某一断面的水量，即流量来表示相当于河流容量的概念。水中的物质随水流运动，若用该物质在某一断面处的平均浓度乘以相应的流量，则可得到该物质单位时间内通过该断面的量，见式（2-16）。

$$W=\bar{C}\cdot Q \tag{2-16}$$

式中：W——单位时间内通过断面的某物质的量，g/s；

$\bar{C}$——该物质的断面平均浓度，mg/L；

Q——断面处流量，m^3/s。

水环境容量以特定水域满足某个水环境目标值为约束条件。假设以控制断面水质达标来代表整个水环境功能区达标，那么控制断面处，河流可承载的污染物的量见式（2-17）。

$$W_S = C_S \cdot Q \tag{2-17}$$

式中：W_S——控制断面处河流可承载的污染物的量，g/s；

C_S——某物质的水质标准值，mg/L。

由水体自净理论可知，水体的流动和紊动使得物质在水体中的分布趋向均匀，浓度降低，但污染物的总量并没有减少。只要有水量，水体对污染物就会有一定的稀释容纳能力，即稀释容量。另外，有机污染物随着水生生态系统食物链和食物网的运动不断被分解氧化，其物质量在减少，浓度随之降低。由生化降解造成的水体对有机污染物的容纳能力可称为自净容量或同化容量。

2）水环境容量计算模型

污染物进入水体后，在水体的平流输移、纵向离散和横向混合作用下，发生物理、化学和生物作用，使水体中污染物浓度逐渐降低。水体污染物降解规律可以采用一定的数学模型来描述，主要有零维模型、一维模型和二维模型等。根据控制单元的水质目标、设计条件和选择的模型，计算水环境容量。

水环境容量计算多应用一维模型和二维模型。一维模型常用于河水流动对污染物的迁移作用大于湍流对污染物的扩散作用，且河流的任一断面上流速和污染物浓度均为均匀分布的中小型河流；二维模型常用于污染物浓度在垂向比较均匀，而在纵向（x 轴）和横向（y 轴）分布不均匀的水面宽阔的大河流。根据河流和水环境功能区的实际情况，水环境容量计算一般用一维水质模型。对有重要保护意义的水环境功能区、断面水质横向变化显著的区域，可采用二维水质模型。

水环境容量计算模型常指有机物和重金属水环境容量计算模型。有机物环境容量包括降解和难降解有机物环境容量；重金属环境容量又包括溶解态和吸附态环境容量。目前计算水环境容量的模型主要有以下几种。

①水环境容量解析模型：按照水体具有存储、降解或使污染物无害的能力而使自身净化，模型把环境容量分为三个部分，稀释容量、自净容量和区间来水附加迁移容量。即

$$E = E_1 + E_2 + E_3 = Q\left(C_S - C_0\right) + KVC_S + qC_S \tag{2-18}$$

$$E = 86.4\left[Q\left(C_{\mathrm{S}} - C_0\right) + qC_{\mathrm{S}}\right] + KVC_{\mathrm{S}} \tag{2-19}$$

式中：E、E_1、E_2、E_3——分别为水环境容量、稀释容量、自净容量、区间来水附加迁移容量，kg/d；

Q——河段设计流量，m^3/s；

C_{S}、C_0——分别为水质标准、河流初始浓度，mg/L；

V——水体体积，m^3；

q——区间来水量，m^3/s；

K——综合降解系数，d^{-1}。

该模型为常用的水环境容量计算的解析方法。模型假设：环境容量资源均匀分布于水体中，而不受时间、空间的限制；排污口沿河岸均匀分布，排污方式为连续排放，如图2-6所示。

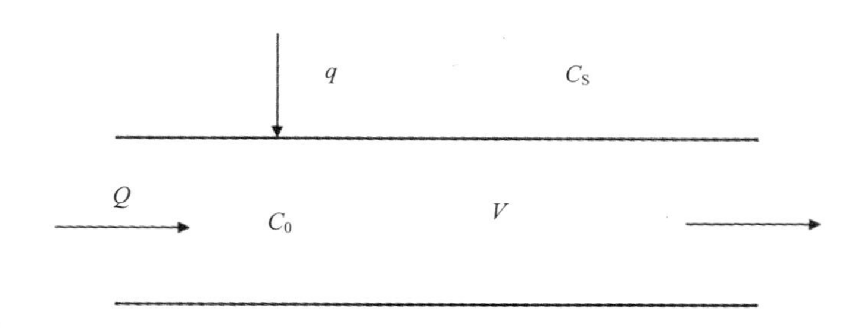

图2-6　解析计算模型示意

②段尾控制模型：段尾控制中的段是指沿河任何两个排污口断面之间的河段，段的控制断面在下游的排污口断面，亦即段尾。段尾控制的目的在于让水质在各段末达到功能区段水质标准，那么可以反推出该段段首处的环境容量。考虑河流水环境容量主要由两部分组成，稀释容量和自净容量。在段尾控制水环境容量计算中，功能区段全段水质低于环境水质要求，但考虑到降解能力很低，而且各小段较短，超标不会太高，因此，水质超标很小。功能区段内小段的划分如图2-7所示。

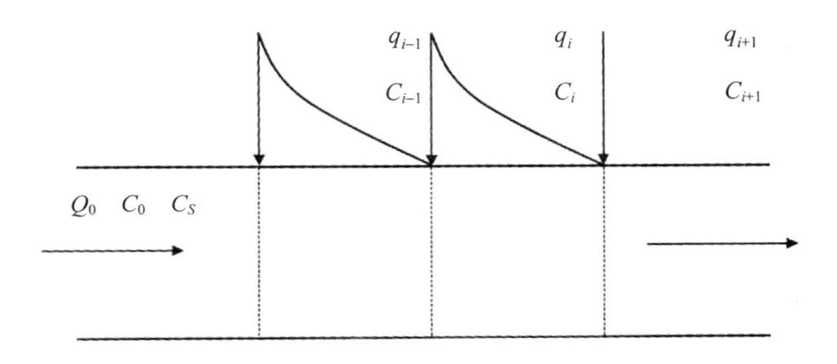

图 2-7 段尾控制水环境计算示意

$$E_0 = Q_0\left(C_S - C_0\right) \tag{2-20}$$

$$E_i = \left(Q_i + q_i\right)C_S e^{Kx_i/u} - Q_i C_S \tag{2-21}$$

$$E_2 = \sum_{i=1}^{n} E_i \tag{2-22}$$

$$E = 86.4\left\{Q_0\left(C_S - C_0\right) + C_S\sum_{i=1}^{n}\left[Q_i\left(e^{Kx_i/u} - 1\right) + q_i e^{Kx_i/u}\right]\right\} \tag{2-23}$$

式中：E_0——稀释容量，kg/d；

E_i——第 i 断面的水环境容量，kg/d；

E_2——自净容量，kg/d；

E——水环境容量，kg/d；

C_S——水质标准，mg/L；

C_0——河流初始浓度，mg/L；

q_i——i 断面处的排污量，m^3/s；

Q_0——河流初始流量，m^3/s；

Q_i——i 断面处来水流量，m^3/s；

K——综合降解系数，d^{-1}；

x_i——i 河段的距离，m；

u——河段流速，m/s。

该公式在实际中应用较多，然而该模型最大的不足在于当河段末浓度取水质标准 C_S 时，会造成全段浓度超过水质标准，不利于污染物质的削减，增大了目标河段总量控制的难度。

③段首控制模型：段首控制中段的划分与段尾控制中的段相似，只是段的控制断面在各段的第一个排污口。段首控制就是控制上游断面的水质达到功能区段的要求，那么由于有机物的降解，则在该段内的水质处达到或高于功能区段的控制指标。段首控制严格可保证功能区段的水质不超标，如图 2-8 所示。

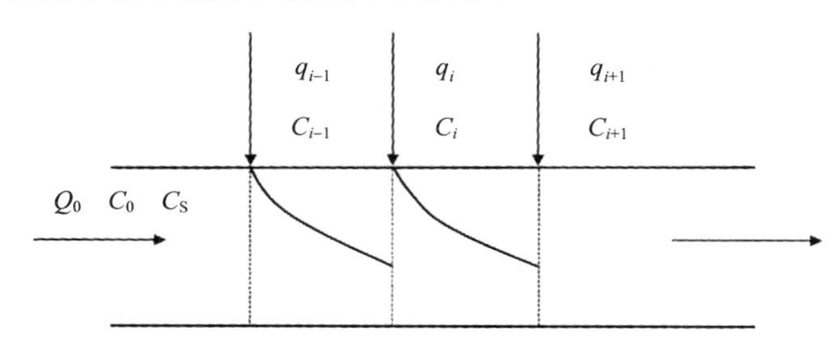

图 2-8　段首控制水环境计算示意

在功能区段首由于来水水污染物浓度与功能区段水质要求的差别，提供了稀释容量 $E_0 = Q_0\left(C_S - C_0\right)$，第 i 断面的水环境容量：

$$E_i = \left(Q_i + q_i\right)C_S - Q_i C_S \mathrm{e}^{-Kx_i/u} \tag{2-24}$$

则功能区段的水环境容量：

$$E = 86.4\left\{Q_0\left(C_S - C_0\right) + C_S\sum_{i=1}^{n}\left[Q_i\left(1 - \mathrm{e}^{-Kx_i/u}\right) + q_i\right]\right\} \tag{2-25}$$

式中：E_0——稀释容量，kg/d；

E——水环境容量，kg/d；

C_S——水质标准，mg/L；

C_0——河流初始浓度，mg/L；

q_i——i 断面处的排污量，m^3/s；

Q_0——河流初始流量，m^3/s；

Q_i——i 断面处来水流量，m^3/s；

K——综合降解系数，d^{-1}；

x_i——i 河段的距离，m；

u——河段流速，m/s。

段首控制方法控制非常严格，适用于对水质要求高、经济发达、污染治理能力强的地区，或水质较好的源头地区。该方法的适用对象应为污染较轻或旨在改善水质条件的地区。

④物质守恒模型：根据物料衡算方法，可知进出某一封闭河段的物质的总量保持一致，如图 2-9 所示，物质平衡方程：

$$Q_{i-1}C_{i-1}e^{-K_{i-1}t_{i-1}} + q_i p_i = C_i Q_i \tag{2-26}$$

流量平衡方程：

$$Q_{i-1} + q_{i-1} = Q_i \tag{2-27}$$

式中：Q_i——第 i 河段流量，m^3/s；

C_i——第 i 段河流的水质，mg/L；

q_i——第 i 个排污口排污量，m^3/s；

p_i——污染物排放浓度，mg/L；

K——污染物降解系数，d^{-1}；

t_i——第 i 段从上段面到下段面水流所用的时间，s。

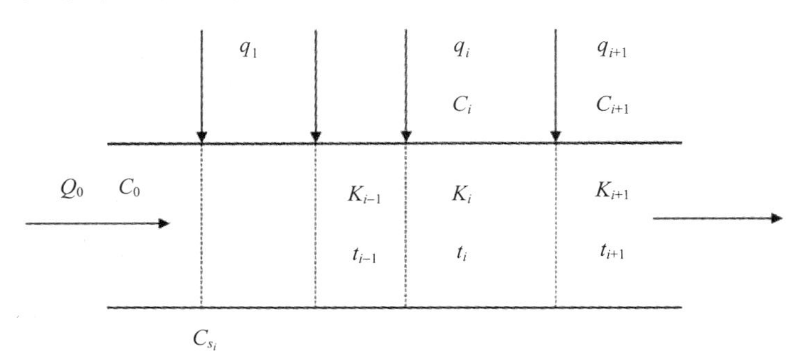

图 2-9 物质守恒水环境容量计算示意

若取 $C_i = C_{S_i}$（第 i 段的水质标准），$C_{i-1} = C_{S_{i-1}}$ 则可得到：

$$p_i q_i \leqslant C_{S_i}(Q_{i-1} + q_i) - C_{S_{i-1}} Q_{i-1} e^{-K_{i-1}t_{i-1}} \tag{2-28}$$

令 $E_i = C_{S_i}(Q_i + q_i) - C_{S_{i-1}} Q_{i-1} e^{-K_{i-1}t_{i-1}}$，则 E_i 就是第 i 个排污口的允许排放量，水环境

容量即为各段容量之和。该模型考虑了当功能区段水质变化时，上一功能区段水质标准会影响下一功能区段的环境容量值，若水质标准由低到高时，模型计算的水环境容量会出现负值。该模型从系统的角度考虑，实际计算出的是可利用的水环境容量，它在上下段水质发生变化、排污口较多时比较实用。

⑤控制断面法：控制断面法是指满足某一控制断面水质要求，其实质是控制功能区段最终断面，而不考虑段内水质变化是否超标，进而计算控制断面间的环境容量。河流混合输移过程由一维稳态水质模型——托马斯（Thomas）模型进行描述（忽略弥散）：

$$u\frac{\partial C}{\partial x} = -\left(k_1 + k_3\right)C = -KC \tag{2-29}$$

式中：k_1——耗氧系数，d^{-1}；

k_3——沉降系数，d^{-1}。

当 $C(0) = C_0$ 时对上式进行积分可得：

$$C\left(x\right) = C_0 e^{\left(-K x_i / u\right)} \tag{2-30}$$

因此可得到水环境容量的计算模型：

$$E = 86.4\left[Q\left(C_S - C_0\right) + QC_S\left(e^{Kt} - 1\right) + \sum_{i=1}^{n} q_i C_S + C_S\sum_{i=1}^{n} q_i\left(e^{Kt_i} - 1\right)\right] \tag{2-31}$$

式中：E——环境容量，kg/d；

C_S——水质标准，mg/L；

C_0——上游来水浓度，mg/L；

q_i——i 断面处的排污量，m^3/s；

Q——河流的设计流量，m^3/s；

K——自净系数，d^{-1}；

x_i——i 河段的距离，m；

u——河段流速，m/s。

3）混合区

混合区指的是在排污口下游指定一个限制区域，使污染物能进行初始稀释，在此区域中水质标准可以被超载。混合区允许范围的确定，涉及水环境的功能区划、水流条件、生物状况及排污条件等诸多复杂因素，其中有不少还难以定量描述。因此，混合区通过数值模拟计算，确定污染因子的影响范围，还要依据具体情况进行专门研究才能确定。

一般地说，湖泊海湾内可以存在大于总面积为 1～3 km^2 的混合区河口、大江大河的混合区不能超过 1～2 km^2，宽度不能超过河宽的 1/3。

排往开敞海域或面积大于 600 km^2 的海湾以及广阔的河口，混合区允许范围 A_a<3 km^2；排往面积小于 600 km^2 的海湾，A_a<（A_0/200）km^2，A_0 为受纳水域面积。

排往河道型水域：

$$A_a < a_1\left(W_d/3 + a_2\right) \tag{2-32}$$

式中：W_d——河宽，m；

$a_1 = 250 \sim 800$ m；

$a_2 = 50 \sim 200$ m。

Fetterolf 公式：

$$M \leqslant 9.781Q^{1/3} \tag{2-33}$$

式中：M——离排放点的任何方向混合区不应超过的限制尺度，m；

Q——断面处流量，m^3/s。

Mackenthun 公式：

$$M \leqslant 0.991Q^{1/2} \tag{2-34}$$

$$M \leqslant 1\,200 \text{ m} \tag{2-35}$$

有的文章建议按受纳水域类型和水域水质要求分类规定允许混合区面积，其面积为 0.5～3.0 km^2。

（4）参数推求方法

1）综合降解系数 K

污染物的生物降解、沉降和其他物化过程，可概括为污染物综合降解系数，主要通过水团追踪试验、实测资料反推法、经验公式法、类比法、分析借用等方法确定。计算模型参数可采用经验法和实验法确定，应进行必要的论证和检验。

①水团追踪试验：选择合适的河段，布设监测断面，确定试验因子。测定排污口污水流量、污染物浓度（试验因子），测定试验河段的水温、水面宽、流速等。根据流速，计算流经各监测断面的时间，按计算的时间在各断面取样分析，并同步测验各监测断面水深等水文要素。

整理分析试验数据，计算确定污染物降解系数。

②实测资料反推法：用实测资料反推法计算污染物降解系数，首先要选择河段，分析上、下断面水质监测资料；其次分析确定河段平均流速，利用合适的水质模型计算污染物降解系数；最后采用临近时段水质监测资料验证计算结果，确定污染物降解系数。

河段选择时，为减少随机因素对计算结果的影响，应尽量选取一个顺直、水流稳定、无支流汇入、无入河排污口的河段，分别在其上游（A 点）和下游（B 点）布设采样点，监测污染物浓度值和水流流速。

$$K=\frac{u}{\Delta X}\ln\frac{C_A}{C_B} \tag{2-36}$$

式中：u——河段流速，m/s；

ΔX——上、下断面之间的距离，m；

C_A——上段面污染物浓度，mg/L；

C_B——下段面污染物浓度，mg/L。

对于湖（库），选取一个入湖排污口，在距入湖排污口一定距离处分别布设 2 个采样点（近距离处：A 点，远距离处：B 点），监测污水排放流量和污染物浓度值。

$$K=\frac{2Q_P}{\Phi H(r_B^2-r_A^2)}\ln\frac{C_A}{C_B} \tag{2-37}$$

式中：H——湖（库）平均水深，m；

Φ——废水在湖水中的扩散角度，(°)；

r_A、r_B——分别为远近两点距排放点的距离，m；

其余符号意义同前。

用实测法测定综合降解系数，应监测多组数据取其平均值。

③经验公式法：

怀特经验公式　　$K=10.3Q^{-0.49}$，或 $K=39.6P^{-0.34}$

式中：P——河床湿周，m；

其余符号意义同前。

④类比法：国内外有关文献提及的部分河流污染物降解系数见表 2-5。在国内外的 24 条河流中，BOD_5 降解系数 K 值的下限或变化范围≤0.35 d^{-1} 的有 17 条，占 70.8%。根据以往的研究成果可知，COD_{Cr} 降解系数比 BOD_5 要小，为 BOD_5 降解系数的 60%～70%。以此推断，大约有 70%以上的河流其 COD_{Cr} 降解系数在 0.20～0.25 d^{-1}。

表 2-5 国内外部分河流 BOD_5 降解系数（K）

序号	K 值/d^{-1}	国家	河流	研究人
1	0.3～0.4	美国	Willamette 河	Revette
2	0.5	美国	Bagmati 河	Davis
3	0.14～2.1	美国	Mile 河	Cump
4	0.039～5.2	美国	Holston 河	Kittrell
5	0.32	美国	San Antonio 河	Texas
6	0.42～0.98	英国	Trent 河	Collinge
7	0.56	英国	Tame 河	Garland
8	0.18	英国	Thames 河	Wood
9	0.53	日本	Yomo 河	田村坦之
10	0.23	日本	寝屋川	杉木昭典
11	0.19	波兰	Odra 河	Mamzack
12	0.1～2.0	德国	Necker 河	Hahn
13	0.01～1.0	法国	Vienne 河	Chevereau
14	0.2	墨西哥	Lerma 河	Banks
15	0.15	以色列	Alexander 河	Aefi
16	0.3～1.0	中国	黄河	—
17	0.1～0.13	中国	漓江	叶长明
18	0.35	中国	沱江	夏青
19	0.015～0.13	中国	第一松花江	—
20	0.14～0.26	中国	第二松花江	—
21	0.2～3.45	中国	图们江	—
22	1.7	中国	渭河	—
23	0.88～2.52	中国	江苏清安河	—
24	0.5～1.4	中国	丹东大沙河	—

收集国内外河流已有研究成果资料，结合各研究河段的具体情况，类比分析确定各研究河段污染物降解系数。如有研究表明，海河流域中，北京市 K_{COD}、$K_{NH_3\text{-}N}$ 分别为 0.1 d^{-1}、0.05 d^{-1}，河北省 K_{COD}、$K_{NH_3\text{-}N}$ 分别为 0.3～0.4 d^{-1}、0.4～0.6 d^{-1}，山西省 K_{COD}、$K_{NH_3\text{-}N}$ 分别为 0.5 d^{-1}、0.8 d^{-1}，河南省 K_{COD}、$K_{NH_3\text{-}N}$ 分别为 0.05～1.07 d^{-1}、0.06～0.6 d^{-1}，山东省 K_{COD}、$K_{NH_3\text{-}N}$ 分别为 0.25 d^{-1}、0.15 d^{-1}。由于影响 COD_{Cr} 和 NH_3-N 降解系数的因素较多，对于不同的河段采用不同的方法，或多种方法结合推求。

⑤分析借用：对于以前在环境影响评价、环境规划、科学研究、专题分析等工作中

可供利用的有关数据、资料经过分析检验后采用。无资料时，可借用水力特性、污染状况及地理、气象条件相似的邻近河流的资料。

⑥不同水温条件下 K 值：在利用实测资料反推污染物降解系数时，要求河段无旁侧入流或旁侧入流可以忽略不计，为此，尽量选择无旁侧入流河段作为计算对象。但天然降雨径流对河段水质影响是避免不了的，而这种影响在丰水高温期较为显著，在枯水农灌期和枯水低温期影响相对小一些。因此，对于汛期降雨量大且比较集中的河段，利用实测资料推算出的丰水高温期污染物降解系数误差较大，甚至是负值，不能采用。丰水高温期降解系数可以根据其他水期降解系数以及水温与降解系数之间的关系确定。据多年流量资料统计分析，研究河段年最小流量多出现在枯水农灌期，根据水温与降解系数之间的关系，确定最枯月降解系数和枯水农灌期降解系数。

国内外研究成果表明，水体温度高，降解系数大，且二者之间定量关系已经有较为可靠的研究成果，不同水温条件下 K 值估算关系式如下：

$$K_T = K_{20} \times 1.047^{(T-20)} \tag{2-38}$$

式中：K_T——T℃时的 K 值，d^{-1}；

K_{20}——20℃时的 K 值，d^{-1}；

T——水温，℃。

2）横向扩散系数 E_y 估值

可采用下列方法：

①现场示踪实验估值法：应按以下步骤进行：一是选择示踪物质，常用罗丹明-B 或氯化物；二是投放示踪物质，可用瞬时投放或连续投放；三是测定示踪物质浓度，至少在投放点下游设两个以上断面，在时间和空间上同步监测；四是计算扩散系数，可采用拟合曲线法。

②经验公式估算法：

费休公式：

顺直河段：$E_y = (0.1 \sim 0.2)H\sqrt{gHJ}$

弯曲河段：$E_y = (0.4 \sim 0.8)H\sqrt{gHJ}$

式中：E_y——水流的横向扩散系数，m^2/s；

H——河流平均水深，m；

g——重力加速度，m/s^2；

J——河流水力坡降，m/m。

泰勒公式：

$$E_y = (0.058H + 0.006\,5B)H\sqrt{gHJ} \tag{2-39}$$

式中：B——河流平均宽度，m；

其余符号意义同前。

式（2-39）适用于宽深比 $\frac{B}{H} \leqslant 100$ 的河流。

3）纵向离散系数 E_x 的估值

应采用下列方法：

①水力因素法：

实测断面流速分布，纵向离散系数 E_x 表达式为

$$E_x = -\frac{1}{A}\int_0^B hu'\left[\int_0^y \frac{1}{E_y h}\left(\int_0^y hu'\mathrm{d}y\right)\mathrm{d}y\right]\mathrm{d}y \tag{2-40}$$

式中：A——河道横断面积，m^2；

h——$h(y)$，垂线水深，m；

u'——$u'(y)$，流速分布对断面平均流速的偏离，m/s；

其他符号意义同前。

②经验公式估值法：

爱尔德公式（适用于河流）：

$$E_x = 5.93H\sqrt{gHJ}$$

迪奇逊公式（适用于河口）：

$$E_x = 1.23U_{\max}^2$$

式中：U_{max}——河口最大潮速，m/s；

其余符号意义同前。

2.3.2.4　水环境承载率计算方法

（1）单指标水环境承载率

以各项水污染物的环境容量来表征水环境系统所能承受的人类各种社会经济活动的阈值，不同评价单元内各项污染指标的水环境承载率计算如式（2-41）所示。

$$R_{水ij} = C_{ij} / W_i \tag{2-41}$$

式中：$R_{水ij}$——第 j 个评价单元第 i 项污染物的水环境承载率；

i——污染物，$i = 1,2,3,4$，分别对应 COD、NH_3-N、TP、TN；

j——评价单元；

C_{ij}——第 j 个评价单元第 i 项污染物的年排放量；

W_i——第 i 项水污染物的环境容量。

（2）水环境承载力综合评价模型

本书通过借鉴单因子水质评价方法构建水环境承载力综合评价模型，见式（2-42）。

$$R_{水j} = \max_i \left(R_{水ij} \right) \tag{2-42}$$

式中：$R_{水j}$——第 j 个评价单元的水环境综合承载率；

$R_{水ij}$——第 j 个评价单元第 i 项污染物的水环境承载率。

2.3.3　环境承载力综合评估方法

环境承载力同样采用承载率评价方法进行评估，环境承载率是大气和水环境因子承载率的综合，本书考虑选择极大值模型进行综合评价，见式（2-43）：

$$R_j = \max \left(R_{气j}, R_{水j} \right) \tag{2-43}$$

式中：R_j——某评价单元 j 的环境综合承载率；

$R_{气j}$——某评价单元 j 的大气环境综合承载率；

$R_{水j}$——某评价单元 j 的水环境综合承载率。

2.4 监测预警方法

2.4.1 阈值确定

根据污染物浓度综合超标指数或环境综合承载率，将环境承载力评价结果划分为超载、临界超载和不超载三种类型。污染物浓度综合超标指数或环境综合承载率越小，表明区域环境系统对社会经济系统的支撑能力越强。研究经验表明，当 $R_j>0$ 时，环境处于超载状态；当 R_j 介于–0.2～0 时，环境处于临界超载状态；当 $R_j<-0.2$ 时，环境处于不超载状态。对于大气环境承载力、水环境承载力单要素，同样采用上述阈值确定方法。

2.4.2 监测预警指标

2.4.2.1 大气环境承载力监测预警指标

（1）直接监测预警指标

与大气环境承载力评价指标相对应，即基于环境质量的大气环境承载力监测预警指标包括 SO_2、NO_2、CO、O_3、PM_{10} 和 $PM_{2.5}$ 六项指标年均浓度；基于环境容量的大气环境承载力监测预警指标包括 SO_2、NO_x 和一次 $PM_{2.5}$ 等主要大气污染物的年排放量。

（2）间接监测预警指标

间接监测预警指标指从经济社会、能源、环境领域选取与大气环境承载力状态密切相关的关键指标，间接用于大气环境承载力监测预警。基于科学性、可操作性、约束性原则，建立大气环境承载力监测预警指标体系，以评估并预警大气环境对城市发展规模、能源结构、产业结构及布局的支撑能力，可作为大气环境承载力调控的核心指标。具体如下：

经济社会类监测预警指标：第一产业国内生产总值、第二产业国内生产总值、第三产业国内生产总值、机动车保有量、城镇人口数、农村人口数等。

能源类监测预警指标：能源消费总量、单位产值（工业/农业）能源消费量、人均（城镇/农村）能源消费量。

环境类监测预警指标：工业主要大气污染物去除率、单位工业增加值主要大气污染物排放强度、机动车主要大气污染物排放强度、农业氨排放强度、交通道路和施工工地扬尘排放强度、人均（城镇/农村）主要大气污染物排放量。

2.4.2.2 水环境承载力监测预警指标

（1）直接监测预警指标

与水环境承载力评价指标相对应，即基于环境质量的水环境承载力监测预警指标包括 COD_{Mn}、BOD_5、COD_{Cr}、NH_3-N、TN 和 TP 六项指标年均浓度；基于环境容量的水环境承载力监测预警指标包括 COD_{Cr}、NH_3-N、TN 和 TP 等主要水污染物的年排放量。

（2）间接监测预警指标

间接监测预警指标指从经济社会、资源、环境领域选取与水环境承载力状态密切相关的关键指标，间接用于水环境承载力监测预警。基于科学性、可操作性、约束性原则，建立水环境承载力监测预警指标体系，以评估并预警水环境对城市发展规模、产业结构及布局的支撑能力，可作为水环境承载力调控的核心指标。具体如下：

经济社会类监测预警指标：第一产业国内生产总值、第二产业国内生产总值、第三产业国内生产总值、城镇人口数、农村人口数。

资源类监测预警指标：水资源消耗总量、水资源开发利用率、单位产值（工业/农业）水资源消耗量及人均（城镇/农村）用水定额。

环境类监测预警指标：工业主要水污染物去除率、农业主要水污染物去除率、城镇生活及农村生活污水处理率、城镇生活及农村生活主要水污染物去除率、单位产值（工业/农业）主要水污染物排放强度、人均（城镇/农村）主要水污染物排放量。

2.4.3 预警方法

在环境承载力动态评价基础上，根据超载类型和承载状态的发展趋势，对环境承载力进行预警。

（1）发展趋势评价

根据动态的承载状态评价结果，将发展趋势划分为变优、稳定、变劣 3 种类型，指标及划分标准见表 2-6。采用“短板效应”原理进行发展趋势的综合评价。

表 2-6 环境承载状态发展趋势预警分级标准

指标项	发展趋势类型		
	变优	稳定	变劣
大气环境承载力监测指标	减少 5%以上	波动范围在 5%以内	增加 5%以上
水环境承载力监测指标	增加 5%以上	波动范围在 5%以内	减少 5%以上
综合评价	采用“短板效应”原理		

（2）预警级别确定

对于不同超载类型区域，通过组合承载状态级别和发展趋势类型来进行承载状态综合预警，并划分为红色（极重警）、橙色（重警）、黄色（中警）、蓝色（轻警）、绿色（无警）5 个预警级别，如表 2-7 所示。

表 2-7 承载状态综合预警级别划分依据

预警级别		承载状态级别		
		不超载	临界超载	超载
发展趋势类型	变优	绿色	黄色	红色
	稳定	绿色	蓝色	红色
	变劣	绿色	蓝色	橙色

2.5 环境承载力调控多目标决策方法

综合分析经济社会、资源能源、生态环境等方面的影响因素，基于多目标决策理论方法，并结合环境经济预测模型、环境容量核算模型，以区域国内生产总值最大、区域人口规模最大、大气及水污染物排放量最小为目标，以产业发展规模、人口发展规模、水环境容量、大气环境容量、水资源利用、能源利用等为约束条件，构建多目标环境承载力优化调控模型（图 2-10），以定量评估资源环境对区域发展规模、能源结构、产业结构及布局的支撑能力，进而提出环境承载力约束下的经济、人口、重点行业规模、单位产值排放强度、能源消费强度、水资源消耗强度等指标的优化调控方案。

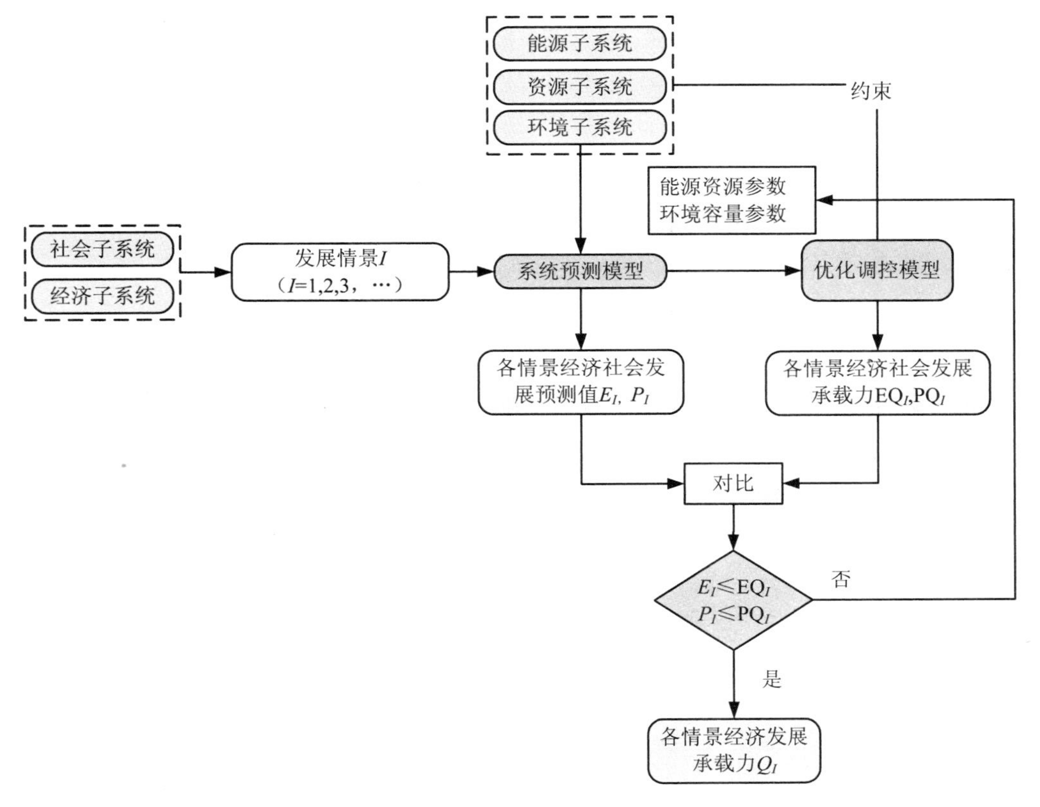

图 2-10 环境承载力多目标优化调控模型构建技术路线图

2.5.1 影响因素识别

研究主要从经济社会发展、科技进步、污染治理水平、环境承载力的主要分量（即水资源承载力、能源承载力、水环境承载力、大气环境承载力）考虑，识别优化调控模型构建的主要影响因素。

（1）经济规模和人口

经济社会发展过程中产生的大量废弃物是造成环境污染的最重要原因。不同的产业发展方式决定了污染物排放的不同强度，控制污染物排放、治理环境污染最重要的是要从源头治理。如何优化调控产业合理布局发展、城镇化发展是环境承载力多目标优化调控模型要回答的一个重要问题，因此，经济规模和人口是调控模型的核心决策变量，其主要表征指标为国内生产总值、第一产业国内生产总值、工业国内生产总值、第三产业国内生产总值、城镇人口数、农村人口数。

（2）科技进步

不同的科技水平下，对资源能源的利用程度会有很大差别，科技进步将会明显减小环境压力。因此，环境承载力会随着科技水平的提高而提高。在确定未来环境承载力时必须考虑到技术进步的作用。科技进步影响因素的表征指标主要是指资源能源消耗及污染物排放的绩效指标，包括单位产值用水定额、单位产值能源消耗、单位产值的污染物排放量、人均污染物排放量、城镇人口人均污染物排放量、农村人口人均污染物排放量等。

（3）污染治理水平

提高区域污染治理水平也是提升环境承载力的有效途径之一，污染治理水平也可以从某些方面反映科技因素的影响，通过调控污染治理水平的表征指标有利于实现区域经济社会与环境的协调发展。污染治理水平的表征指标主要包括工业主要污染物去除率、农业主要污染物去除率、城镇生活及农村生活污水处理率、城镇生活及农村生活主要水污染物去除率等。

（4）水资源禀赋

水资源是经济社会发展的战略资源和经济资源，水资源对经济社会发展起到重要作用。区域经济社会发展规模、发展方式等应根据区域水资源禀赋条件进行合理优化和调整，使其满足区域水资源约束。水资源约束将作为环境承载力多目标优化调控模型的一个重要的约束条件，即未来工业、农业、生活、生态用水应不超过区域水资源可利用总量，单位产值用水定额及人均用水定额等指标将作为调控因子。

（5）能源禀赋

能源禀赋作为区域经济社会发展的重要物质基础，对经济社会发展至关重要。能源承载力作为环境承载力又一分量，也是环境承载力多目标优化调控模型的重要组成部分，即未来工业、农业、生活能源消耗总量应不超过区域能源最大可利用量，包括电力、煤炭、燃气、燃料油、太阳能、沼气等能源的供应及服务，单位产值能源消耗及人均能源消耗等指标将作为调控因子。

（6）环境容量

环境容量是指某一环境区域内对人类活动所造成影响的最大容纳量。大气、水、土地、动植物等都有承受污染物的最高限值。就环境污染而言，污染物存在的数量超过最大容纳量，这一环境的生态平衡和正常功能就会遭到破坏。环境容量是反映环境承载力的一项重要指标，通常被认为是狭义的环境承载力。由此可见，开展环境容量核算是建立环境承载力多目标优化调控模型的关键，本书已在 2.3 节详细介绍了水及大气环境容量的核算方法。

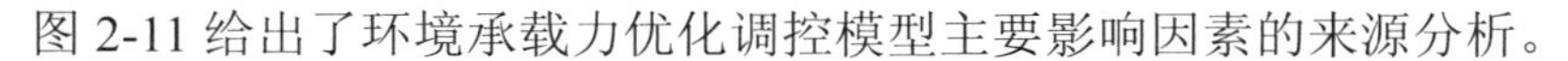

图 2-11 给出了环境承载力优化调控模型主要影响因素的来源分析。

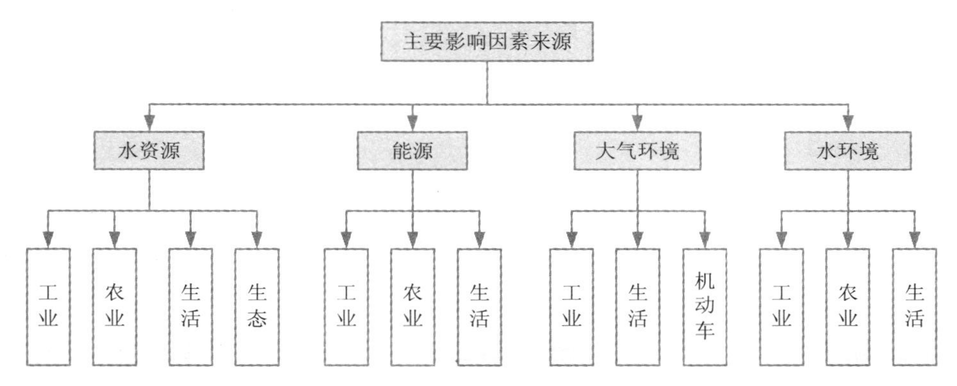

图 2-11　环境承载力优化调控模型主要约束的来源分析

2.5.2　经济环境预测

社会经济发展与资源环境之间存在互动关系。一方面，社会经济发展是资源利用和环境污染的首要影响因素；生产过程、消费过程中对生产资料和生活资料的需求是资源利用的根本原因；在现有技术条件下，资源利用不充分导致的非生产和生活目的的废物产生和排放，是环境污染的根本原因。另一方面，资源环境对社会经济发展也具有制约作用，资源瓶颈、环境污染反过来也会限制经济的进一步增长和社会福利的进一步提高。

基于社会经济发展与资源环境之间的关系，本书将以研究区域社会经济发展水平的规划和预测为基础，设定最近年度数据为基准年，对未来一定时期内的区域社会经济、资源、能源与环境污染进行预测。其有关预测结果将为环境承载力多目标优化调控模型的参数设定以及情景分析提供数据基础。

首先，对社会经济发展进行预测。通过对未来研究区域经济发展的趋势判断，设立社会经济发展目标下的经济增长情景，建立社会经济发展预测模型，主要包括国内生产总值预测、人口和城市化水平预测、三次产业结构预测、各行业增加值的预测等内容。主要目的是与资源能源消耗、环境污染预测模型对接，研究人口增加及城市化进程的推进对资源环境产生的压力及影响。

其次，对资源环境问题进行预测。建立资源环境问题预测模型，主要包括资源能源需求预测模型和生态环境压力预测模型两大类，其中资源能源包括水资源消耗、能源消耗等；生态环境包括废水污染物产排量预测、废气污染物产排量预测以及生态变化趋势等方面。通过经济预测模型输入的地区生产总量、行业增加值以及人口增加、城市化率等指标，预测资源能源环境问题，包括水资源消耗和需求的预测、能源消耗和需求的预测，大气污染物产排量、废水产排量、水污染物产排量等指标的预测。

最后，针对研究区域未来能源资源消耗以及生态环境压力的预测结果进行深入分析，梳理不同经济发展情景下的总量指标预测结果、强度指标预测结果，从而为环境承载力多目标优化调控模型的建立提供重要的基础支撑。

具体预测方法可参见生态环境部环境规划院开发的《国家中长期环境经济预测模型系统》相关研究成果，在此不作赘述。预测的总体思路如图 2-12 所示。

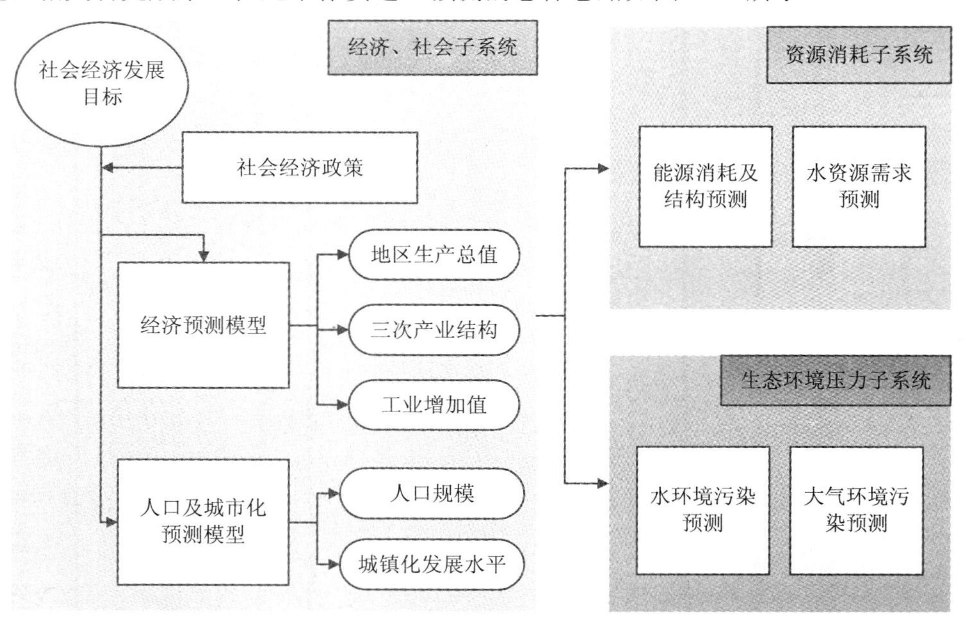

图 2-12 社会经济与资源环境压力预测总体思路

2.5.3 优化决策模型

2.5.3.1 目标函数

环境承载力优化调控的目标函数是保证整个研究区域的经济效益和人口规模最大化，同时确保水和大气污染物排放量最小化。

（1）区域国内生产总值最大化

$$\max Z_1=\sum_{j=1}^{M}\left(\sum_{i=1}^{N}\mathrm{OV}_{ji}+\sum_{i=1}^{N'}\mathrm{OV}'_{ji}\right)\Big/r_j+\sum_{j=1}^{M}\mathrm{AV}_j+\sum_{j=1}^{M}\mathrm{SV}_j \tag{2-44a}$$

式中：Z_1——研究区域内各行政单元国内生产总值之和；

M——研究区域内的行政单元个数；

N、N'——分别为每个行政单元内的重点水、大气污染物排放产业数；

OV_{ji}——行政单元 j 的重点行业 i 的产值，这里，重点行业是指研究区域重点水污染排放行业，如造纸、石油、化工、纺织、食品等；

OV'_{ji}——行政单元 j 的重点行业 i 的产值，这里，重点行业是指研究区域重点大气污染排放行业，如电力、钢铁、水泥、汽车制造等；

r_j——行政单元 j 内重点工业行业生产总值占第二产业生产总值的比例；

AV_j——行政单元 j 的第一产业生产总值；

SV_j——行政单元 j 的第三产业生产总值。

（2）区域人口规模最大化

$$\max Z_2=\sum_{j=1}^{M}\left(\mathrm{UP}_j+\mathrm{RP}_j\right) \tag{2-44b}$$

式中：Z_2——研究区域内各行政单元人口数之和；

UP_j——行政单元 j 内城镇常住人口数；

RP_j——行政单元 j 内农村人口数。

（3）区域水污染物排放量最小化

$$\min Z_{3k}=\sum_{j=1}^{M}\mathrm{UWECC}_{jk} \tag{2-44c}$$

式中：Z_{3k}——第 k 种水污染物排放量；

UWECC_{jk}——行政单元 j 第 k 种水污染物的排放量；

k=1，2，分别对应 COD、NH_3-N。

（4）区域大气污染物排放量最小化

$$\min Z_{4k}=\sum_{j=1}^{M}\mathrm{UAECC}_{jk} \tag{2-44d}$$

式中：Z_{4k}——第 k 种大气污染物排放量；

UAECC_{jk}——行政单元 j 第 k 种大气污染物的排放量；

k=1，2，3，分别对应 SO_2、NO_x、$PM_{2.5}$。

2.5.3.2 约束条件

环境承载力优化调控的约束条件主要包括产业发展规模约束、人口规模约束、不同污染来源的水及大气环境容量约束、水资源利用及能源消耗上限约束等。

（1）产业发展规模约束

产业发展规模的下限约束：某类产业的产值不为负数，或者产业产值不低于参照年的产值。由于受到自然资源、劳动力资源、投资力度、产品需求、区域产业发展均衡需求等条件的限制，产业发展规模也存在上限约束。即

$$0\leqslant \mathrm{OV}_{ji}\leqslant \mathrm{OV}_{ji}^{1} \text{ 或 } \mathrm{OV}_{ji}^{0}\leqslant \mathrm{OV}_{ji}\leqslant \mathrm{OV}_{ji}^{1} \tag{2-44e}$$

$$0\leqslant \mathrm{OV}_{ji}'\leqslant \mathrm{OV}_{ji}^{1\prime} \text{ 或 } \mathrm{OV}_{ji}^{0\prime}\leqslant \mathrm{OV}_{ji}'\leqslant \mathrm{OV}_{ji}^{1\prime} \tag{2-44f}$$

$$0\leqslant \mathrm{AV}_{j}\leqslant \mathrm{AV}_{j}^{1} \text{ 或 } \mathrm{AV}_{j}^{0}\leqslant \mathrm{AV}_{j}\leqslant \mathrm{AV}_{j}^{1} \tag{2-44g}$$

$$0\leqslant \mathrm{SV}_{j}\leqslant \mathrm{SV}_{j}^{1} \text{ 或 } \mathrm{SV}_{j}^{0}\leqslant \mathrm{SV}_{j}\leqslant \mathrm{SV}_{j}^{1} \tag{2-44h}$$

式中：OV_{ji}^{0}、$\mathrm{OV}_{ji}^{0\prime}$——分别表示现状年行政单元 j 重点水、大气污染物排放工业行业 i 的产值；

OV_{ji}^{1}、$\mathrm{OV}_{ji}^{1\prime}$——分别表示行政单元 j 重点水、大气污染物排放工业行业 i 的规划目标产值；

AV_j^0、SV_j^0——分别表示现状年行政单元 j 第一产业、第三产业的生产总值；

AV_j^1、SV_j^1——分别表示行政单元 j 第一产业、第三产业的规划目标产值。

（2）人口发展规模约束

$$0 \leqslant UP_j \leqslant UP'_j \tag{2-44i}$$

$$0 \leqslant RP_j \leqslant RP'_j \tag{2-44j}$$

式中：UP'_j、RP'_j——分别表示行政单元 j 城镇常住人口、农村人口的规划目标。

（3）水环境容量约束

要确保工业、生活、农业发展排放的污染物总量不超过各自分配的水环境容量，具体的分配比例可参考现状排放比例和区域具体环境控制标准确定。

1）重点工业水环境容量约束

重点工业产业发展排放的污染物总量不超过分配给重点工业的水环境容量。

$$\sum_{i=1}^{N} OV_{ji} \times e_{jik} \times \left(1 - r_{jik}\right) \leqslant WECC_{1jk} \tag{2-44k}$$

式中：e_{jik}——行政单元 j 行业 i 第 k 种污染物的单位产值排放强度；

r_{jik}——行政单元 j 行业 i 第 k 种污染物的削减率；

$WECC_{1jk}$——各行政单元为未来重点行业发展分配的 k 污染物水环境容量。

2）生活水环境容量约束

生活源污染物排放量不超过分配给生活的水环境容量。

$$UL_{jk} = UP_j \times l_{1jk} \times \left(1 - R_{1j}\right) + UP_j \times \eta_{1j} \times R_{1j} \times S_{1jk} \times \left(1 - z_{1j}\right) \tag{2-44l}$$

$$RL_{jk} = RP_j \times l_{2jk} \times \left(1 - R_{2j}\right) + RP_j \times \eta_{2j} \times R_{2j} \times S_{2jk} \times \left(1 - z_{2j}\right) \tag{2-44m}$$

$$UL_{jk} + RL_{jk} \leqslant WECC_{2jk} \tag{2-44n}$$

式中：UL_{jk}、RL_{jk}——分别为行政单元 j 内第 k 种污染物的城镇生活、农村生活排放量；

l_{1jk}、l_{2jk}——分别为行政单元 j 内第 k 种污染物的城镇、农村人均产生量；

R_{1j}、R_{2j}——分别为行政单元 j 的城镇、农村生活污水处理率；

η_{1j}、η_{2j}——分别为行政单元j内城镇、农村人均用水定额；

S_{1jk}、S_{2jk}——分别为行政单元j内城镇、农村污水处理厂第k种污染物的平均出水浓度；

z_{1j}、z_{2j}——分别为行政单元j城镇、农村污水处理厂尾水回用率；

WECC_{2jk}——各行政单元为生活分配的k污染物水环境容量。

3）农业水环境容量约束

农业源水污染物排放总量不超过分配给农业的水环境容量。

$$\mathrm{AV}_j \times q_{jk} \times \left(1-r_{jk}\right) \leqslant \mathrm{WECC}_{3jk} \quad (2\text{-}44\mathrm{o})$$

式中：q_{jk}——行政单元j第k种污染物的单位农业产值排放强度；

r_{jk}——行政单元j第k种污染物的削减率；

WECC_{3jk}——各行政单元为未来农业分配的k污染物的水环境容量。

（4）大气环境容量约束

要确保工业、生活、机动车排放的污染物总量不超过各自分配的大气环境容量，具体的分配比例可参考现状排放比例和区域具体环境控制标准确定。

1）重点工业大气环境容量约束

重点工业产业发展排放的大气污染物总量不超过分配给重点工业的大气环境容量。

$$\sum_{i=1}^{N'} \mathrm{OV}'_{ji} \times e'_{jik} \leqslant \mathrm{AECC}_{1jk} \quad (2\text{-}44\mathrm{p})$$

式中：e'_{jik}——行政单元j行业i第k种污染物的单位产值排放强度；

AECC_{1jk}——各行政单元为未来重点行业发展分配的k污染物的大气环境容量，这里k取1，2，3，分别表示SO_2、NO_x和$PM_{2.5}$。

2）生活大气环境容量约束

生活源排放的大气污染物总量不超过分配给生活的大气环境容量。

$$\mathrm{UP}_j \times l'_{1jk} + \mathrm{RP}_j \times l'_{2jk} \leqslant \mathrm{AECC}_{3jk} \quad (2\text{-}44\mathrm{q})$$

式中：l'_{1jk}、l'_{2jk}——分别为行政单元j第k种污染物的城镇、农村人均排放量；

AECC_{3jk}——各行政单元为生活分配的k污染物的大气环境容量。

3）机动车大气环境容量约束

机动车排放的大气污染物总量不超过分配给机动车的大气环境容量。

$$\mathrm{VA}_j \times q'_{jk} \leqslant \mathrm{AECC}_{4jk} \tag{2-44r}$$

式中：VA_j——j 行政单元的机动车保有量；

q'_{jk}——行政单元 j 第 k 种污染物的机动车排放强度；

AECC_{4jk}——各行政单元为机动车分配的 k 污染物的大气环境容量，这里 k 取 2，3，分别表示 NO_x、$PM_{2.5}$。

（5）水资源约束

工业、农业、生活、生态等用水总量不超过区域水资源可利用量。

$$\sum_{i=1}^{N}\mathrm{OV}_{ji} \times p_{ji} + \mathrm{AV}_j \times \mathrm{AG}_j + \mathrm{UP}_j \times \eta_{1j} + \mathrm{RP}_j \times \eta_{2j} + \mathrm{WECO}_j \leqslant \mathrm{MAXW}_j \tag{2-44s}$$

式中：p_{ji}——行政单元 j 行业 i 的单位产值用水定额；

AG_j——行政单元 j 第一产业单位产值用水定额；

WECO_j——行政单元 j 的生态需水量；

MAXW_j——行政单元 j 的水资源可利用量。

（6）能源约束

$$\sum_{i=1}^{N'}\mathrm{OV}'_{ji} \times \alpha_{ji} + \mathrm{AV}_j \times \beta_{1j} + \mathrm{UP}_j \times \beta_{2j} + \mathrm{RP}_j \times \beta_{3j} \leqslant \mathrm{MAXG}_j \tag{2-44t}$$

式中：α_{ji}——行政单元 j 行业 i 的单位产值能源消耗系数；

β_{1j}、β_{2j}、β_{3j}——分别表示行政单元 j 第一产业的单位产值能源消耗系数、城镇人均能源消耗系数、农村人均能源消耗系数；

MAXG_j——能源可利用量。

（7）技术参数约束

$$\mathrm{UP}_j \geqslant 0,\ \mathrm{RP}_j \geqslant 0,\ \mathrm{OV}_{ji} \geqslant 0,\ \mathrm{OV}'_{ji} \geqslant 0,\ \mathrm{AV}_j \geqslant 0,\ \mathrm{SV}_j \geqslant 0,\ \forall i, j \tag{2-44u}$$

2.5.3.3　主要调控因子识别

通过环境承载力优化调控模型可以得到现阶段区域环境的承载阈值，为进一步结合经济社会发展情景模拟结果，提出环境承载力约束下的更加具体、有针对性的宏观优化调控方案，需确定主要调控因子决策值。本书从产业发展规模、人口发展、水环境容量、大气环境容量、水资源、能源等约束条件中，重点选择强度因子作为主要调控因子，如表 2-8 所示。在实际应用中，可通过对约束指标的敏感度分析，进一步找到影响环境承载力的关键调控因子。

表 2-8 环境承载力优化调控因子集

序号	约束条件	调控因子
1	产业发展规模约束	OV_{ji}^{1} 、 $OV_{ji}^{1\prime}$ 、 AV_{j}^{1} 、 SV_{j}^{1}
2	人口发展规模约束	$UP_{j}^{\prime}$ 、 $RP_{j}^{\prime}$
3	水环境容量约束	工业：e_{jik}、r_{jik}
4	水环境容量约束	城镇生活：l_{1jk}、R_{1j}、η_{1j}、S_{1jk}、z_{1j} 农村生活：l_{2jk}、R_{2j}、η_{2j}、S_{2jk}、z_{2j}
5	水环境容量约束	农业：q_{jk}、r_{jk}
6	大气环境容量约束	工业：$e_{jik}^{\prime}$
7	大气环境容量约束	生活：$l_{1jk}^{\prime}$ 、 $l_{2jk}^{\prime}$
8	大气环境容量约束	机动车：$q_{jk}^{\prime}$
9	水资源约束	p_{ji} 、 AG_{j} 、 η_{1j}、 η_{2j}
10	能源约束	α_{ji} 、 β_{1j} 、 β_{2j} 、 β_{3j}

2.5.4 求解算法

本书所构建的环境承载力优化调控模型是受约束的多目标非线性优化模型，其求解过程相对复杂。多目标优化要求算法在非劣解集中找到尽可能多且分布均匀的解，即 Pareto 前端。和传统的数学规划法相比，进化算法更适合求解多目标优化问题，因此本书选择非支配排序遗传算法（NSGA-Ⅱ）进行求解，具体流程如图 2-13 所示。NSGA-Ⅱ由 Kalyanmoy Deb 提出，它同时采用了精英策略和多样性保护方法，性能好、效率高且计算较简单，并经常成为其他多目标进化算法的比较对象。

NSGA-Ⅱ的具体过程描述如下：

①随机产生初始种群 P_0，然后对 P_0 进行非劣排序并赋秩于每个个体；再对种群 P_t 进行选择、交叉和变异等遗传操作，得到新的种群 Q_t，令 t=0。

②形成新的群体 $R_t = P_t \cup Q_t$，对种群 R_t 进行非劣排序，得到非劣前端 F_1，F_2，…。

③对所有 F_i 按拥挤距离进行排序，并按锦标赛法选择其中最好的 N 个个体形成种群 P_{t+1}。

④对种群 P_{t+1} 执行遗传操作，形成种群 Q_{t+1}。

⑤如果终止条件成立，输出种群中的非支配解集，算法结束；否则令 t=t+1，转到②。

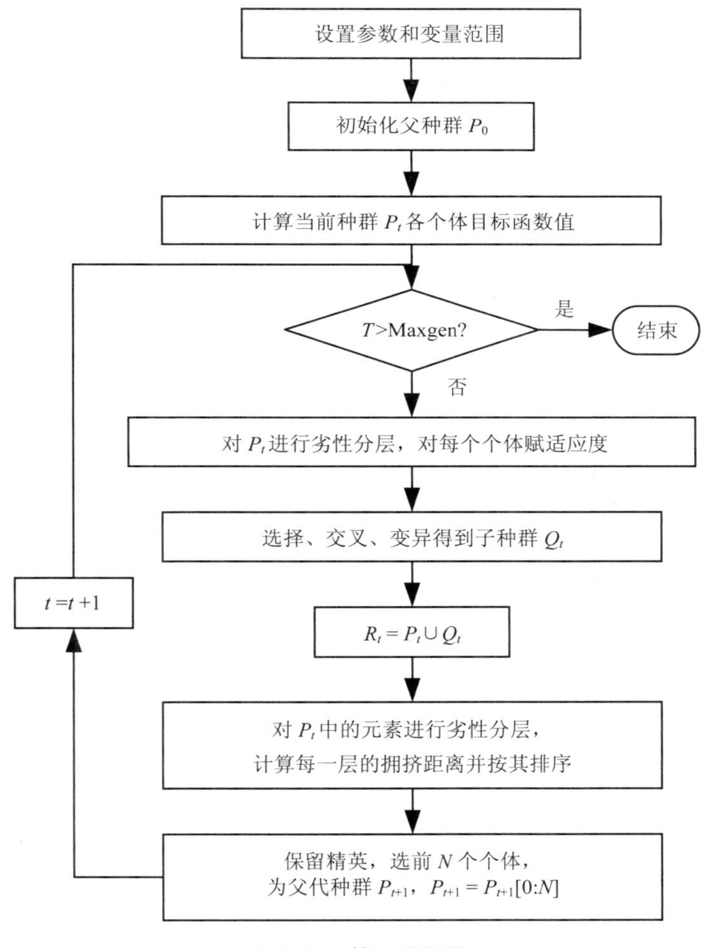

图 2-13　算法流程图

对种群 R 进行非劣排序的具体过程：①种群 R 中的每个解 x（或个体 x），x 的支配数 n_x 定义为 R 中个体劣于解 x 的个数，x 的支配集合 S_x 定义为 R 中个体劣于解 x 的个体组成的集合。首先设 x 的支配数 n_x=0，x 的支配集合 S_x 为空集。然后对种群 R 中每个个体 x'（除解 x 外）与 x 进行比较，当 x'劣于 x 时，x'进入 S_x，且 n_x=n_x+1。将 n_x=0 的个体放入 Pareto 前端 F_1 中，且令解 x 的秩 x_{rank} =1。②令 i=1。③令Ω为空集，对 F_i 中每个解 x 执行的操作为如果 x 属于 S_x，则 n_x= n_x–1；如果 n_x =0，则 x_{rank}=i+1 且 x 进入Ω。④如果Ω不为空集，则 i=i+1，且 F_i=Ω，转到③，否则停止迭代。

Pareto 前端 F_i 的拥挤距离是用来估计一个解周围其他解的密集程度。对每个目标函数，先对非劣解集中的解根据该目标函数的大小进行排序，然后对每个解 i，计算由解 i+1 和 i–1 构成的超立方体的平均边长，即为解 i 的拥挤距离 $i_{distance}$。其中，边界解的拥挤距离为无穷大。对 F_i 中个体按拥挤距离进行排序的具体方法为解 x 排序首先按秩 x_{rank} 排序，秩越小，解 x 的排序越靠前；当秩相等时，再按拥挤距离 $i_{distance}$ 排序，拥挤距离越大，解 x 的排序越靠前。

第 3 章　全国环境承载力评估

党的十八届三中全会通过的《中共中央关于全面深化改革若干重大问题的决定》要求“建立资源环境承载能力监测预警机制，对水土资源、环境容量和海洋资源超载区域实行限制性措施”。因此，我国启动资源环境承载力监测预警评估工作。2014 年，国家发展和改革委员会组织进行了全国的试评估，探索建立适用于全国的资源环境承载力评估方法。由于我国幅员辽阔，从南到北、从东到西的自然本底和大气环境、水环境差异巨大，要建立适用于各地区的可操作、可考核的评估方法，应考虑各地工作基础和方法的可推广性、数据的可获得性及权威性。本章在全国试评估的工作框架基础上，选取大气和水两个环境要素指标，基于环境质量方法，开展了 2013 年全国城市尺度的大气环境承载力和省级尺度的水环境承载力试点评估工作，并从资源能源利用和污染排放角度对超载成因进行了分析，提出了提高大气和水环境承载力的对策建议。

3.1　评估结果及分析

3.1.1　大气环境承载力

3.1.1.1　综合评估结果

根据第 2 章的评估方法，分别对 2013 年京津冀、长三角、珠三角区域及直辖市、省会城市和计划单列市等 74 个城市（以下简称 74 个重点城市）的 6 种大气污染物及其余 256 个城市的 3 种大气污染物超载率进行计算，计算结果如图 3-1 所示。

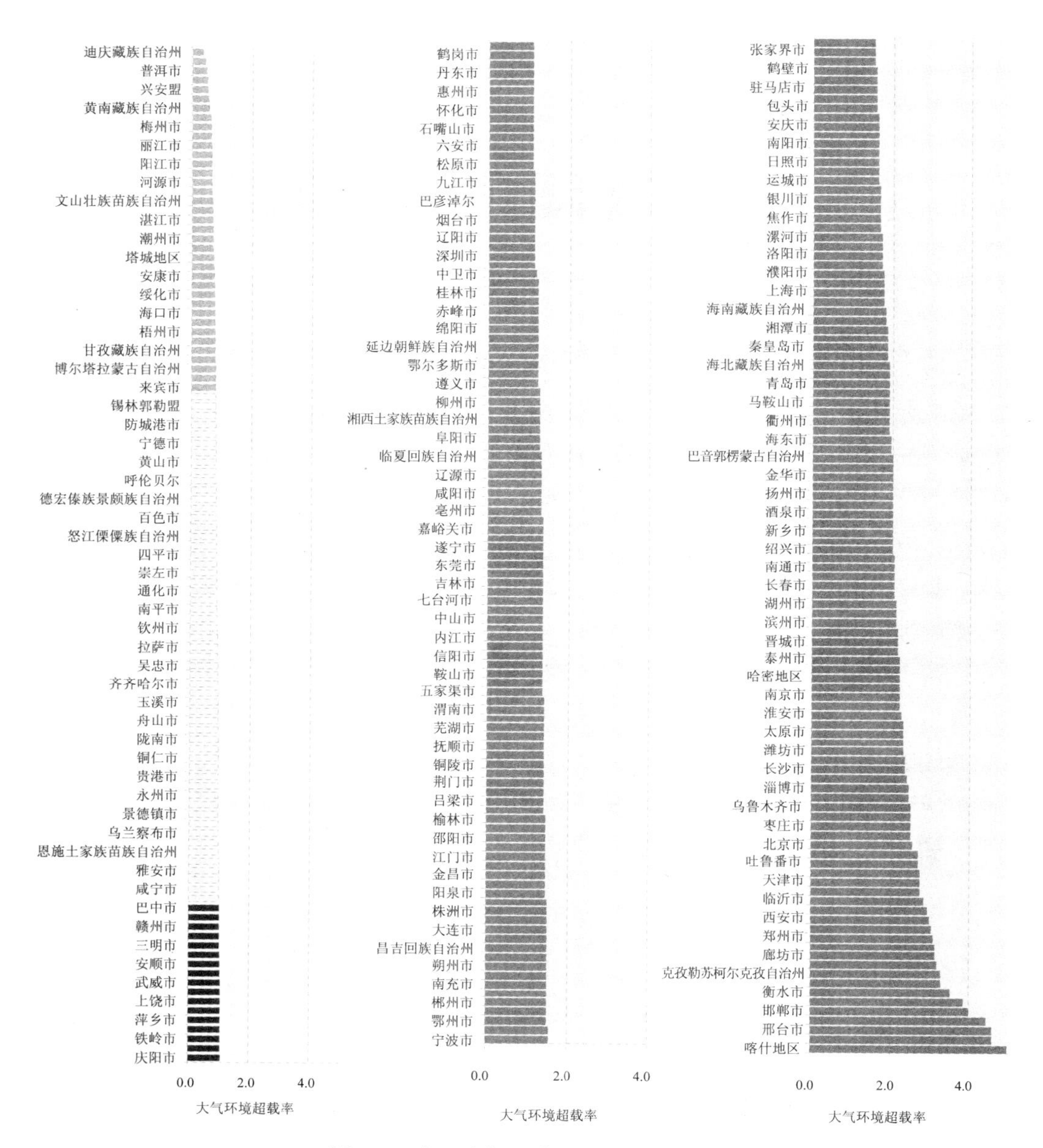

图 3-1 全国大气环境承载力评估结果

注：①各城市主要污染物年均质量数据来自环境监测站，采用 GB 3095—2012 空气质量标准评价。②京津冀、长三角、珠三角区域及直辖市、省会城市和计划单列市等 74 个城市评价 SO_2、NO_2、PM_{10}、CO、O_3、$PM_{2.5}$ 共 6 种污染物，其他 256 个城市评价 SO_2、NO_2、PM_{10} 共 3 种污染物，各城市计算结果表征所在市域大气环境超载率。前者作为重点分析城市，后者不做重点分析。③港澳台地区、海南省（除海口市、三亚市外）、湖北省仙桃市和神农架林区、青海省果洛藏族自治州和玉树藏族自治州、西藏自治区（除拉萨市外）等无数据。④ ▭表示不超载，▭表示临界超载，▬表示超载。

评估结果表明，全国大部分城市大气环境都为超载状态，空气质量形势严峻。超载最严重的城市分布在京津冀、长三角地区，北部的新疆维吾尔自治区、甘肃省、吉林省和辽宁省，中部和南部的山西省、陕西省、河南省、湖北省、湖南省、贵州省和重庆市等省份也普遍超载。海南省、云南省空气质量相对较好，大部分城市都不超载，广东省、四川省、黑龙江省、内蒙古自治区、新疆维吾尔自治区的个别城市也不超载。包括北部湾在内的南部沿海、甘肃和陕西南部、东北三省和内蒙古北部一些城市不超载，但是为临界超载状态，需要引起重视，避免空气质量恶化。

74 个重点城市中，96%以上的城市大气环境承载力超载。如表 3-1 所示，承载力水平最好的 10 个城市为海口市、拉萨市、舟山市、福州市、珠海市、惠州市、厦门市、深圳市、昆明市和张家口市，这些城市大部分位于东南沿海和西南地区，其中海口市为唯一不超载的城市，拉萨市和舟山市为临界超载，其他几个城市虽然排名前 10，但是其大气环境已经超载。最差的 10 个城市为邢台市、石家庄市、邯郸市、保定市、衡水市、唐山市、济南市、廊坊市、郑州市和西安市，大部分位于河北省，山东省、河南省和陕西省各 1 个。邢台市、石家庄市超载严重，大气环境超载率都在 3 以上，其他 7 个城市也很严重，大气环境超载率在 2 以上。这些城市高能耗、重污染产业较多，工业污染排放较大；而且人口基数大、机动车保有量高，生活和移动源污染排放也较多。加之不利扩散的地形条件，大气环境超载严重。

表 3-1　大气环境承载力评估综合排名

<table>
<tr><th rowspan="2">城市类别</th><th colspan="3">城市个数</th><th>承载力排名</th><th>承载力排名</th></tr>
<tr><th>不超载</th><th>临界超载</th><th>超载</th><th>前 10 城市（由好到差）</th><th>后 10 城市（由差到好）</th></tr>
<tr><td>74 个重点城市</td><td>1</td><td>2</td><td>71</td><td>海口、拉萨、舟山、福州、珠海、惠州、厦门、深圳、昆明、张家口</td><td>邢台、石家庄、邯郸、保定、衡水、唐山、济南、廊坊、郑州、西安</td></tr>
</table>

与环境保护部发布的 2013 年 74 个重点城市空气质量排名相比，大气环境承载力排名和空气质量排名前 10 和排名后 10 的城市基本一致。通过表 3-1 和表 3-2 的比较可知，74 个重点城市中大气环境承载力较好的 10 个城市中有 8 个城市（昆明市和张家口市除外）空气质量位列前 10，昆明市和张家口市的空气质量也较好。大气环境承载力较差的 10 个城市与空气质量较差的 10 个城市名单一致，排名顺序稍有不同。

表 3-2 实施新标准后城市空气质量综合排名

城市类别	空气质量排名 前 10 城市（由好到差）	空气质量排名 后 10 城市（由差到好）
74 个重点城市	海口、舟山、拉萨、福州、惠州、珠海、深圳、厦门、丽水、贵阳	邢台、石家庄、邯郸、唐山、保定、济南、衡水、西安、廊坊、郑州

3.1.1.2 单指标评估结果

对于 74 个重点城市，导致大部分城市大气环境超载严重的单指标为 $PM_{2.5}$、PM_{10}、NO_2，其中 $PM_{2.5}$ 为首要影响因素（表 3-3）。$PM_{2.5}$、PM_{10}、NO_2 不超载的城市绝大多数位于东部沿海和西南，超载城市位于京津冀及周边地区；SO_2 和 CO 超载城市主要集中在京津冀地区，其他地区控制较好；而 O_3 形势严峻地区除了京津冀，东部沿海城市也较多。

表 3-3 单指标大气环境承载力评估及排名

污染物	城市个数			承载形势排名前 10 城市（由好到差）	承载形势排名后 10 城市（由差到好）
	不超载	临界超载	超载		
$PM_{2.5}$	2	1	71	拉萨、海口、舟山、福州、厦门、珠海、惠州、深圳、张家口、昆明	邢台、石家庄、邯郸、保定、衡水、唐山、济南、廊坊、郑州、西安
PM_{10}	1	10	63	海口、舟山、惠州、珠海、深圳、厦门、拉萨、福州、东莞、中山	石家庄、邢台、邯郸、保定、衡水、济南、西安、唐山、廊坊、郑州
NO_2	11	18	45	海口、拉萨、舟山、泰州、惠州、盐城、大连、沧州、丽水、淮安	唐山、邢台、石家庄、成都、济南、乌鲁木齐、武汉、邯郸、西安、保定
SO_2	56	8	10	海口、拉萨、舟山、福州、深圳、珠海、惠州、台州、南宁、丽水	唐山、邢台、石家庄、济南、邯郸、沈阳、太原、银川、保定、衡水
CO	57	6	11	海口、舟山、福州、丽水、厦门、惠州、贵阳、中山、东莞、衢州	乌鲁木齐、石家庄、秦皇岛、邢台、保定、唐山、邯郸、郑州、西安、廊坊
O_3	24	33	17	哈尔滨、福州、兰州、大连、贵阳、合肥、西宁、呼和浩特、海口、淮安	济南、肇庆、北京、衡水、湖州、石家庄、嘉兴、邯郸、东莞、徐州

$PM_{2.5}$ 不超载的城市只有拉萨市和海口市，临界状态的城市为舟山市，其他 71 个城

市全部超载。由于 $PM_{2.5}$ 为决定大多数城市承载状态的首要影响因素，所以其承载状态分布规律与综合评价结果接近。

PM_{10} 不超载的城市为海口市，舟山市、惠州市、珠海市、深圳市、厦门市、拉萨市、福州市、东莞市、中山市和丽水市为临界状态，其他 63 个城市全部超载。

NO_2 不超载的城市为海口市、拉萨市、舟山市、泰州市、惠州市、盐城市、大连市、沧州市、丽水市、淮安市和张家口市，临界状态的城市有 18 个，其他 45 个城市超载。

SO_2 超载城市分别为唐山市、邢台市、石家庄市、济南市、邯郸市、沈阳市、太原市、银川市、保定市和衡水市，另有秦皇岛市和天津市等 8 个城市为临界状态，其他 56 个城市不超载。

CO 超载城市为乌鲁木齐市、石家庄市、秦皇岛市、邢台市、保定市、唐山市、邯郸市、郑州市、西安市、廊坊市和呼和浩特市，6 个城市为临界状态，其他城市不超载。

O_3 超载城市有 17 个，为济南市、肇庆市、北京市、衡水市、湖州市、石家庄市、嘉兴市、邯郸市、东莞市、徐州市、佛山市、邢台市、江门市、金华市、中山市、重庆市和武汉市，33 个城市为临界状态，24 个城市不超载。

3.1.2　水环境承载力

利用上述水环境承载力评估方法，分别对我国各流域水环境超载率、31 个省级行政区的水环境综合超载率以及 5 个单项指标水环境超载率进行计算，并对相应承载状态进行判断，结果见图 3-2。

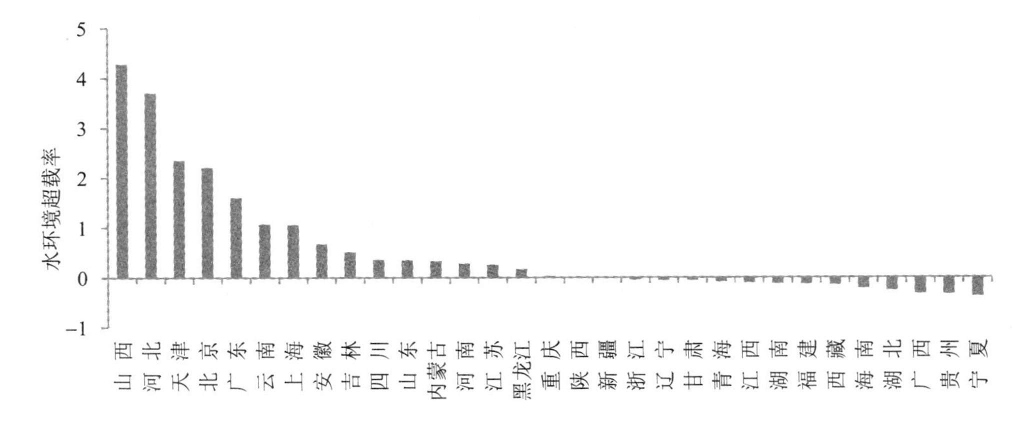

图 3-2　水环境承载力评估结果

3.1.2.1 综合评估结果

全国各省（区、市）水环境承载力评估结果表明，我国水环境状况不容乐观，整体上处于超载状态。约55%的省级行政区处于超载状态，超载程度由西部向东部依次递增。超载的地区主要分布在东部的北京市、天津市、河北省、广东省、上海市、山东省和江苏省，东北的吉林省和黑龙江省，中部的山西省、安徽省和西部的云南省、四川省、内蒙古自治区、重庆市和陕西省等17个省（区、市）。其中东部地区经济发达、人口密集、水污染物排放量大，而本身的水资源容量有限，导致其污染物排放量远远超过水环境容量。东北及山西省、内蒙古自治区和陕西省等地虽然经济发展程度和人口密度均较东部小，但处于水资源偏少乃至贫乏的地区，地表水环境容量对经济发展承载能力有限，导致水环境超载。不超载和临界超载的地区主要集中在我国的西部和中部地区，不超载的地区主要包括宁夏回族自治区、贵州省、广西壮族自治区、湖北省和海南省等5个省(区)，处于临界超载的地区主要分布在西部的新疆维吾尔自治区、甘肃省、青海省和西藏自治区，东部的浙江省和福建省，中部的江西省、湖南省和东北的辽宁省等9个省（区）。这些不超载或处于临界超载的中西部地区水资源丰富或经济欠发达、污染排放少，对水资源的开发利用程度较低。部分东部地区处于临界超载状态，与其较高的污染治理水平有关。随着高能耗重工业向内陆转移，我国部分西部地区水污染压力加大，处于临界超载状态。

从水环境承载力评估结果的排名来看，承载力水平较好的地区主要分布在中西部地区，超载较严重的地区主要分布在华北地区。水环境承载力水平最好的5个省（区）依次为宁夏回族自治区、贵州省、广西壮族自治区、湖北省和海南省，大部分位于中西部地区。最差的5个省（市）为山西省、河北省、天津市、北京市和广东省，其中山西省和京津冀等华北地区严重超载，超载率均在2以上，山西最高达4.28。华北地区人口、工业分布集中，生活和经济用水压力大，但是华北地区的水资源自然支持力不足，其水资源开发程度已经接近阈值，进一步开发的潜力很小。总体来看，缺水与水污染物的大量排放是造成华北地区水环境承载力紧张的重要因素。

从全国274个地级市水环境承载力评估结果来看，处于超载的地级市个数为88个，占总数的32.1%；处于临界超载的地级市个数为51个，占总数的18.6%；处于不超载的地级市个数为135个，占总数的49.3%。

3.1.2.2　单指标评估结果

从单项指标来看，COD、NH_3-N 和 TP 三项污染物超载地区相对较多，为影响超载地区的首要污染因素，其次是 BOD_5 和 DO，超载地区相对较少，压力相对较小。对于 COD，有 6 个省（区、市）处于超载状态，超载程度从高到低依次为河北省、山西省、内蒙古自治区、云南省、天津市和山东省；6 个省（区、市）处于临界超载状态，临界超载程度从高到低依次为黑龙江省、北京市、安徽省、江苏省、新疆维吾尔自治区和河南省；其余 19 个省（区、市）处于不超载状态，主要分布在中西部以及东南沿海地区。对于 NH_3-N，有 8 个省（市）处于超载状态，超载程度从高到低依次为山西省、河北省、天津市、北京市、云南省、广东省、安徽省和吉林省，四川省、山东省和河南省等 3 个省份处于临界超载状态，其余 20 个省份处于不超载状态，其分布特征与 COD 基本一致，NH_3-N 超载程度明显高于 COD。对于 TP，有 8 个省（市）处于超载状态，超载程度从高到低依次为河北省、天津市、上海市、山西省、北京市、云南省、安徽省和江苏省，黑龙江省、山东省和重庆市 3 个省（市）处于临界超载状态，其余 20 个省份处于不超载状态。DO 和 BOD_5 两项指标的超载省份相对较少，除广东省和河北省的 DO 指标分别处于超载和临界超载状态外，其他省份处于不超载状态；对于 BOD_5 指标，处于超载状态的省（市）依次为山西省、河北省、北京市和山东省，安徽省、河南省和云南省处于临界超载状态，其他地区处于不超载状态。具体见表 3-4。

表 3-4　各省级行政区单要素水环境承载力评估结果

省（区、市）	DO 超载率	BOD_5 超载率	COD 超载率	NH_3-N 超载率	TP 超载率	水环境超载率	水环境承载力级别
山　西	−0.25	1.09	0.45	4.00	0.97	4.28	超载
河　北	−0.11	0.47	0.55	2.75	1.81	3.70	超载
天　津	−0.43	−0.26	0.18	2.16	1.18	2.35	超载
北　京	−0.21	0.16	−0.04	1.81	0.58	2.21	超载
广　东	1.28	−0.25	−0.38	0.12	−0.36	1.60	超载
云　南	−0.21	−0.03	0.20	0.14	0.26	1.07	超载
上　海	−0.21	−0.40	−0.44	−0.22	1.06	1.06	超载
安　徽	−0.32	−0.19	−0.06	0.07	0.08	0.67	超载

省（区、市）	DO 超载率	BOD_5 超载率	COD 超载率	NH_3-N 超载率	TP 超载率	水环境超载率	水环境承载力级别
吉　林	−0.36	−0.34	−0.22	0.03	−0.23	0.51	超载
四　川	−0.31	−0.54	−0.33	−0.07	−0.21	0.36	超载
山　东	−0.28	0.03	0.11	−0.12	−0.13	0.35	超载
内蒙古	−0.37	−0.35	0.30	−0.60	−0.34	0.33	超载
河　南	−0.35	−0.19	−0.16	−0.16	−0.28	0.28	超载
江　苏	−0.36	−0.31	−0.07	−0.49	0.04	0.26	超载
黑龙江	−0.38	−0.45	−0.02	−0.41	−0.19	0.17	超载
重　庆	−0.38	−0.65	−0.47	−0.81	−0.08	0.03	超载
陕　西	−0.32	−0.31	−0.25	−0.25	−0.48	0.02	超载
新　疆	−0.37	−0.60	−0.15	−0.81	−0.79	0.00	临界
浙　江	−0.20	−0.45	−0.40	−0.39	−0.36	−0.05	临界
辽　宁	−0.38	−0.21	−0.34	−0.41	−0.29	−0.06	临界
甘　肃	−0.34	−0.41	−0.46	−0.40	−0.62	−0.06	临界
青　海	−0.38	−0.48	−0.45	−0.47	−0.44	−0.09	临界
江　西	−0.35	−0.52	−0.45	−0.55	−0.27	−0.11	临界
湖　南	−0.35	−0.61	−0.59	−0.80	−0.39	−0.13	临界
福　建	−0.25	−0.48	−0.30	−0.48	−0.42	−0.14	临界
西　藏	−0.25	−0.28	−0.64	−0.75	−0.66	−0.15	临界
海　南	−0.23	−0.74	−0.51	−0.82	−0.64	−0.22	不超载
湖　北	−0.40	−0.56	−0.47	−0.67	−0.56	−0.26	不超载
广　西	−0.33	−0.78	−0.66	−0.86	−0.77	−0.33	不超载
贵　州	−0.35	−0.57	−0.54	−0.62	−0.67	−0.34	不超载
宁　夏	−0.39	−0.55	−0.48	−0.62	−0.56	−0.38	不超载
全　国	−0.29	−0.30	−0.15	−0.15	−0.15	0.46	超载

3.1.3　环境承载力综合评估结果

2013 年环境承载力综合评估结果（图 3-3、表 3-5）表明，在全国参与评价的 31 个省份中，22 个超载、5 个临界超载、4 个不超载，占比分别约为 71%、16%、13%。不超载的地区包括西藏自治区、海南省、广西壮族自治区和宁夏回族自治区，主要分布在北部湾和西部地区。这些地区人口密度普遍偏小，工业特别是重工业不发达，污染排放相对较小，而且海南等地区地理条件较好，有利于污染物的扩散。临界超载状态的地区包括贵州省、福建省、湖北省、青海省和江西省，分布在中南部和西南部地区。全国环境承载力呈现连片超载现象。最大的超载区从长三角到京津冀向北向西至东北和新疆，向西南至川渝和云南。一些地区环境形势严峻，如京津冀及其周边地区和长三角，其中北京市、天津市、河北省和山西省环境超载指数介于2～4，超载情况最为严重。这些地区由于重工业较多、人口密集、废水和废气排放较大，水和大气环境均处于严重超载状态，需要加大污染防治与生态保护力度。

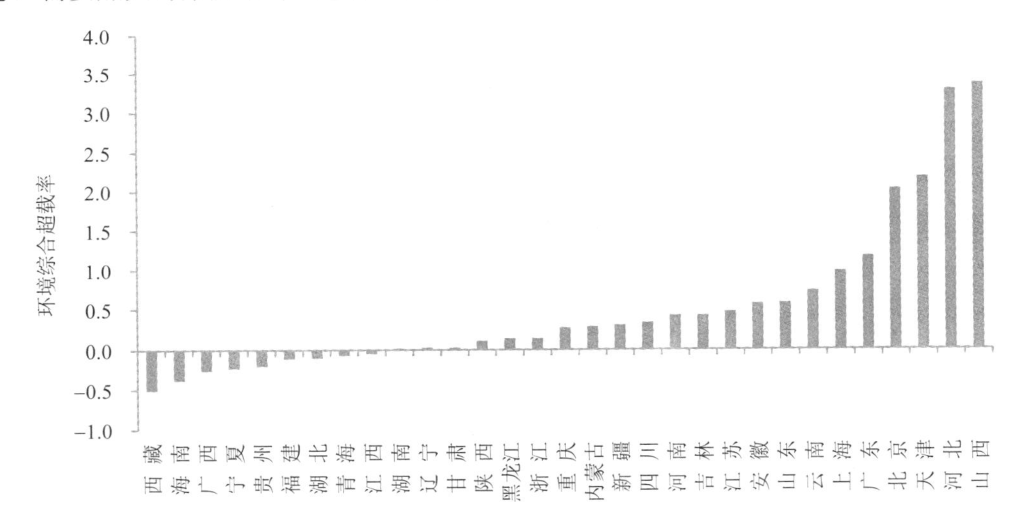

图 3-3　全国环境承载力综合评估结果

表 3-5　环境承载力综合评估及排名

<table>
<tr><td rowspan="2"></td><td colspan="3">省（自治区、直辖市）个数</td><td rowspan="2">承载力排名
前10地区（由好到差）</td><td rowspan="2">承载力排名
后10地区（由差到好）</td></tr>
<tr><td>不超载</td><td>临界超载</td><td>超载</td></tr>
<tr><td>环境综合承载</td><td>4</td><td>5</td><td>22</td><td>西藏、海南、广西、宁夏、贵州、福建、湖北、青海、江西、湖南</td><td>山西、河北、天津、北京、广东、上海、云南、山东、安徽、江苏</td></tr>
</table>

3.2 成因分析

（1）大气环境承载力

与美国等国家相比，我国自然本底条件差，复杂的地形地貌不利于大气污染物扩散，一定程度上加重了某些地区大气污染及其大气环境超载形势。但是自然本底条件并不是导致我国近年大气污染严重的根本原因。通过前面章节分析可知，颗粒物是导致大部分城市大气环境超载的首要因素（部分城市其他污染物也可能超载，但是颗粒物超载最为严重），既包括一次颗粒物，也包括以 NO_x 等为前体物的二次颗粒物。其中，人为活动是这些污染物排放的主要来源。

能源消费量大且以煤炭为主的不合理能源消费结构是我国大气污染物排放量大的主要原因。2013 年我国能源消费约占世界的 22%，煤炭在一次能源消费中的占比为 67.5%。煤炭燃烧排放大量 SO_2、NO_x 和烟（粉）尘。同时，我国许多行业工艺过程排放的粉尘，也是颗粒物污染的重要来源。一些以煤炭消耗为主的高能耗、重污染产业向内陆和农村地区转移，使我国煤烟型污染向西部和农村扩散，加重了大气环境超载程度。

随着各大城市机动车保有量的增加，我国很多城市特别是东部城市的空气污染呈现复合型特征。机动车保有量的激增与较差的燃油品质，使 NO_x、VOCs 等污染物排放量不断增长，O_3 和 $PM_{2.5}$ 污染加剧，造成复合型污染。此外，城市基础建设工程量大、速度快，建筑和道路扬尘排放量大；厨房设备技术落后，厨房油烟缺乏必要管控；现行大气污染物排放标准体系有待进一步健全完善，部分污染物排放限值过于宽松；违法排污和超标排污时有发生，环境监管能力有待提升等也在一定程度上阻碍空气质量改善，加重了大气环境超载形势。

（2）水环境承载力

大量的水污染物排放是造成我国大部分流域水环境超载的主要原因。近年来，随着我国工业化和城镇化进程的加快，工业、生活和农业污染物排放量急剧增长，虽然部分地区的工业、生活源污染得到一定程度的控制，但是排放总量依然很大。另外，农业面源污染问题日益严重。工业点源污染、城镇生活污染、农业与农村面源污染相互交织、相互叠加，污染物排放大大超出水环境承载能力，导致河流、湖泊水质污染严重。

地表径流冲积负荷较大是造成水体污染加重的另一个重要原因。我国雨水径流污染比国外发达国家严重得多，污染浓度与负荷比国外大几倍至十几倍。特别是随着国内城市化进程的加快，国内雨水径流污染程度加剧，加之大气污染及地面污染越来越严重，暴雨的初期雨水携带了很多诸如汽油、降尘等地面垃圾，其产生的地面径流污染对水环境的污染强度贡献较大。

水体的污染状况还与其自净能力有关。当缺少生态流量时，水体的自净能力会较弱，即使无污水直接排放，水体水质也不会很好。例如，我国北方地区降雨量普遍偏少，随着城市的不合理开发建设，地下水位大幅度下降，水体的生态补给不足、生态流量难以保障，加剧了水环境超载。

3.3 对策建议

（1）以大气环境承载水平作为限制国土开发标准之一，严格限制大气高污染行业

大气环境不超载的西南、海南和东北北部地区，多为国家重点生态功能区等限制开发区或禁止开发区，土地利用应以生态旅游、生态农业等为主。应制定严格的污染物排放标准和总量控制指标，依法关闭污染排放企业，鼓励无污染的服务类行业发展，确保污染企业“零排放”，使污染总量不增加，保持良好的大气环境。

大气环境低承载的京津冀及周边地区中北部和西北部地区，国土开发强度较高或者自然环境较差，应该严格限制工业用地，制定严格的行业准入环境标准，通过关闭、整顿高污染企业，鼓励低耗节能行业的发展，使污染物排放总量不断下降，大气环境质量逐步趋于好转。

大气环境较好而又非限制或禁止功能开发的其他区域，也要参考国际先进水平，制定严格的行业环境标准，对于新增建设项目加强环境影响评价，加强环境风险防范，避免大气污染物的新增加和空气质量恶化。

（2）优化产业结构与布局，加强各类大气污染物排放控制，逐步改善空气质量

优化产业结构与布局，淘汰高能耗重污染行业；实施煤炭消费总量控制，调整能源消费结构，逐步减少煤炭消费比例；建立统一协调的区域联防联控工作机制，加强技术减排力度；严格执行各项环保法律法规和标准，完善节能减排投入机制，新建项目做好环评工作；严格控制机动车 NO_x 排放及其他污染物排放。

东部京津冀及周边地区、中部大部分地区和成渝地区，要继续加强颗粒物、SO_2、

NO_x 等行业污染控制，重点加强机动车及其他来源的 NO_x 和 VOCs 等 $PM_{2.5}$ 前体物的控制。

华南地区，除了加强 NO_x 和颗粒物的控制，还要防范臭氧污染，减少酸雨发生；西北地区，在加强工业污染控制的同时，重点防治各类扬尘污染。

（3）对不同承载力水平的区域实施开发强度区别对待

根据环境承载能力开发的理念，不同承载力水平的区域，集聚人口和经济的规模不同，应实施不同的开发强度。环境承载力水平较低的地区不应该进行大规模高强度的城镇化开发，以减少承载过多人口；应鼓励引导一部分人口转移到承载水平高、就业机会多的城市化地区。同时，经济的过度集聚以及不合理的产业结构也会给资源环境、交通等带来难以承受的压力。因此，可以根据资源环境中的“短板”因素确定可承载的人口规模、经济规模以及适宜的产业结构。对不同承载力水平的区域都要有节制地开发，保持适当的开发强度。

京津冀及周边地区、长三角地区、珠三角地区等优化开发区，经济比较发达、人口比较密集、开发强度较高，资源环境问题更加突出。要实行严格的污染物排放标准，减少污染物排放；要按照国际先进水平，实行更加严格的产业准入环境标准。

西南成渝地区、中部武汉及其周边地区、陕西关中地区、长株潭地区、山西中北部地区、西北乌鲁木齐及东部部分地区属于重点开发区。重点开发区域有一定经济基础、资源环境承载能力较强、发展潜力较大、集聚人口和经济的条件较好，应该作为重点进行工业化城镇化开发的城市化地区。应结合环境容量状况，制定污染物排放总量控制指标，严格控制污染物排放量；按照国内先进水平，逐步提高产业准入环境标准；合理控制排污许可证的增发，鼓励新建项目通过排污权交易获得排污权。

（4）加强不同水环境承载力水平区域的环境管制对策

以水环境承载水平作为水环境功能区划的重要标准之一。针对不同区域的水环境特征的空间差异，来明确区域中的水环境敏感区域和重点控制范围，为区域规划建设提供水环境影响的参照。引导区域空间和产业合理布局，对有利影响的区域活动予以促进，在一定程度上对有不利影响的区域活动进行限制，对水环境质量影响较大甚至严重污染的，予以禁止。提出水环境调控目标和阶段性任务，以落实区域可持续发展的水环境承载力要求。

水环境承载力较高的地区，水资源相对丰富，理想水环境容量相对较高，一般污染治理水平偏低，应严格制定环境准入机制，优选特色新产业，着力发展低污染的加工业、生态农业、精细化种植业等劳动力密集型产业。积极推进清洁生产、节能减排技术，从源头控制污染，坚持循环经济理念，实现资源利用率最大化；推进污水处理厂建设，加快城镇污水收集管网建设，实行严格的污染物排放总量控制制度和排污许可制度。对依法设立的各级各类自然文化资源保护区、重要水源地和其他需要特殊保护的区域，要禁止开发。

水环境承载力较低的地区，经济相对发达，人口密集，虽然污染治理水平较高，但其水资源匮乏，污染排放量大，水污染形势还十分严峻。应严格控制一般性传统产业项目，对煤炭、电力、化工、水泥等项目进行严格把关；对现有高耗能、高污染、资源型项目要逐步关停淘汰或搬迁改造，遏制盲目扩张和重复建设。推动产业结构优化升级，大力发展循环经济，加快技术服务平台建设，引进、开发和应用源头减量、循环利用、再制造、“零排放”和产业链接技术。加快提高再生水利用率，扩大再生水利用范围，积极推进雨污分流改造和建设；强化污水处理厂的污泥处置，加强江河沿岸城镇生活垃圾无害化处置，积极创新推进污水处理和垃圾处理收费等经济政策。

水环境承载力处于中等水平的地区，应加快传统工业产业结构的调整升级，严格“两高一资”行业的准入，降低污染排放。大力发展循环经济，加快节能减排技术产业示范和推广，加大环保准入门槛，完善城镇污水处理厂等环保基础设施建设，提高生活污水处理率，加大水污染治理力度。加强环境监管，促进产业健康发展；对于新建项目严格执行环境影响评价制度和环境保护“三同时”制度，加大对水资源开发的环境评价和环境监管工作力度。

第 4 章　京津冀区域环境承载力评估

京津冀区域是全国大气污染、水污染最严重，水资源最短缺，资源环境与发展矛盾最为尖锐的地区之一，这些因素也是当前及未来京津冀协同发展面临的最大挑战之一。开展环境承载力评估对于破解京津冀资源环境瓶颈、促进京津冀区域协同可持续发展具有重要意义。2016 年，京津冀区域被列为国家资源环境承载力监测预警试点区域。本章在环境承载力监测预警理论、技术方法研究的基础上，分别基于环境质量和环境容量方法，开展了京津冀区域环境承载力监测预警试点评估工作，并对两种评估结果进行了对比分析，对环境超载成因进行了解析，提出了提高环境承载力的对策建议。

4.1　评估区域概况

4.1.1　自然地理现状

京津冀区域位于我国环渤海心脏地带，是北方经济规模最大、最具活力的区域。该区包括北京市、天津市两个直辖市以及河北省的保定市、廊坊市、唐山市、石家庄市、沧州市、秦皇岛市、承德市、张家口市、衡水市、邢台市和邯郸市等 11 个地级市，土地面积 21.8 万 km^2，约占全国的 2%。

（1）地理环境

京津冀区域位于中纬度亚欧大陆东岸，是高原与平原、寒温带与暖温带、内流区与外流区的交接地带。从自然地貌来看，该区处于内蒙古高原、太行山脉向华北平原的过渡地带，整体地形特征是西北高、东南低。该区地形差异显著，地貌类型复杂多样，高原、山地、丘陵、平原、盆地、湖泊等地貌类型齐全，高原和山地丘陵地区占区域国土面积比例超过 50%。复杂地形地貌对区域风速、风向都有影响，进而影响大气污染扩散。

（2）气候条件

京津冀区域气候属暖温带向寒温带、半湿润向半干旱过渡类型。大部分地区四季分明，冬季寒冷少雪，夏季炎热多雨，春多风沙，秋高气爽。年平均气温 0～12℃，北部高原区低于 4℃。冬季寒冷气候导致该地区必须人工取暖，而我国的能源结构决定了大部分地区只能燃煤供暖，导致冬季大气污染物的大量排放。夏季普遍高温，加速光化学反应，给城区复合型污染的形成带来影响。冬春季节干旱，不利于大气污染物的湿沉降。该区年平均大风日数 15～60 天，沙尘暴一般 3.3 天，最高 11 天。北部地区风大且频繁，有利于大气污染物扩散，但是靠近黄土高原和内蒙古高原，植被覆盖条件差，易导致大粒径颗粒物浓度较高。

（3）降水条件

京津冀区域降水量偏低，年平均降水量仅 410 mm，坝西地区低于 400 mm，是我国东部沿海少雨区之一。因受蒙古高压及太平洋副热高压的时间变化影响，该区降水量的年际变化较大，降水多集中在汛期 6—9 月，分布不均的极端性强降水，使部分地区宜遭受较多洪涝灾害，也不利于水资源储备；冬春少雨易发生旱情。地区分布上降水也不均匀，总的趋势是东南部多于西北部，燕山南侧和太行山东侧位于季风的迎风坡，成为多雨区；辛集、南宫一带以及张家口的西南部，因受山地阻隔年降水量少，是区域少雨中心。

（4）水资源条件

2014 年，京津冀区域水资源总量约为 137.9 亿 m^3，人均水资源量约 124.8 m^3，仅相当于全国平均水平的近 1/16，不足世界平均水平的 1/30。区域水系以闪电河和坝头为界，分为内流和外流两大区系。西坝为内流区，东坝、坝下及其他地区属外流区。外流区分永定河、潮白河、滦河、辽河和海河五大水系。地区流域范围内平原区普遍地表断流，生态用水常年不足。湿地萎缩，功能衰退，现存湿地如白洋淀、北大港、南大港、团泊洼、千顷洼、草泊、七里海、大浪淀等，均面临干涸及水污染的困境。地表径流不丰富和水资源短缺，人均水资源量极低，降水的时间和地区分布不均，都制约着京津冀区域水环境质量改善。

2014 年京津冀区域水资源及人均水资源现状见表 4-1。

表 4-1 2014 年京津冀区域水资源及人均水资源现状

类型	北京	天津	河北	京津冀	全国	京津冀占全国比例/%
水资源总量/亿 m^3	20.3	11.4	106.2	137.9	27 266.9	0.51
地表水资源量/亿 m^3	6.5	8.3	46.9	61.7	26 263.9	0.23
地下水资源量/亿 m^3	16.0	3.7	89.3	109.0	7 745.0	1.41
地表水与地下水重复量/亿 m^3	2.2	0.6	30.1	32.9	6 742.0	0.49
人均水资源量/（m^3/人）	94.3	75.1	143.8	124.8	1 993.5	6.26

4.1.2 社会经济现状

2014 年，京津冀区域总人口达 11 053 万人，占全国的 8.08%；区域生产总值达 66 474 亿元，占全国的 10.4%；社会消费品零售总额达 26 197.2 亿元，占全国的 9.6%；进出口总额达 6 092.8 亿美元，占全国的 14.2%，是国家发展的重要区域之一。

（1）区域生产总值（GDP）

2014 年京津冀区域生产总值达 66 474 亿元。如图 4-1、图 4-2 所示，河北省虽然在 3 个省（市）中 GDP 总量最大，但从人均 GDP 来看，其与北京市和天津市存在显著差距。北京市和天津市人均 GDP 均已达到 10 万元，按照世界银行划分标准，已经步入中高等收入地区，而河北省仅为 4 万元，不足京津区域的一半。同时京津两市巨大的集聚力，造成环首都周边形成贫困带。

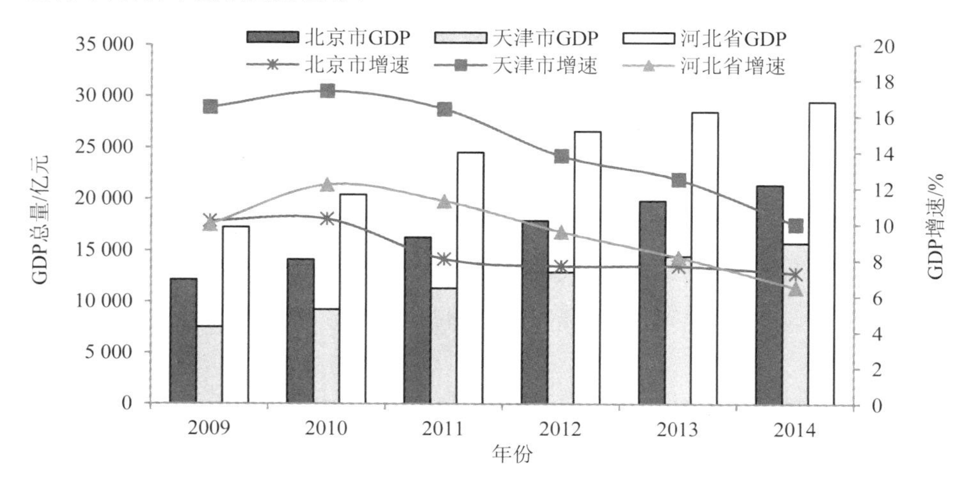

图 4-1 京津冀三地历年 GDP 总量及增速比较

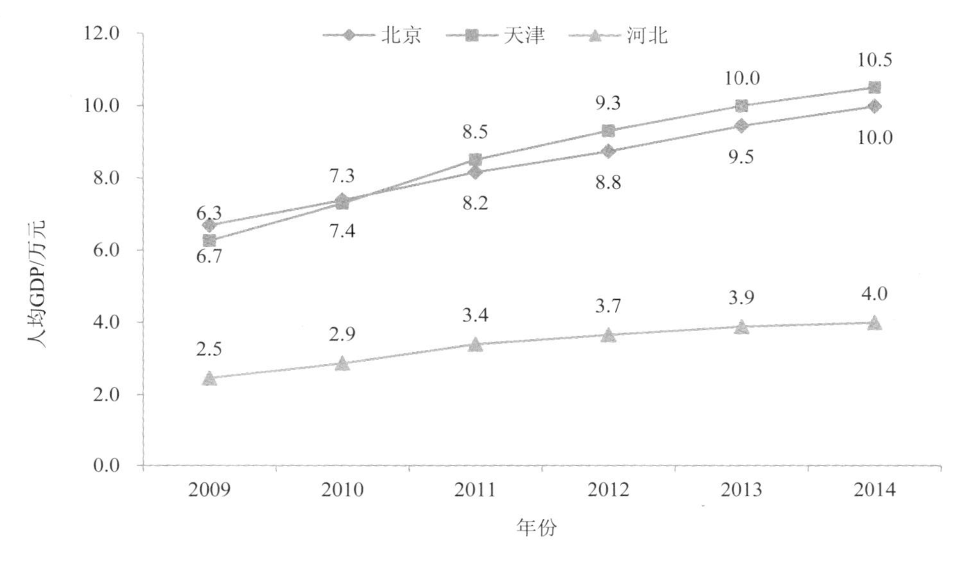

图 4-2　京津冀三地人均 GDP 变化趋势

（2）产业结构

北京市作为首都，是我国政治、文化、教育和国际交流中心，同时是中国经济金融的决策中心和管理中心，第三产业发达。2014 年其产业结构为 0.7∶21.3∶77.9，基本处于后工业化阶段，而天津市和河北省仍然以工业为主，其产业结构分别为 1.3∶49.2∶49.6 和 11.7∶51.0∶37.3。

（3）人口与城市化

2014 年，京津冀区域总人口为 11 053 万人，其中北京市 2 152 万人，天津市 1 517 万人，河北省 7 384 万人。从城市化进程来看，北京市和天津市作为直辖市，城镇化率均超过 80%，分别达到 86%和 82%，处于城市化进程后期，而河北省城镇化率仅为 49%，与前者相差较大。

（4）能源消费状况

京津冀区域是以煤炭为主的能源消费典型区域。如图 4-3 所示，煤炭消费总量占全国的 11.80%，其中河北省占 9.30%；单位 GDP 煤耗为 0.57 t/万元，河北省单位 GDP 煤耗远高于北京市、天津市及全国平均水平。由于煤炭消费强度高，单位国土面积承载了巨大的污染物排放，京津冀区域成为我国空气污染最重的区域之一。

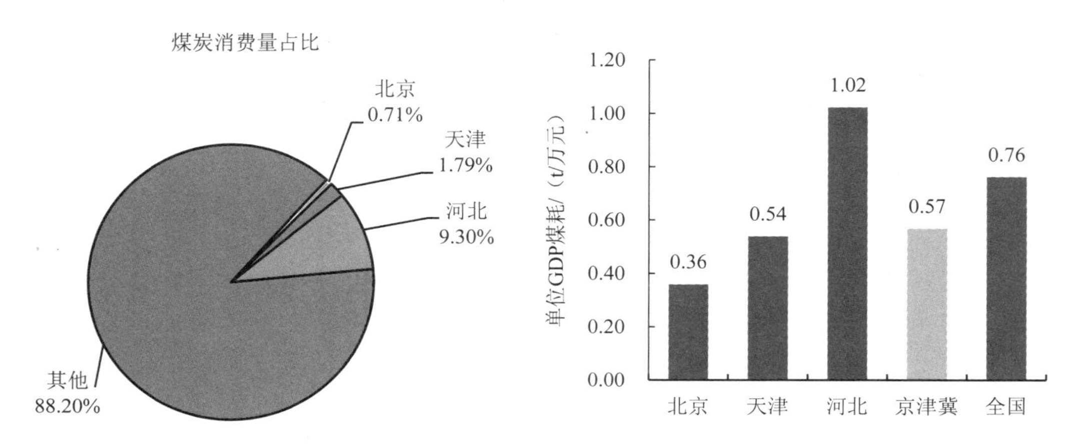

图 4-3 京津冀三地煤炭消耗总量及单位 GDP 煤耗比较

4.1.3 污染排放现状

（1）大气污染物

京津冀区域是我国空气污染最重的区域之一，已全面亮起“红灯”，尤其是 $PM_{2.5}$ 污染已成为当地人民群众的“心肺之患”。从 2011—2014 年的主要污染物排放总量（图 4-4）来看，SO_2、NO_x 排放得到一定的控制，烟粉尘排放量先降后升，2014 年大幅上升。SO_2 排放来源主要为工业源，4 年工业排放占比分别为 93%、92%、91%、87%；其次是生活源，占比虽小但是逐年上升；集中式源排放比例很小。NO_x 排放来源主要为工业源和机动车尾气，2014 年工业排放占 65%，机动车占 32%，生活源和集中式源排放较少。烟粉尘排放来源以工业为主。

如表 4-2 所示，2014 年，京津冀区域 SO_2、NO_x 和烟粉尘排放总量分别为 147.80 万 t、194.58 万 t 和 199.46 万 t，占全国 7.5%、9.4%和 11.5%。从分地市来看，唐山市大气污染物排放量居京津冀首位，主要由于其结构性污染明显，重化产业结构在支撑经济发展的同时，也给环境保护带来了巨大压力。2014 年，唐山市大气主要污染物 SO_2、NO_x 和烟粉尘排放量分别为 27.22 万 t、31.86 万 t 和 59.50 万 t，分别占京津冀区域的 18.4%、16.4%和 29.8%，SO_2、NO_x 和烟粉尘排放量分别约是衡水市的 7 倍、8 倍和 19 倍。

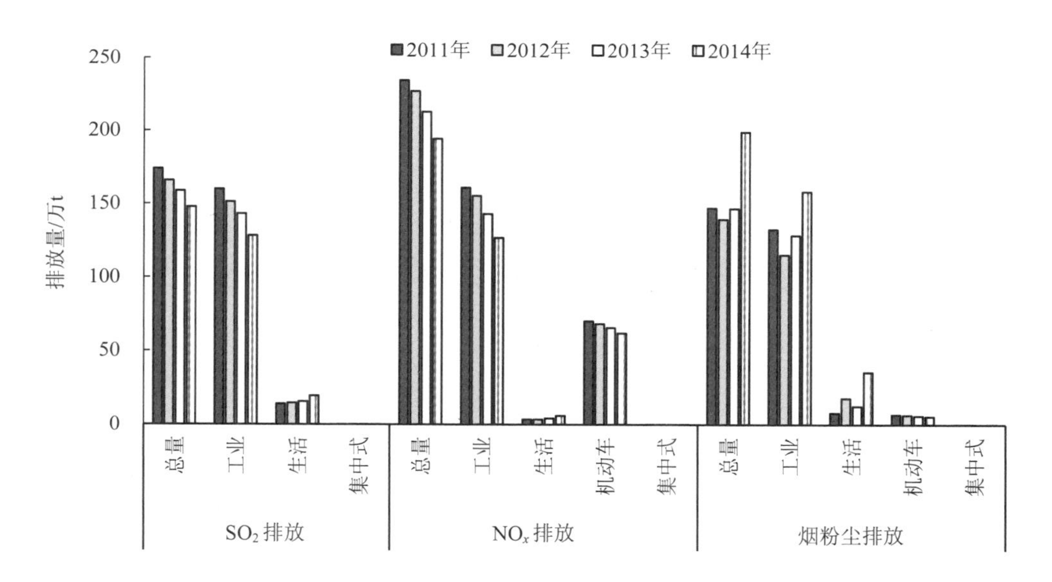

图 4-4　2011—2014 年京津冀区域主要大气污染物排放量

表 4-2　2014 年京津冀区域各地市大气污染物排放量　　单位：万 t

地区	SO_2	NO_x	烟粉尘
北京市	7.89	15.10	5.74
天津市	20.92	28.23	13.95
河北省	118.99	151.25	179.77
石家庄市	17.74	23.21	13.09
唐山市	27.22	31.86	59.50
秦皇岛市	7.35	8.96	8.11
邯郸市	17.17	20.14	39.44
邢台市	10.47	16.59	17.15
保定市	8.32	11.99	7.21
张家口市	8.57	9.69	6.69
承德市	7.93	5.55	9.99
沧州市	4.84	11.26	9.02
廊坊市	5.47	8.16	6.48
衡水市	3.91	3.84	3.09
京津冀合计	147.80	194.58	199.46

（2）水污染物

①主要水污染物排放得到一定控制，但排放总量依然很大。2011—2014 年，京津冀区域主要水污染物 COD 和 NH_3-N 排放量整体呈缓慢下降趋势（图 4-5）。到 2014 年，京津冀 COD 和 NH_3-N 总排放量分别约为 165.18 万 t 和 14.60 万 t，与 2011 年相比分别下降约 9.1%和 9.9%，但排放总量依然很大，约占全国 COD 和 NH_3-N 排放总量的 7.2%和 6.1%。从不同排放源来看，2014 年，京津冀区域工业、农业、生活和集中式 COD 排放量分别约为 20.26 万 t、104.82 万 t、38.48 万 t 和 1.62 万 t，NH_3-N 排放量分别约为 1.66 万 t、5.13 万 t、7.69 万 t 和 0.12 万 t，其中农业和生活源 COD 和 NH_3-N 排放量之和分别约为其排放总量的 86.8%和 87.8%，工业源 COD 和 NH_3-N 排放量占比分别约为 12.3%和 11.4%，而集中式排放占比较低。显然，农业和生活排放源已成为京津冀区域水污染物排放的主要来源。

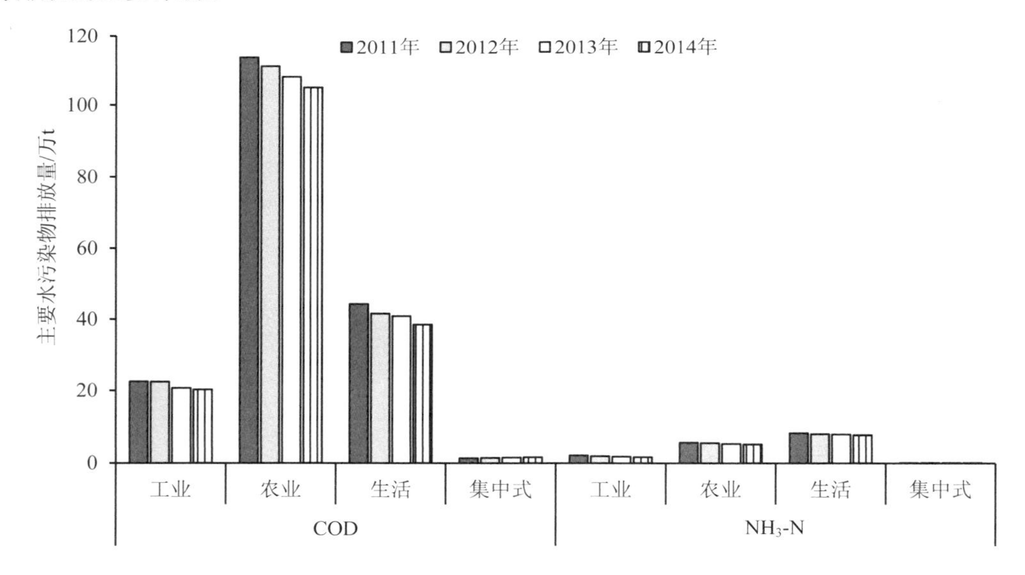

图 4-5　京津冀区域主要水污染物排放量

②各地市 COD 和 NH_3-N 排放量差异较大。从京津冀区域各市域的水污染排放情况（表 4-3）来看，2014 年，COD 排放量排在前 6 位的城市为天津市、石家庄市、北京市、唐山市、保定市和邯郸市，6 个城市的 COD 排放量约为 102.84 万 t，约占京津冀区域 COD 排放量的 62.3%；NH_3-N 排放量排在前 6 位的城市为天津市、北京市、保定

市、石家庄市、邯郸市和唐山市，6 个城市的 NH_3-N 排放量约为 9.57 万 t，约占京津冀区域 NH_3-N 排放量的 65.5%。由此可见，京津冀区域 NH_3-N 排放分布特征与 COD 基本一致。其中北京市、天津市和石家庄市的两项水污染物排放量均居前列，其排放总量分别占京津冀区域的 35.8%和 38.7%，这些地区是京津冀的中心城市，经济发达、人口密集，污染物排放大大超出水环境承载能力，水环境形势非常严峻。

表 4-3　2014 年京津冀区域各地市水污染物排放量　单位：万 t

地区	COD 排放量	NH_3-N 排放量
北京市	16.89	1.89
天津市	21.44	2.45
河北省	126.85	10.27
石家庄市	20.80	1.32
唐山市	15.51	1.26
秦皇岛市	5.78	0.50
邯郸市	12.89	1.30
邢台市	10.27	0.87
保定市	15.31	1.35
张家口市	8.40	0.58
承德市	8.36	0.63
沧州市	11.35	0.98
廊坊市	9.47	0.71
衡水市	8.72	0.77
京津冀合计	165.18	14.61

4.2　基于环境质量的评估结果

4.2.1　大气环境承载力

（1）大气污染物浓度综合超标指数

根据大气环境承载力评估方法，对 2014 年京津冀区域 13 个地市的 203 个区县的 6 种大气污染物浓度超标指数进行计算，并以此表征大气环境承载力，计算结果如图 4-6

所示。京津冀区域大气污染形势整体较为严峻，从北向南超标逐步趋于严重，张家口市个别区县接近超标，河北南部保定市、石家庄市、衡水市、邢台市、邯郸市等的大多数区县都超标2倍以上。

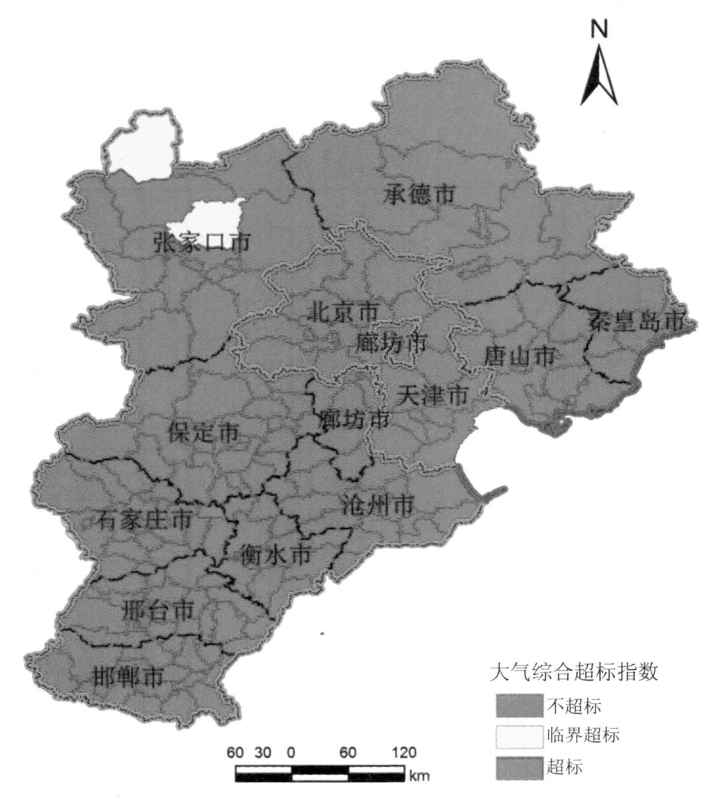

图 4-6 2014 年京津冀区域大气环境承载力评估结果

评估结果表明，京津冀区域203个区县中的201个区县大气污染物浓度都为超标状态，有2个县接近超标。河北省大多数区县的大气环境综合超标指数都在1.00～3.00，超标较为严重。大气环境综合超标最严重的区县是保定市的安国市，超标指数为3.49；保定市的清苑县、容城县、徐水县、定兴县、蠡县、博野县和望都县大气环境超标也很严重，其超标指数都在3.20以上，排在河北省倒数前十；河北省倒数前十的还有邢台市的隆尧县和邯郸市的峰峰矿区。张家口市和承德市各区县大气环境在河北省相对较好，但是大多数也都为超标状态，超标指数多在0.10～1.00。张家口市的康保县和崇礼县超标指数分别为 0.00 和–0.17，接近超标；张家口市的桥东区、桥西区、张北县、沽源县、怀安县和赤城县，承德市的围场县，张家口市的尚义县为超标，排在河北省大气综合承载形势较好的前十位。北京市和天津市各区县的大气环境也都超标，承载形势介于河北省的张承和其他地区之间。除通州区的超标指数达到 2.03，其余京津区县的指数都在 1.00～2.00。

通过对比可知，京津冀区域大气环境承载力水平最好的城市为张家口市各区县，这些区县在区域西北部、内蒙古高原的边缘，冬春季节多西北风，有利于大气污染物扩散，但是由于该地区风沙较多，大粒径颗粒物浓度较高；同时该市各区县大气重污染的工业企业和城镇活动水平都相对较少，污染物产生与排放量少。大气环境承载力水平最差的城市为保定市、石家庄市和邢台市各区县，这 3 个地区主要是以高能耗的重工业为主，污染物排放量大，加之位于太行山东部，受山体阻挡，不利于污染物扩散的地形条件，导致空气污染严重，大气环境严重超标。

（2）单指标大气污染物浓度超标指数

对于京津冀区域，导致大部分城市大气污染物浓度超标严重的单指标为颗粒物，其中 $PM_{2.5}$ 为首要影响因素，具体见图 4-7。

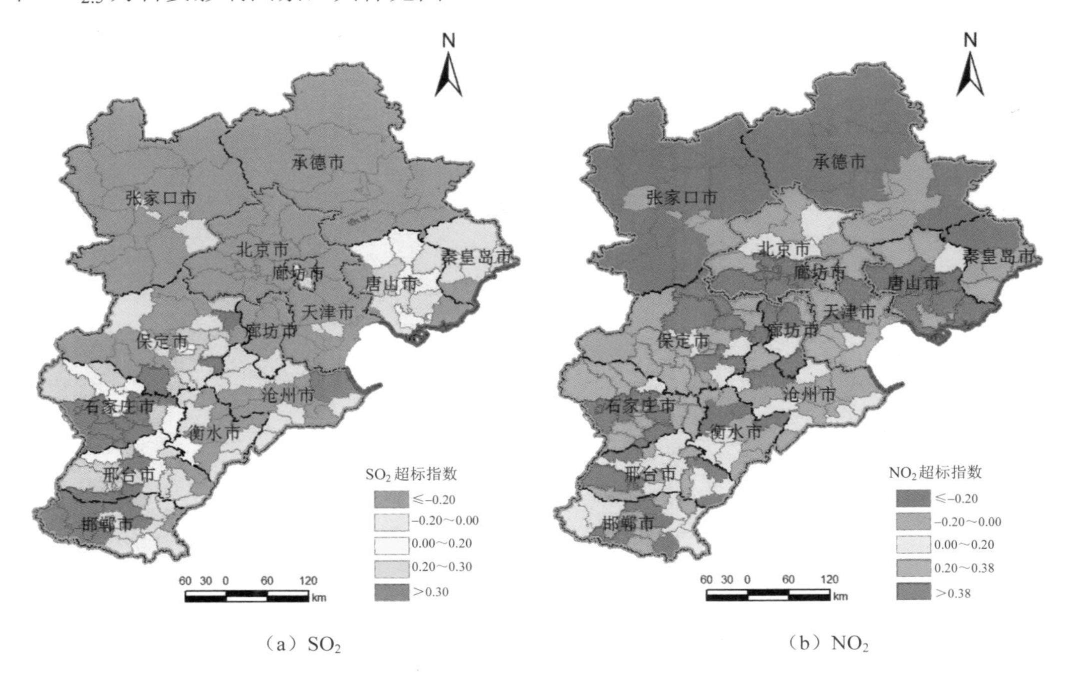

（a）SO_2　　　　（b）NO_2

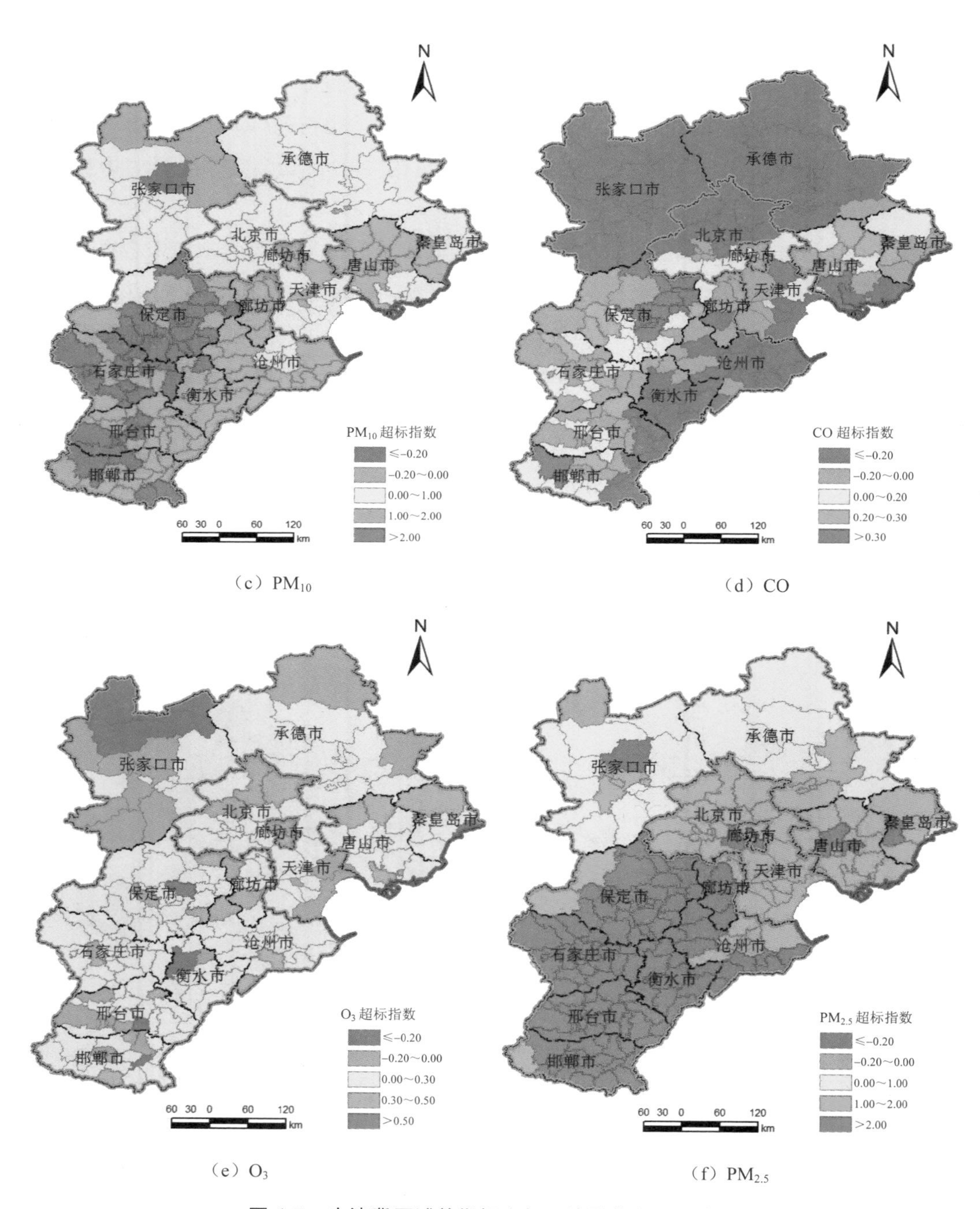

（c）PM_{10}

（d）CO

（e）O_3

（f）$PM_{2.5}$

图 4-7 京津冀区域单指标大气环境承载力评估结果

$PM_{2.5}$ 方面，13 个城市中的 199 个区县超标，3 个接近超标，1 个不超标。张家口市崇礼县的 $PM_{2.5}$ 超标指数为−0.23，不超标；康保县、桥东区和桥西区超标指数分别为−0.06、0.00 和 0.00，接近超标；其他区县都超标。由于 $PM_{2.5}$ 为影响大多数城市的首要污染因素（张家口市和承德市个别区县为 PM_{10}），所以其评估结果分布规律与综合评估结果接近。

与 $PM_{2.5}$ 相同，13 个城市的 199 个区县 PM_{10} 超标，3 个接近超标，1 个不超标。张家口市崇礼县的 PM_{10} 超标指数为−0.30，不超标；张家口市沽源县、赤城县和康保县超标指数分别为−0.16、−0.03 和 0.00，接近超标；其他区县都超标。

SO_2 形势相对较好，82 个区县不超标，52 个接近超标，69 个超标。不超标区县大多在张家口市、承德市和北京市等北部城市；超标区县大多位于石家庄市、邯郸市和邢台市等南部城市。

NO_2 不超标的城市有 26 个，接近超标 31 个，超标 146 个。不超标区县大多在张家口市和承德市等北部城市；超标区县大多在石家庄市、唐山市、保定和邢台市等南部城市以及北京市和天津市等人口较为集中、机动车保有量较大的超大城市。

CO 形势也相对较好，74 个区县不超标，55 个接近超标，74 个区县超标。不超标区县大多在张家口市、承德市、沧州市和衡水市等城市；超标区县大多在唐山市、保定市和邯郸市等城市。

O_3 超标区县数量稍多，有 172 个，临界超标区县 25 个，不超标的有 6 个。不超标区县大多位于张家口市，超标严重的区县大多位于唐山市、廊坊市和保定市。北京市和天津市的区县大多超标。

京津冀区域各污染物浓度超标情况统计见表 4-4。

表 4-4　京津冀区域各污染物浓度超标情况统计

<table>
<tr><td rowspan="2">污染物</td><td colspan="3">区县个数</td><td>区县评估排名前十（由好到差）</td></tr>
<tr><td>不超标</td><td>接近超标</td><td>超标</td><td>区县评估排名后十（由差到好）</td></tr>
<tr><td rowspan="2">$PM_{2.5}$</td><td rowspan="2">1</td><td rowspan="2">3</td><td rowspan="2">199</td><td>张家口市崇礼县、康保县、桥东区、桥西区、赤城县、张北县、沽源县、怀安县、尚义县，承德市围场满族蒙古族自治县</td></tr>
<tr><td>保定市安国市、容城县、清苑县，邢台市隆尧县，保定市徐水县、蠡县、定兴县、博野县，邯郸市峰峰矿区，保定市望都县</td></tr>
</table>

污染物	区县个数			区县评估排名前十（由好到差）
	不超标	接近超标	超标	区县评估排名后十（由差到好）
PM_{10}	1	3	199	张家口市崇礼县、沽源县、赤城县、康保县、张北县、桥东区、桥西区，承德市围场满族蒙古族自治县、丰宁满族自治县，张家口市怀安县
				石家庄市正定县，邯郸市永年县、武安市，保定市蠡县，石家庄市元氏县，保定市清苑县，邢台市沙河市，保定市徐水县、望都县，天津市宁河区
SO_2	82	52	69	张家口市沽源县、康保县，北京市顺义区，张家口市赤城县、张北县，北京市密云区、延庆区、怀柔区、门头沟区，承德市围场满族蒙古族自治县
				邯郸市永年县，沧州市黄骅市，保定市定州市，邢台市沙河市，邯郸市峰峰矿区，石家庄市井陉县，保定市高碑店市，石家庄市高邑县、元氏县，邯郸市武安市
NO_2	26	31	146	张家口市崇礼县、康保县、涿鹿县、赤城县、张北县、沽源县，承德市丰宁满族自治县，张家口市阳原县，衡水市武强县，秦皇岛市青龙满族自治县
				唐山市玉田县，保定市定兴县，唐山市开平区、古冶区，北京市海淀区，唐山市滦县，保定市高阳县，北京市西城区、大兴区、朝阳区
CO	74	55	74	张家口市崇礼县、张北县、康保县、沽源县、赤城县、尚义县、万全县、怀安县、下花园区、阳原县
				邯郸市峰峰矿区，保定市涞水县、徐水县、满城县、涿州市，邯郸市武安市，保定市容城县、清苑县，唐山市丰南区，保定市定兴县
O_3	6	25	172	张家口市沽源县，衡水市深州市，邯郸市广平县，邢台市平乡县，张家口市张北县、康保县、桥东区、桥西区、崇礼县，邢台市临城县
				保定市徐水县、高阳县，廊坊市香河县，保定市顺平县，廊坊市大厂回族自治县，沧州市任丘市，保定市涿州市，邯郸市临漳县，邢台市新河县，唐山市曹妃甸区

4.2.2 水环境承载力

（1）水污染物浓度综合超标指数

利用水环境承载力评估方法，对京津冀区域 13 个地市 108 个区县水污染物浓度综合超标指数以及 7 个单项污染物指标的超标指数进行计算（95 个区县没有水质监测数据，未参与评价）[①]，并对相应超标状态进行判断，结果见图 4-8。评价结果表明，2014 年京津冀区域水环境形势十分严峻，其水环境综合超标指数达到 2.67，其中河北省的超标程度最为严重，其超标指数达到 2.75，而北京市和天津市两地的超标指数分别为 1.94 和 2.59，其超标程度也较高。从单项污染指标的超标状况来看，京津冀区域的 TN、DO、NH_3-N 和 TP 等 4 项指标处于超标状态，成为京津冀区域的主要水污染因子。

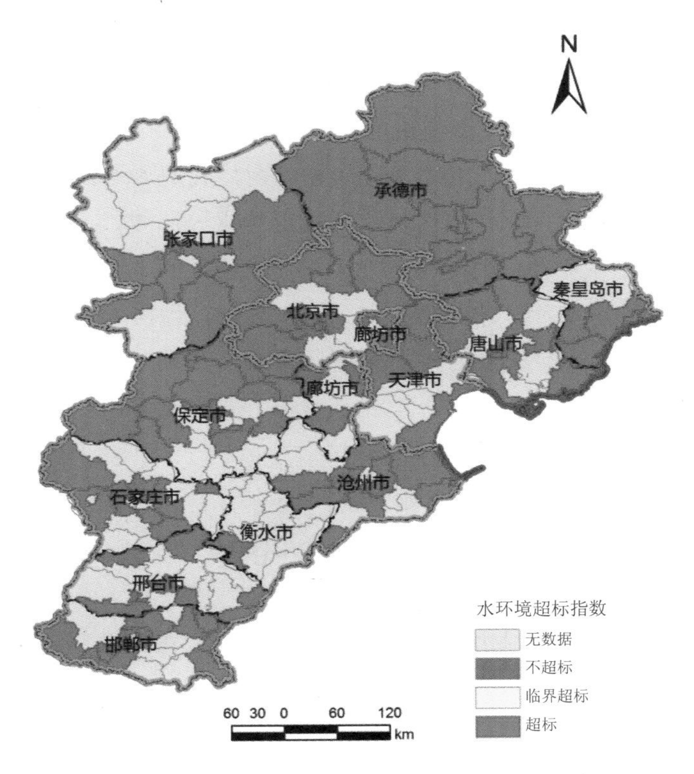

图 4-8　2014 年京津冀区域水环境承载力评估结果

① 未参与计算的 95 个区县属于以下情况：区县内河流全年断流、尚无监测断面或无天然径流。在本书中以空缺值表示这些区县的水环境评价结果。未来，针对这些空缺水质数据的区县，一是可以完善监测断面布点，完善水质监测网络，得出更详细的监测数据；二是可以根据流域控制单元水环境质量状况（一个控制单元可能包括了多个区县的范围），确定所缺水质监测数据区县的水环境状况；三是针对无监测数据的区县，综合考虑地下水监测数据、污染物排放数据、污水处理情况、水资源利用情况等因素综合分析其水环境承载状态。

从 108 个区县具体情况来看，它们均处于超标状态。其中，沧州市的泊头和献县、石家庄市的正定县以及保定市的涿州市超标情况最为严重，其超标指数分别为 24.35、22.93、16.33 和 10.44；其次是保定市的清苑县、石家庄市的深泽县、秦皇岛市的抚宁县、天津市的武清区、邢台市的桥东区、衡水市的冀州市、石家庄市的赵县和保定市的高碑店市，超标指数介于 5～10，水环境质量不容乐观；超标程度也相对较高的区县主要集中在北京市、天津市、石家庄市、廊坊市、邢台市、沧州市、保定市和邯郸市，超标指数介于 2～5；承德市、秦皇岛市、张家口市和唐山市的大部分区县的超标程度相对较低，其超标指数介于 0～1.5，整体水环境质量状况相对较好，其中承德市的水环境质量状况相对最好，在承德市所辖的 11 个区县中，滦平县、围场县、丰宁县、承德县和兴隆县等 5 个区县超标指数处于 0.6 以内，其他 6 个区县超标指数也相对较低，介于 0.6～1。总体上，京津冀区域水环境形势十分严峻，一方面与该区域气候条件、水资源匮乏等自然因素有关，另一方面与其不合理的产业结构有关，特别是河北省第二产业比重过大，第一产业和第三产业比重偏小，经济增长过度依赖第二产业，生态农业、服务型行业、轻工业等发展程度比重偏小，未充分发挥作用。在第二产业中，高污染、高能耗产业占较大比重，经济增长方式主要依靠投入量大、资源密集型的重工业，给水环境带来了很大压力。

（2）单指标水污染物浓度超标指数

从单项指标来看，京津冀区域除 COD_{Mn} 和 BOD_5 以外，DO、COD_{Cr}、NH_3-N、TN 和 TP 等 5 项污染指标处于超标或临界超标状态，其中 TN、DO 和 NH_3-N 超标程度最为严重，超标指数分别为 3.65、1.13 和 0.66，为影响京津冀区域大部分区县超标的首要污染指标；其次是 TP，超标程度相对较低，超标指数为 0.23；COD_{Cr} 的超标指数为–0.02，处于接近超标状态。

对于 COD_{Mn}，有 14 个区县处于超标状态，大部分区县处于不超标状态。其中，超标程度最高的区县为石家庄市的深泽县和沧州市的献县，其超标指数分别约为 2.78 和 1.03，其次为沧州市、石家庄市、保定市、秦皇岛市和天津市的部分区县，超标指数介于 0～1；9 个区县处于接近超标状态，主要集中在天津市、保定市和唐山市等地；85 个区县处于未超标状态，其中张家口市的桥西区和石家庄市的长安区超标指数最低，分别约为–0.80 和–0.81。

对于 COD_{Cr}，有 41 个区县处于超标状态，其中，超标程度最高的区县为石家庄市的深泽县、沧州市的献县和泊头市，其超标指数分别为 4.61、2.62 和 2.60，其次为石家庄市、沧州市、保定市和北京市的部分区县，超标指数介于 1～2，其他区县的超标程度相对较低，其超标指数介于 0～1；16 个区县处于接近超标状态，主要分布在北京市、张家口市和唐山市等地区；51 个区县处于未超标状态，主要分布在北京市、承德市、秦皇岛市、唐山市、石家庄市和保定市等城市，其中保定市的涞源县和涞水县的超标指数最低，分别约为−0.83 和−0.81。

对于 NH_3-N，有 38 个区县处于超标状态，其中超标程度较为严重的区县为沧州市的泊头市、献县，石家庄市的正定县，保定市的清苑县和涿州市，其超标指数达到 10 以上，北京市、天津市、邢台市、衡水市、沧州市、廊坊市和石家庄市等的部分区县超标程度也较高，其超标指数介于 2～7，其他区县的超标指数相对较低，约在 1 以内；邢台市的平乡县、唐山市的丰南区和路南区、沧州市的海兴县、邯郸市的丛台区和邯郸县、承德市的承德县、石家庄市的井陉县处于接近超标状态；62 个区县处于未超标状态，在大部分地市均有分布。总体上，京津冀区域 NH_3-N 超标程度明显高于 COD_{Cr}，且分布规律与 COD_{Cr} 基本一致。

对于 TN，在所评价的 18 个区县中（有湖库断面的区县），有 16 个区县处于超标状态，可见京津冀区域湖库 TN 超标较为严重，是影响湖库水环境质量的主要因素。其中，秦皇岛市的抚宁县洋河水库超标最为严重，其超标指数达到 10.46，其次为秦皇岛市、邢台市、保定市、唐山市、石家庄市、沧州市及邯郸市的部分湖库，超标程度也较为严重，其超标指数介于 2～6；衡水市冀州市的衡水湖处于接近超标状态；仅北京市怀柔区的怀柔水库处于不超标状态。

对于 TP，有 38 个区县处于超标状态，其中，保定市的涿州市、沧州市的泊头市和石家庄市的正定县超标程度较为严重，其超标指数达到 4 以上，邢台市、天津市、保定市、廊坊市、沧州市和石家庄市等的部分区县超标程度较高，其超标指数介于 2～4；处于接近超标的区县为衡水市的冀州市、北京市的丰台区、沧州市的南皮县、张家口市的涿鹿县和赤城县、秦皇岛市的海港区以及邯郸市的邯郸县；63 个区县处于未超标状态，排在前五位的区县为石家庄市的长安区和新华区、北京市的房山区和门头沟区、邯郸市的峰峰矿区，其超标指数介于−0.9～−0.8。

对于 BOD_5，有 15 个区县处于超标状态，大部分区县处于不超标状态。其中石家庄市的深泽县、赵县以及正定县超标最为严重，其超标指数分别为 9.53、2.39 和

2.08，其他区县超标指数介于 0～1.3；沧州市、廊坊市、北京市、邢台市、保定市、邯郸市和承德市等城市的 20 个区县处于接近超标状态；其他 73 个区县处于未超标状态，超标指数介于−0.9～−0.2。

对于 DO，除石家庄市的深泽县和正定县以外，其他区县均处于超标状态。其中天津市的滨海新区和河北区，北京市的石景山区以及保定市的高碑店市超标较为严重，其超标指数介于 4～5；有 18 个区县的超标指数介于 2～3，主要分布在北京市、天津市、邯郸市和沧州市等地区，其他大部分区县超标程度较轻，超标指数介于 0～1；石家庄市的深泽县和正定县分别处于未超标和接近超标状态。

京津冀区域主要水污染物浓度超标情况统计见表 4-5。

表 4-5 京津冀区域主要水污染物浓度超标情况统计

污染物	区县个数			区县评估排名前十（由好到差）
	未超标	接近超标	超标	区县评估排名后十（由好到差）
COD_{Mn}	85	9	14	石家庄市长安区、张家口市桥西区、石家庄市新华区、张家口市阳原县、石家庄市井陉县、邯郸市峰峰矿区、邯郸市涉县、张家口市下花园区、承德市双桥区、张家口市宣化县
				沧州市黄骅市、秦皇岛市北戴河区、石家庄市栾城区、保定市满城区、石家庄市正定县、保定市涿州市、石家庄市赵县、沧州市泊头市、沧州市献县、石家庄市深泽县
COD_{Cr}	51	16	41	保定市涞源县、保定市涞水县、石家庄市长安区、北京市房山区、保定市阜平县、保定市曲阳县、保定市唐县、石家庄市新华区、邯郸市峰峰矿区、邯郸市涉县
				沧州市吴桥县、沧州市沧县、北京市朝阳区、石家庄市正定县、沧州市青县、保定市涿州市、石家庄市赵县、沧州市泊头市、沧州市献县、石家庄市深泽县
NH_3-N	62	8	38	邢台市清河县、石家庄市长安区、石家庄市新华区、北京市怀柔区、邢台市沙河市、张家口市桥西区、秦皇岛市卢龙县、保定市涞水县、张家口市下花园区、保定市曲阳县
				石家庄市深泽县、石家庄市赵县、衡水市冀州市、邢台市桥东区、天津市武清区、保定市清苑县、保定市涿州市、石家庄市正定县、沧州市献县、沧州市泊头市

<table>
<tr><td rowspan="2">污染物</td><td colspan="3">区县个数</td><td>区县评估排名前十（由好到差）</td></tr>
<tr><td>未超标</td><td>接近超标</td><td>超标</td><td>区县评估排名后十（由好到差）</td></tr>
<tr><td rowspan="2">TN</td><td rowspan="2">1</td><td rowspan="2">1</td><td rowspan="2">16</td><td>北京市怀柔区、衡水市冀州市、北京市密云区、保定市安新县、天津市蓟县、邯郸市磁县、沧州市南皮县、保定市满城区</td></tr>
<tr><td>石家庄市平山县、保定市曲阳县、石家庄市鹿泉区、唐山市开平区、保定市唐县、邢台市临城县、邢台市沙河市、秦皇岛市山海关区、秦皇岛市抚宁县</td></tr>
<tr><td rowspan="2">TP</td><td rowspan="2">63</td><td rowspan="2">7</td><td rowspan="2">38</td><td>石家庄市长安区、石家庄市新华区、北京市房山区、北京市门头沟区、邯郸市峰峰矿区、唐山市迁西县、秦皇岛市卢龙县、北京市西城区、石家庄市井陉县、唐山市滦县</td></tr>
<tr><td>保定市满城区、廊坊市三河市、保定市清苑县、天津市武清区、邢台市临西县、邢台市宁晋县、邢台市任县、石家庄市正定县、沧州市泊头市、保定市涿州市</td></tr>
<tr><td rowspan="2">BOD_5</td><td rowspan="2">73</td><td rowspan="2">20</td><td rowspan="2">15</td><td>张家口市宣化县、阳原县、桥西区、下花园区、涿鹿县、怀安县、赤城县、唐山市遵化市、保定市涞水县、涞源县</td></tr>
<tr><td>衡水市冀州市、保定市涿州市、石家庄市藁城区和栾城区、沧州市泊头市和献县、北京市朝阳区、石家庄市正定县、赵县、深泽县</td></tr>
<tr><td rowspan="2">DO</td><td rowspan="2">1</td><td rowspan="2">1</td><td rowspan="2">106</td><td>石家庄市深泽县、石家庄市正定县、沧州市泊头市、保定市涿州市、石家庄市赵县、衡水市冀州市、唐山市迁西县、邢台市沙河市、张家口市怀安县、承德市滦平县</td></tr>
<tr><td>天津市宝坻区、北京市平谷区、秦皇岛市昌黎县、唐山市玉田县、北京市丰台区和延庆区、天津市滨海新区、天津市河北区、北京市石景山区、保定市高碑店市</td></tr>
</table>

4.2.3　环境综合承载力

通过极值法对各区县大气和水污染物浓度超标指数进行集成评估，得到京津冀区域各区县的环境污染物浓度综合超标指数，如图 4-9 所示。

从图 4-9 中可以看出，2014 年京津冀区域 203 个区县的环境质量状况不容乐观，除张家口市的崇礼县和康保县处于接近超标状态以外，其他 201 个区县的环境污染物浓度均处于超标状态。其中大气、水污染物浓度超标程度均较为严重的区县主要分布在衡水市、沧州市、邢台市、廊坊市、石家庄市和保定市等 6 市，其综合超标指数排在京津冀区域后十位的区县有沧州市的泊头和献县、石家庄市的深泽县和正定县、邢台市的桥东区、保定市的清苑县和涿州市、秦皇岛市的抚宁县、天津市的武清区、衡水市的冀州市，其超标指数均在 5 以上，其中献县和泊头市的超标指数高达 20 以上，超标程度最为严重。这些地区由于重工业较多、人口密集，废水和废气排放都较大，需要加大污染防治与生态保护力度。北京市、天津市、唐山市和邯郸市 4 市各区县的超标程度也较高，其中北京市和天津市 21 个区县的综合超标指数介于 1～2，其他 11 个超标区县主要受水环境超标严重影响，其综合指数在 2～7；唐山市和邯郸市的区县超标程度差异相对较小，主要受大气污染物浓度超标程度较高影响，其综合超标指数集中在 1.5～3.3。张家口市和承德市各区县的超标程度相对较低，综合超标指数排在全省前十位的区县均分布在这两个地区，其中张家口市崇礼县和康保县的超标指数最低分别约为-0.17 和 0.00，这些地区位于河北省北部，自然条件相对较好，且重污染工业企业和人口都相对较少，加之政府不断加大环境保护力度，污染物排放量少，从而使其综合环境质量明显好于其他地市。

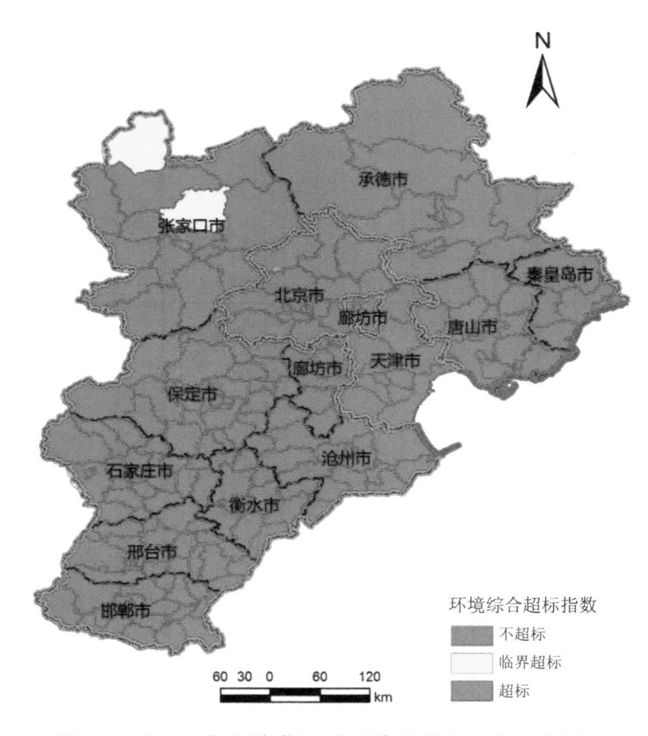

图 4-9　2014 年京津冀区域环境承载力综合评估结果

4.3　基于环境容量的评估结果

4.3.1　大气环境承载力

4.3.1.1　大气环境容量

根据 2.3.1 的方法，计算各市 SO_2、NO_x 和一次 $PM_{2.5}$ 大气环境容量，如图 4-10 所示（京津冀区域、北京市各区域、天津市各区域、河北省各市具体环境容量见表 4-6～表 4-9）。计算结果表明，京津冀区域 SO_2、NO_x 和一次 $PM_{2.5}$ 环境容量分别约为 66.84 万 t/a、79.77 万 t/a 和 27.99 万 t/a。各地市间大气环境容量存在较大差异，唐山市和天津市的环境容量较大，排在京津冀区域各城市的前两位，其 SO_2 环境容量分别为 10.36 万 t/a 和 10.61 万 t/a，NO_x 环境容量分别为 11.31 万 t/a 和 14.12 万 t/a，一次 $PM_{2.5}$ 环境容量分别为 6.50 万 t/a 和 3.50 万 t/a。从京津冀区域来看，SO_2 环境容量较大的地市有天津市、唐山市、邯郸市、承德市、张家口市、石家庄市和秦皇岛市，其环境容量均在 5 万 t/a 以上；北京市、衡水市和邢台市的 SO_2 环境容量较小，在 3 万 t/a 以下。NO_x 环境容量大于 10 万 t/a 的地市仅有天津市、唐山市两市；石家庄市、张家口市和邯郸市 NO_x 环境容量也较大，在 7 万 t/a 左右；衡水市和邢台市容量较小，在 3 万 t/a 左右。一次 $PM_{2.5}$ 环境容量较大的城市为唐山市，为 6.50 万 t/a；天津市、邯郸市、秦皇岛市和张家口市也较大，在 2 万 t/a 以上；衡水市环境容量较小，不足 1 万 t/a。

4.3.1.2　大气环境承载力

（1）京津冀区域

经过北京市、天津市和河北省各自计算，进而汇总计算京津冀区域大气环境承载指数。计算结果见图 4-11～图 4-12、表 4-6。从图和表中可以看出，京津冀区域大气环境污染形势较为严峻，大气环境普遍超载，其综合大气环境承载指数达到 2.88，污染物排放量远超环境容量。各地计算结果表明，河北省的超载程度最为严重，其承载指数达到 3.01，北京市和天津市两地的承载指数分别为 2.87 和 2.26，也存在一定程度的超载。从单项污染指标的承载状况来看，京津冀区域的一次 $PM_{2.5}$ 超载程度明显高于其他污染物，成为影响大气承载的首要污染因素。

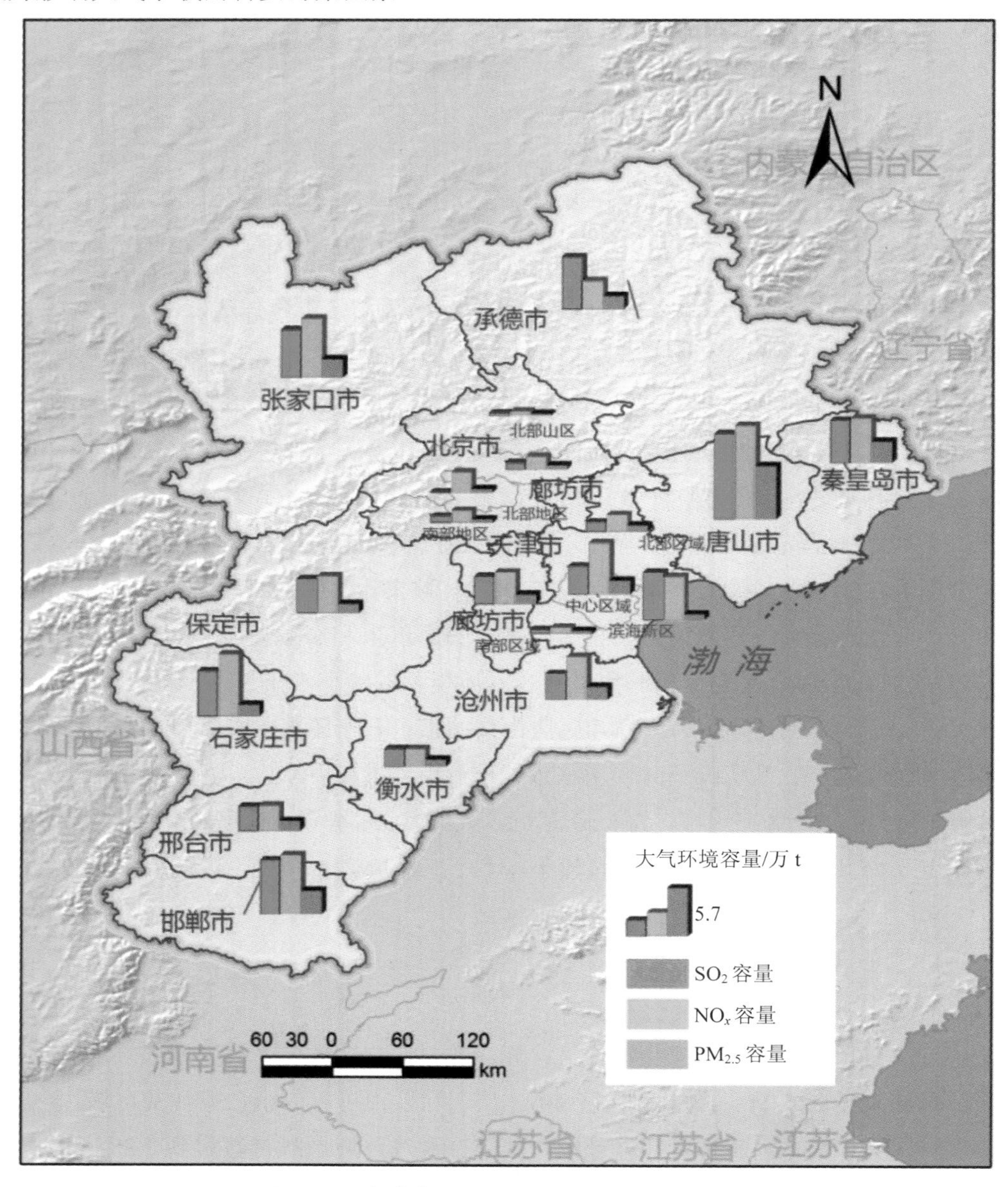

图 4-10 京津冀区域主要大气污染物环境容量

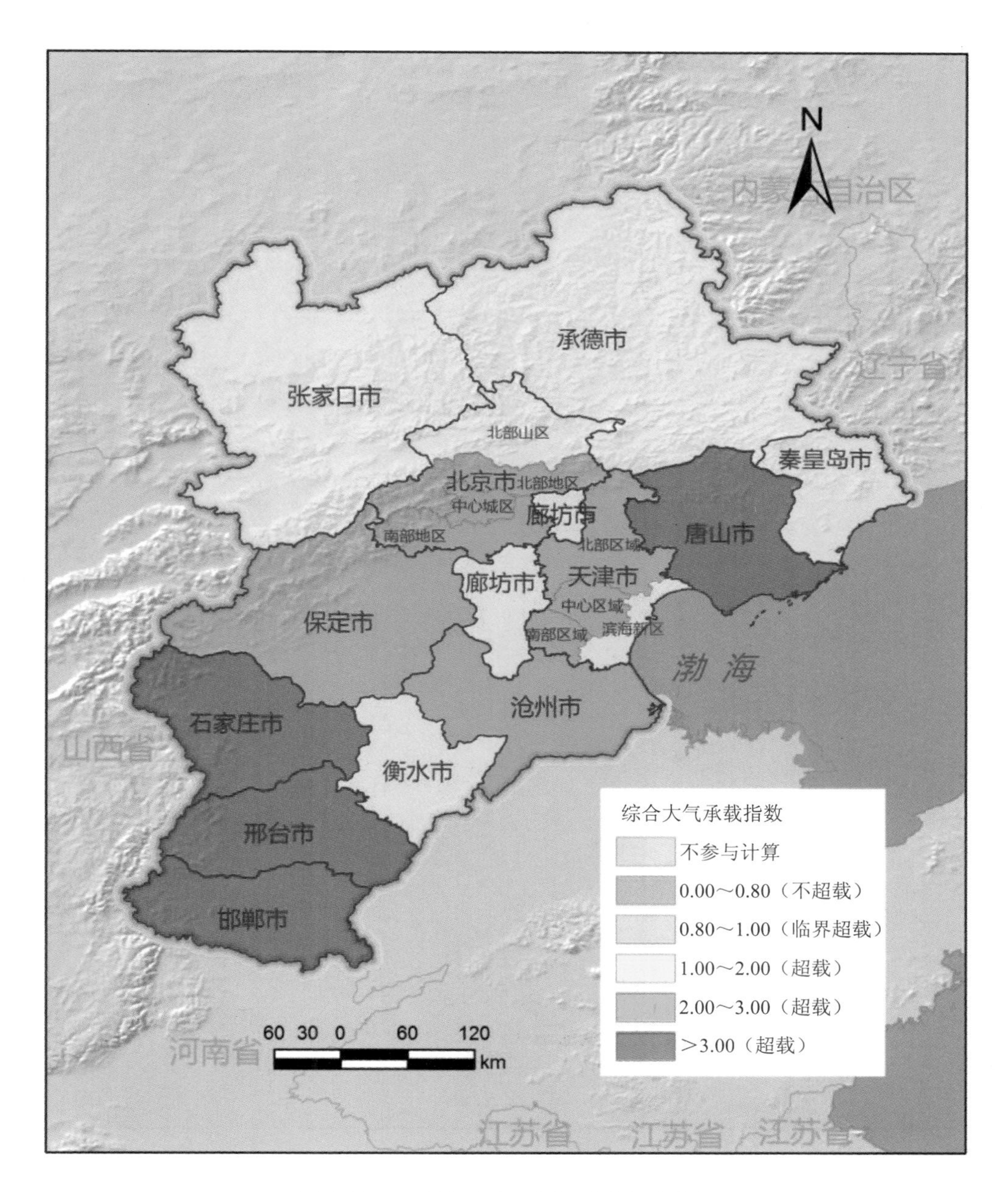

图 4-11　京津冀区域大气环境综合承载力

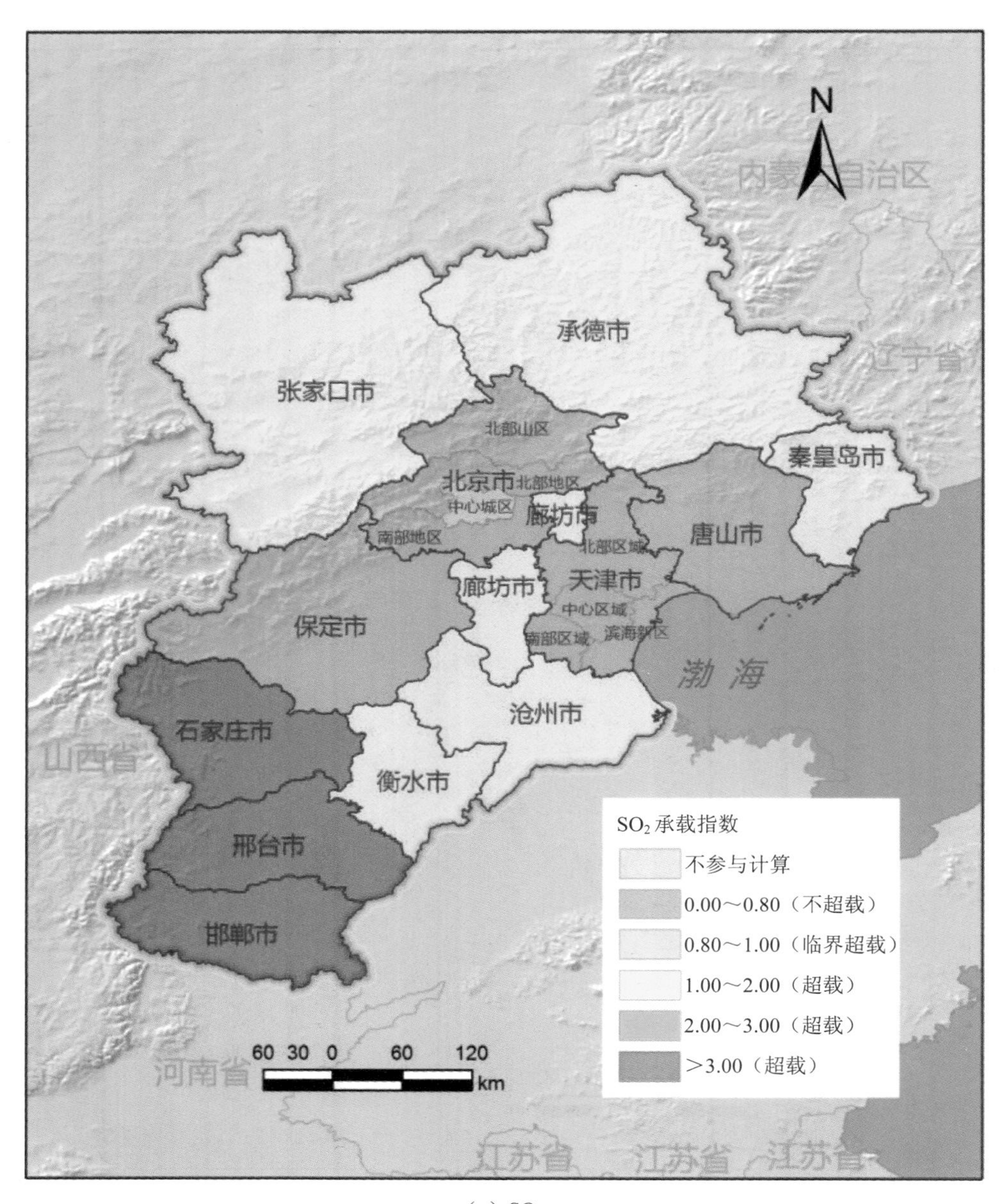
N
内蒙古自治区
辽宁省
承德市
张家口市
北部山区
北京市
北部地区
中心城区
南部地区
廊坊市
北部区域
天津市
中心区域
南部区域
滨海新区
唐山市
秦皇岛市
廊坊市
保定市
渤 海
沧州市
石家庄市
山西省
衡水市
邢台市
邯郸市
河南省
江苏省
江苏省
江苏省
60 30 0 60 120
km
SO_2 承载指数
不参与计算
0.00～0.80（不超载）
0.80～1.00（临界超载）
1.00～2.00（超载）
2.00～3.00（超载）
>3.00（超载）

（a）SO_2

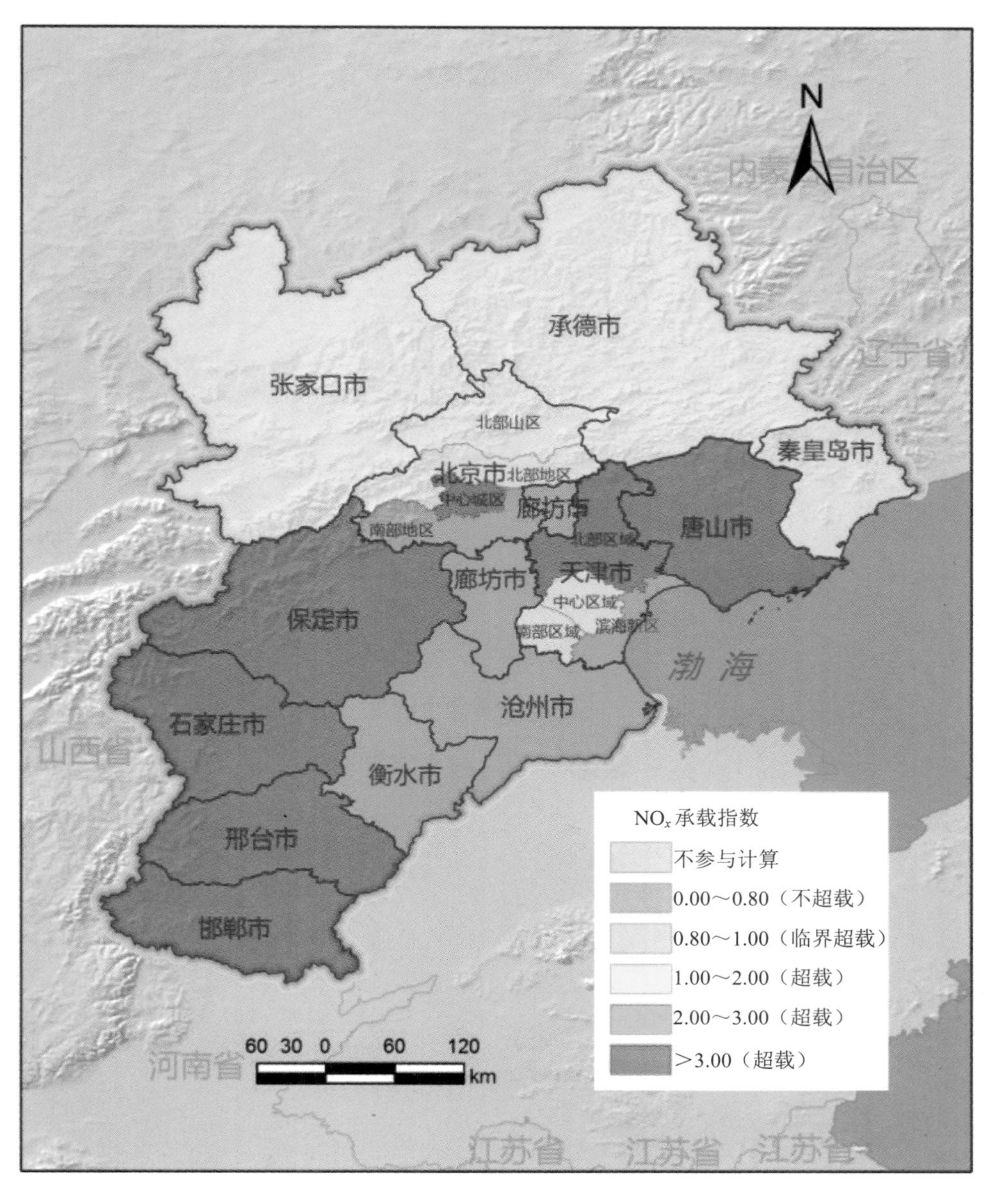

N
内蒙古自治区
承德市
辽宁省
张家口市
北部山区
秦皇岛市
北京市
北部地区
中心城区
廊坊市
南部地区
北部区域
唐山市
天津市
廊坊市
中心区域
保定市
南部区域
滨海新区
渤 海
沧州市
石家庄市
山西省
衡水市
NOx 承载指数
不参与计算
0.00～0.80（不超载）
0.80～1.00（临界超载）
1.00～2.00（超载）
2.00～3.00（超载）
>3.00（超载）
邢台市
邯郸市
60 30 0 60 120
km
河南省
江苏省
江苏省
江苏省

（b）NO_x

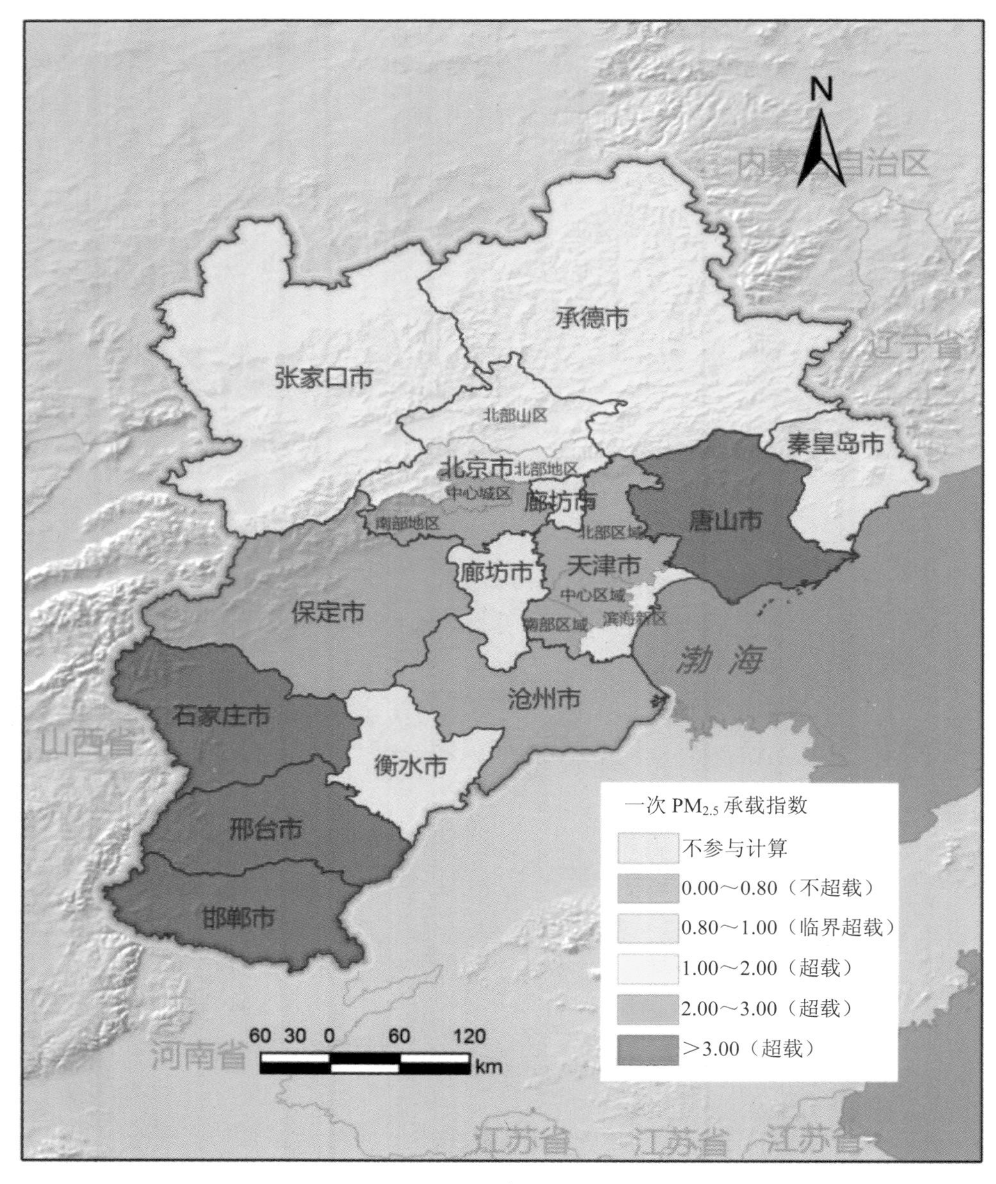

（c）一次 $PM_{2.5}$

图 4-12 京津冀区域大气环境单指标承载力评价结果

表 4-6　京津冀区域大气环境承载力评估结果

地区	污染物排放量/（万 t/a）			环境容量/（万 t/a）			承载指数			综合承载指数	承载级别			综合承载级别
	SO_2	NO_x	一次 $PM_{2.5}$*	SO_2	NO_x	一次 $PM_{2.5}$	SO_2	NO_x	一次 $PM_{2.5}$		SO_2	NO_x	一次 $PM_{2.5}$	
北京市	8.70	16.63	3.59	2.00	6.00	1.65	4.35	2.77	2.18	2.87	超载	超载	超载	超载
天津市	21.68	31.17	8.37	10.61	14.12	3.50	2.04	2.21	2.39	2.26	超载	超载	超载	超载
河北省	128.47	165.23	78.80	54.23	59.65	22.84	2.37	2.77	3.45	3.01	超载	超载	超载	超载
京津冀	158.85	213.03	90.76	66.84	79.77	27.99	2.38	2.67	3.24	2.88	超载	超载	超载	超载

* 按照烟粉尘中 60%为一次 $PM_{2.5}$ 折算。

（2）北京市

根据北京市“十三五”时期燃煤清洁能源改造的初步设想，在力争基本消灭燃煤锅炉的同时，大力推进城乡接合部和农村地区平房散煤的清洁能源改造工作，北京市的大气污染总量减排还有一定的空间。根据 2.3.1 的方法，$PM_{2.5}$ 年均浓度达标下的大气环境容量见表 4-7。在大气环境容量计算中同时考虑了挥发性有机物和氨的减排，表 4-7 中的一次 $PM_{2.5}$ 和 NO_x 环境容量是基于 5 种污染物同时减排情景得出的环境容量。

表 4-7　北京市大气环境承载力评估结果

地区	污染物排放量/（万 t/a）			环境容量/（万 t/a）			承载指数			综合承载指数	承载级别			综合承载级别
	SO_2	NO_x	一次 $PM_{2.5}$	SO_2	NO_x	一次 $PM_{2.5}$	SO_2	NO_x	一次 $PM_{2.5}$		SO_2	NO_x	一次 $PM_{2.5}$	
北部山区	0.81	0.94	0.37	0.34	0.53	0.25	2.4	1.8	1.5	1.8	超载	超载	超载	超载
北部地区（含门头沟）	2.03	2.71	0.88	0.76	1.50	0.49	2.7	1.8	1.8	2.0	超载	超载	超载	超载
中心城区	3.52	8.99	1.20	0.09	2.46	0.46	—*	3.7	2.6	3.0	—	超载	超载	超载
南部地区	2.34	4.00	1.14	0.81	1.51	0.45	2.9	2.6	2.5	2.6	超载	超载	超载	超载
全市	8.70	16.63	3.59	2.00	6.00	1.65	4.4	2.8	2.2	2.9	超载	超载	超载	超载

*根据北京市“十三五”时期燃煤清洁能源改造要求，北京市中心城区的 SO_2 环境容量接近于零，因此中心城区 SO_2 不参与承载力指数计算。

北京市大气环境综合承载指数为 2.9，整体上处于超载状态，其中 SO_2、一次 $PM_{2.5}$ 和 NO_x 的承载指数分别为 4.4、2.2 和 2.8，均为超载状态。从分区的大气环境承载状况来看，各分区大气也都超载，大气环境状况不容乐观。其中中心城区超载程度最为严重，其综合承载指数达到 3.0，南部地区超载也很严重，综合承载指数为 2.6。北部山区相对较好，但是承载指数也大于 1。从单项污染指标的承载状况看，一次 $PM_{2.5}$ 承载指数介于 1.5～2.6，而 NO_x 超载程度相对较高，承载指数在 1.8～3.7，SO_2 承载指数在 2.4～2.9。

（3）天津市

按照要求将 SO_2、NO_x 和一次 $PM_{2.5}$ 的最大允许排放量分配到天津市中心城区及其他区县，结合污染物排放量计算其大气环境承载力，具体计算结果见表 4-8。

天津市大气环境综合承载指数为 2.26，整体上处于超载状态。SO_2、NO_x 和一次 $PM_{2.5}$ 的承载指数分别为 2.04、2.21 和 2.39，均为超载。从分区的大气环境承载状况来看，大气环境状况不容乐观。其中北部区域超载程度最为严重，其综合承载指数达到 2.57，中心城区超载也很严重，综合承载指数为 2.39。滨海新区相对较好，承载指数为 1.85。从单项污染指标的承载状况看，三项污染物的承载指数比较接近，SO_2 承载指数在 2.01～2.10，一次 $PM_{2.5}$ 承载指数介于 1.64～2.74，而 NO_x 超载程度相对较高，为 2.00～3.19。

表 4-8 天津市大气环境承载力评估结果

地区	污染物排放量/（万 t/a）			环境容量/（万 t/a）			承载指数			综合承载指数	承载级别			综合承载级别
	SO_2	NO_x	一次 $PM_{2.5}$	SO_2	NO_x	一次 $PM_{2.5}$	SO_2	NO_x	一次 $PM_{2.5}$		SO_2	NO_x	一次 $PM_{2.5}$	
中心区域	6.76	12.08	4.33	3.25	6.04	1.58	2.08	2.00	2.74	2.39	超载	超载	超载	超载
滨海新区	11.46	10.90	1.26	5.70	5.19	0.77	2.01	2.10	1.64	1.85	超载	超载	超载	超载
北部区域	2.42	6.64	1.89	1.15	2.08	0.76	2.10	3.19	2.49	2.57	超载	超载	超载	超载
南部区域	1.05	1.51	0.89	0.51	0.81	0.39	2.06	1.86	2.27	2.12	超载	超载	超载	超载
天津市	21.64	31.21	8.37	10.61	14.12	3.50	2.04	2.21	2.39	2.26	超载	超载	超载	超载

（4）河北省

核算结果表明，2013 年一次 $PM_{2.5}$ 年均浓度满足标准时河北省 SO_2、NO_x 和一次 $PM_{2.5}$ 大气污染物环境容量分别为 54.23 万 t/a、59.65 万 t/a 和 22.84 万 t/a；其中唐山、邯郸和承德 SO_2 环境容量最大，分别为 10.36 万 t/a、6.31 万 t/a 和 6.16 万 t/a，衡水最小，为 2.06 万 t/a；唐山、石家庄和张家口 NO_x 环境容量最大，分别为 11.31 万 t/a、7.39 万 t/a 和 7.04 万 t/a，衡水最小，为 2.08 万 t/a；唐山、邯郸和秦皇岛一次 $PM_{2.5}$ 环境容量最大，分别为 6.50 万 t/a、2.69 万 t/a 和 2.56 万 t/a，衡水最小，为 0.85 万 t/a。

河北省 2013 年整体上大气环境处于超载状态，综合承载指数为 3.01；其中以邢台、石家庄和邯郸超载最为严重，承载指数分别为 4.61、4.46 和 4.30；唐山次之，承载指数为 3.73；其他各市承载指数均处于 1～3。单指标承载指数中以一次 $PM_{2.5}$ 超载最为严重，全省综合承载指数为 3.45，SO_2 和 NO_x 全省综合承载指数分别为 2.37、2.77，相对于一次 $PM_{2.5}$ 略好。

表 4-9　河北省大气环境承载力评估结果

地区	污染物排放量/（万 t/a）			环境容量/（万 t/a）			承载指数			综合承载指数	承载级别			综合承载级别
	SO_2	NO_x	一次 $PM_{2.5}$	SO_2	NO_x	一次 $PM_{2.5}$	SO_2	NO_x	一次 $PM_{2.5}$		SO_2	NO_x	一次 $PM_{2.5}$	
石家庄	19.20	27.66	7.27	5.38	7.39	1.38	3.57	3.74	5.27	4.46	超载	超载	超载	超载
唐山	29.23	35.40	29.15	10.36	11.31	6.50	2.82	3.13	4.48	3.73	超载	超载	超载	超载
秦皇岛	8.04	9.26	5.29	5.09	5.36	2.56	1.58	1.73	2.07	1.86	超载	超载	超载	超载
邯郸	19.98	23.31	14.38	6.31	6.95	2.69	3.17	3.35	5.35	4.30	超载	超载	超载	超载
邢台	10.59	12.87	6.48	2.89	3.03	1.23	3.66	4.25	5.27	4.61	超载	超载	超载	超载
保定	10.44	13.77	3.23	4.02	4.33	1.11	2.60	3.18	2.91	2.90	超载	超载	超载	超载
张家口	8.61	12.00	3.00	5.68	7.04	2.24	1.52	1.70	1.34	1.47	超载	超载	超载	超载
承德	7.99	5.62	2.37	6.16	3.34	1.58	1.30	1.68	1.50	1.49	超载	超载	超载	超载
沧州	4.99	11.72	4.24	3.05	5.13	1.56	1.64	2.28	2.72	2.34	超载	超载	超载	超载
廊坊	5.63	9.05	2.10	3.23	3.69	1.14	1.74	2.45	1.84	1.97	超载	超载	超载	超载
衡水	3.76	4.56	1.28	2.06	2.08	0.85	1.83	2.19	1.51	1.76	超载	超载	超载	超载
河北省	128.47	165.23	78.80	54.23	59.65	22.84	2.37	2.77	3.45	3.01	超载	超载	超载	超载

4.3.2 水环境承载力

4.3.2.1 水环境容量计算

（1）容量计算模型

污染物进入水体后，受到水体的平流输移、纵向离散和横向混合等物理作用，并同时在水体中发生生化降解过程，使污染物浓度不断降低。水环境容量是指在给定水域范围和水文条件、规定排污方式和水质目标的前提下，单位时间内该水域最大允许纳污量。水环境容量既反映流域水体的自然属性，也反映人类对水环境进行目标管理的需求。

结合京津冀水系和水文情势特点，河流水体纵向流动明显，污染物在较短时间内就能在河段横断面上混合均匀，采用一维模型进行水环境容量计算，同时引入不均匀系数进行校正。具体过程为采用水环境容量的正向计算方法，即在设计条件下，以污染源位置、排污量作为模型的输入条件，得到水体水质的输出结果，通过试算调节概化排污口的排污量之和，计算各容量计算单元在功能区达标控制调节下的排污总量，作为核定的水环境容量值。

一维河流水环境容量计算模型：

$$W_i = 31.54\left[C_s\left(Q+Q_p\right)e^{K\frac{x_1}{u}} - C_0 e^{-K\frac{L-x_1}{u}} Q\right] \tag{4-1}$$

式中：W_i——河段 i 水环境容量，t/a；

C_s——下游控制断面水质保护目标，mg/L；

Q——上断面河流来水流量，m^3/s；

Q_p——河段 i 内废水入河量，m^3/s；

K——水质综合降解系数，s^{-1}；

x_1——概化排污口到河段 i 下断面的距离，m；

u——河段 i 的设计流速，m/s；

C_0——上游控制断面水质保护目标；

L——河段 i 的长度，m。

（2）计算单元划分

根据京津冀区域地表水环境功能区划成果，结合海河流域京津冀区域控制区控制单元的划分方案和监测断面、支流入汇、重要取排水口等控制节点等进行单元整理与分割，并考虑将自然保护区、饮用水水源区等高功能水域不纳入计算范围，则京津冀区域内参与计算的河道水体可划分为 310 个水环境容量计算单元（其中北京 23 个、天津 111 个、河北 176 个），逐一进行水环境容量计算，并根据水系特征，对部分水功能区容量计算结果进行分解，使其可以与陆域行政单元完全对应，在此基础上，汇总细化的各容量计算单元结果即可得到各区县或市级行政单元的计算结果。

（3）设计水文条件

对于有长时间连续水文观测数据的河流，选择水文保证率为 90%～95%的流量或近 10 年最枯水文月（季）平均流量作为设计流量；其他无资料河段利用临近流域其他站点水文资料，综合内插法与水文比拟法进行设计流量的计算。

对于有实测流速资料的河段，直接采用同期同步流速实测数据；对于没有实测流速资料的河段，借用附近区域相似河流的实测资料经类比分析后确定。

（4）降解系数确定

COD 降解系数 K_{COD} 和 NH_3-N 降解系数 $K_{NH_3\text{-}N}$ 主要参考全国地表水环境容量核定中推荐的取值范围（表 4-10）或以往京津冀区域水环境模拟及相关降解系数专题研究等工作中的已有研究成果，并结合各研究河段同步实测水质监测资料进一步比较验证。最终确定北京市地表水 K_{COD} 和 $K_{NH_3\text{-}N}$ 分别取 0.1 d^{-1} 和 0.05 d^{-1}，天津市地表水 K_{COD} 和 $K_{NH_3\text{-}N}$ 分别取 0.2 d^{-1} 和 0.2 d^{-1}，河北省地表水 K_{COD} 和 $K_{NH_3\text{-}N}$ 则按表 4-10 中不同水质类别对应的中值系数选取。

表 4-10 一般河道水质降解系数参考值表 单位：d^{-1}

水质及水生态环境状况	K_{COD}	$K_{NH_3\text{-}N}$
优（相应水质为 II～III类）	0.18～0.25	0.15～0.20
中（相应水质为III～IV类）	0.10～0.18	0.10～0.15
劣（相应水质为 V 类或劣 V 类）	0.05～0.10	0.05～0.10

4.3.2.2 污染物入河量

由于对目标水体带来污染的仅是最终进入水体的部分，因此在本次核算中，所用污染源全部按照排放进入自然水体的污染物入河量进行核算，假设在无法调查到更多基础数据的情况下，需使用已有的最近年度环境统计数据，考虑不同污染源中污染物的入河过程，需进行研究区域内的污染物入河量估算。

入河系数是指进入水体的部分与排放污染物的总量的比值，对于点源污染物来说，污染物在河道、暗渠或管道中的迁移转化过程会使污染物减少，在估算入河量时的入河系数即体现了这部分损失。对于非点源污染物，由于其产生的原因更复杂，不仅迁移途中有部分自身降解损失，而且受到降雨量、土地利用类型、雨强等自然因素的影响，无法直接测定，因此只能通过其他方法间接估算得出。

目前，入河量计算的方法主要有距离法、试验法、经验值法等，本书将基于相关海河流域入河系数的研究，确定京津冀区域污染物入河系数，大致分为三类：对于工业点源和生活点源，直接排放进入地表水体、城市污水处理厂或工业废水集中处理厂时，其入河系数取值为 0.8～1，直接进入污灌农田、进入地渗或蒸发地时，其入河系数取值为 0.5～0.7；对于非点源，其入河系数取值为 0.2～0.4；其他不属于以上情况的入河系数取值为 0.5。京津冀三地在实际计算中，根据实际情况进行适当调整。

4.3.2.3 评估结果

（1）水环境容量计算结果

经测算，汇总给出京津冀区域及 13 个地市 COD 和 NH_3-N 环境容量计算结果，如图 4-13 所示。核算结果表明，京津冀区域 COD 和 NH_3-N 环境容量分别为 32.40 万 t/a 和 1.56 万 t/a，且各地市间污染物环境容量存在较大差异。其中北京市和天津市的水环境容量最大，排在京津冀区域的前两位，其 COD 环境容量分别为 4.86 万 t/a 和 4.11 万 t/a，NH_3-N 环境容量分别为 0.26 万 t/a 和 0.30 万 t/a。从河北省各地市水环境容量来看，COD 环境容量较大的地市有唐山市、邢台市、沧州市、廊坊市和保定市，其环境容量均在 2.0 万 t/a 以上，张家口市、承德市和邯郸市的 COD 环境容量较小，在 1.2 万 t/a 左右。NH_3-N 环境容量大于 0.1 万 t/a 的地市仅为唐山市、邢台市、沧州市三市，其中唐山市最大，约为 0.2 万 t/a；张家口市、承德市、邯郸市和廊坊市 NH_3-N 环境容量较小，不足 700 t/a。

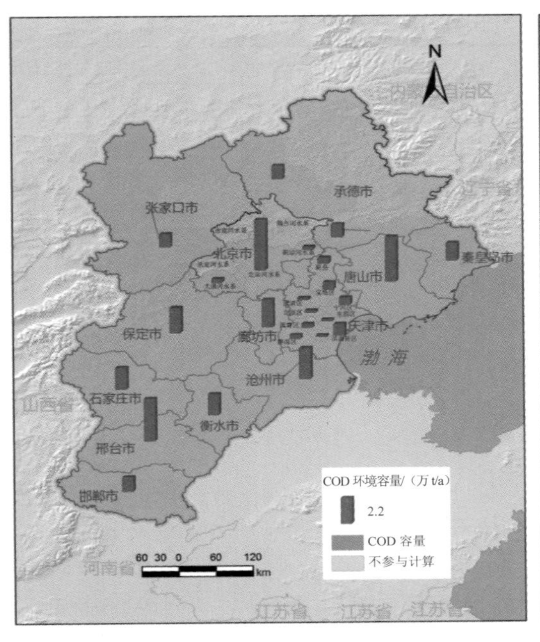

（a）COD

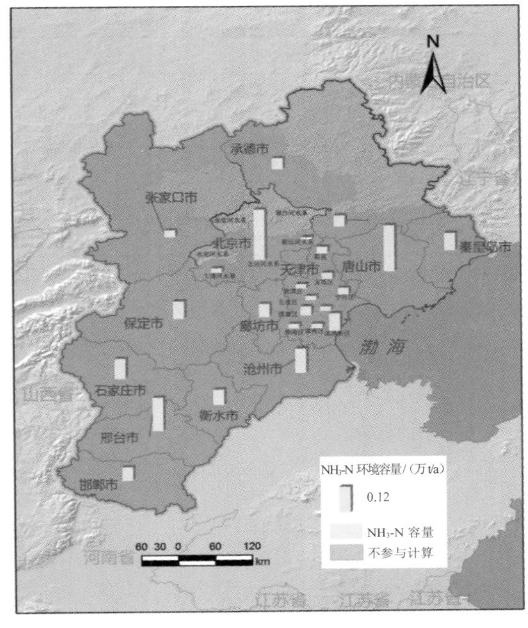

（b）NH_3-N

图 4-13　京津冀区域主要水污染物环境容量

（2）入河污染物排放量计算结果

从各地区入河污染物排放量的核算结果（表 4-11）来看，2014 年京津冀区域 COD 和 NH_3-N 入河排放量分别为 58.73 万 t 和 6.99 万 t，远超过其水环境容量。其中天津市的入河污染物排放量最大，其 COD 和 NH_3-N 入河量分别为 9.59 万 t 和 1.42 万 t，其次为北京市，其 COD 和 NH_3-N 入河量分别为 7.57 万 t 和 1.07 万 t。从河北省各地市水污染物入河量（图 4-14）来看，COD 和 NH_3-N 入河量较大的地市有石家庄市、保定市、邯郸市、唐山市、邢台市和沧州市，其 COD 入河量均在 4.3 万 t 以上，NH_3-N 入河量均在 0.5 万 t 以上，其中石家庄市 COD 和 NH_3-N 入河量最高，分别为 6.6 万 t 和 0.7 万 t；承德市、秦皇岛市和张家口等市的 COD 和 NH_3-N 入河量较小，其中承德市 COD 和 NH_3-N 入河量最小，分别为 0.9 万 t 和 0.09 万 t。

表 4-11　京津冀区域水环境承载力评价结果*

地区	入河量/（万 t/a）		环境容量/（万 t/a）		承载指数		综合承载指数	承载级别		综合承载级别
	COD	NH_3-N	COD	NH_3-N	COD	NH_3-N		COD	NH_3-N	
北京市	7.57	1.07	4.86	0.26	1.56	4.13	4.13	超载	超载	超载
天津市	9.59	1.42	4.11	0.30	2.33	4.68	4.68	超载	超载	超载
河北省	41.57	4.50	23.43	1.00	1.77	4.51	4.51	超载	超载	超载
京津冀	58.73	6.99	32.40	1.56	1.81	4.48	4.48	超载	超载	超载

*根据实际情况，北京市的密云区、延庆区等，河北省张家口市的崇礼县、赤城县以及承德市的围场县、隆化县、承德县、平泉县以及双桥区是自然保护区、饮用水水源地等高敏感水域的主要分布区域，未参与本次水环境容量计算，在以下图中都进行了标注。

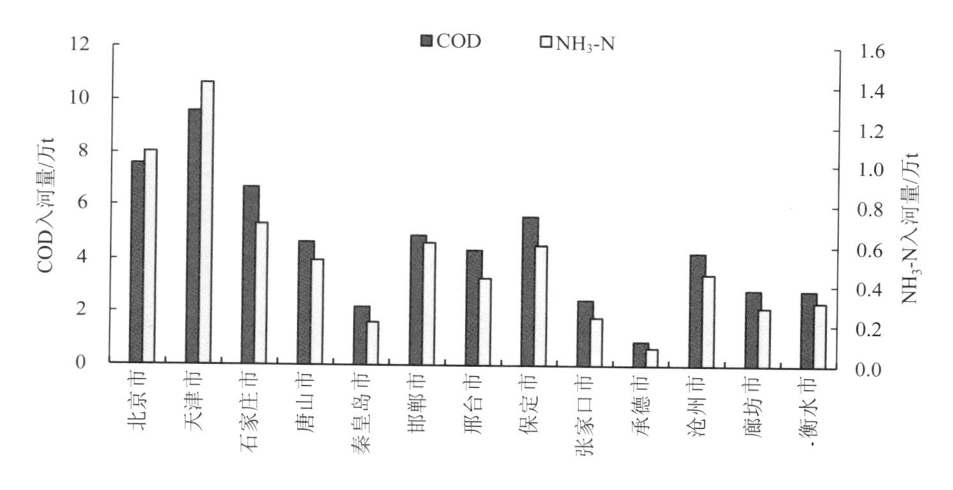

图 4-14　京津冀区域主要水污染物入河量

（3）水环境承载力计算结果

1）京津冀区域

汇总集成京津冀区域水环境承载力计算结果，即可给出京津冀区域水环境承载力评价结果，并对承载状态进行判断，如表 4-11、图 4-15、图 4-16 所示。

由图可见，京津冀区域水环境形势十分严峻，其水环境综合承载指数达到 4.48，其中天津市的超载程度最为严重，其承载指数达到 4.68，而北京市和河北省两地的承载指数分别为 4.13 和 4.51，超载程度也较高。从单项污染指标的承载状况来看，京津冀区域的 NH_3-N 超载程度要明显高于 COD，成为京津冀三地的首要水污染因子。

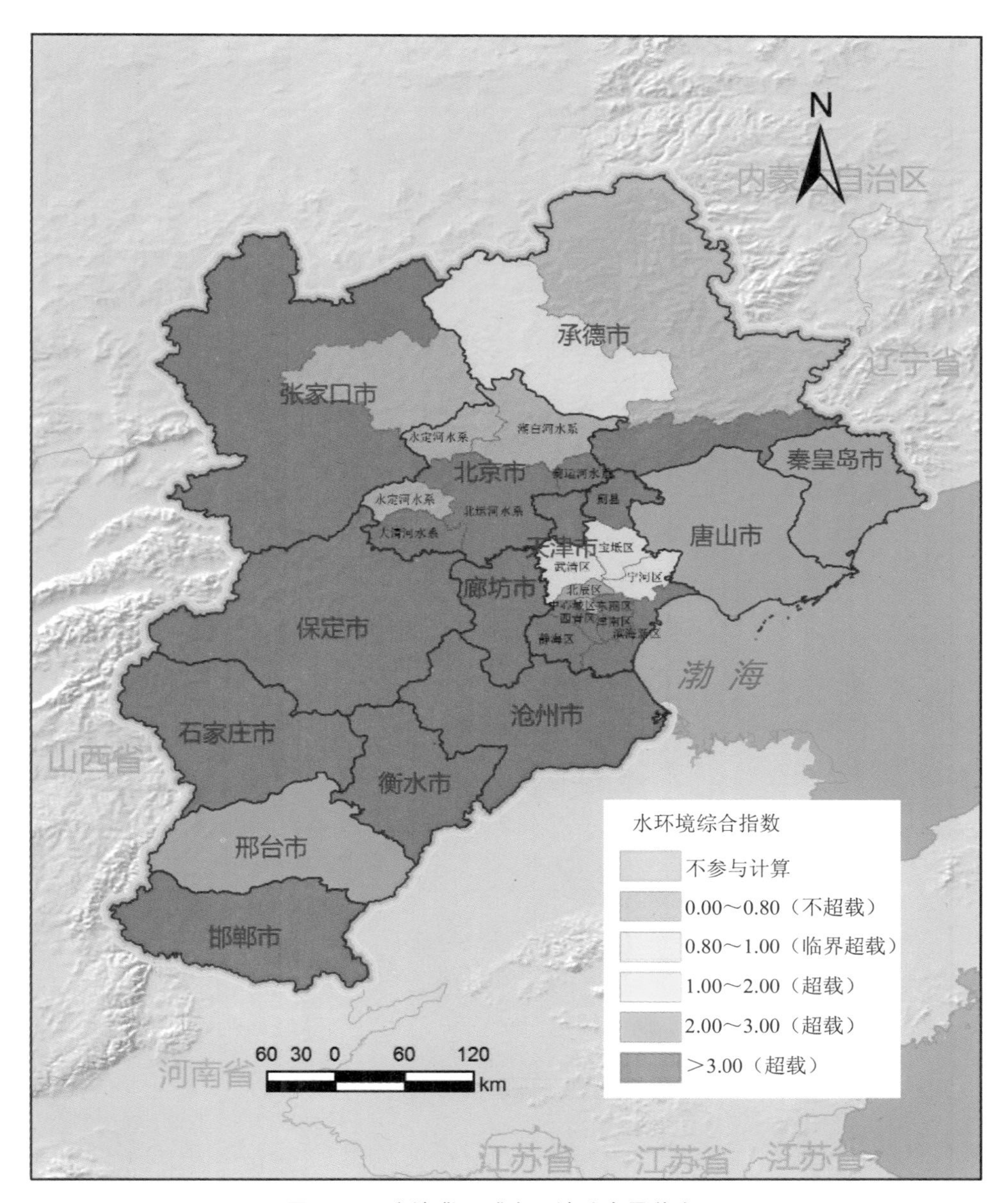

图 4-15　京津冀区域水环境综合承载力

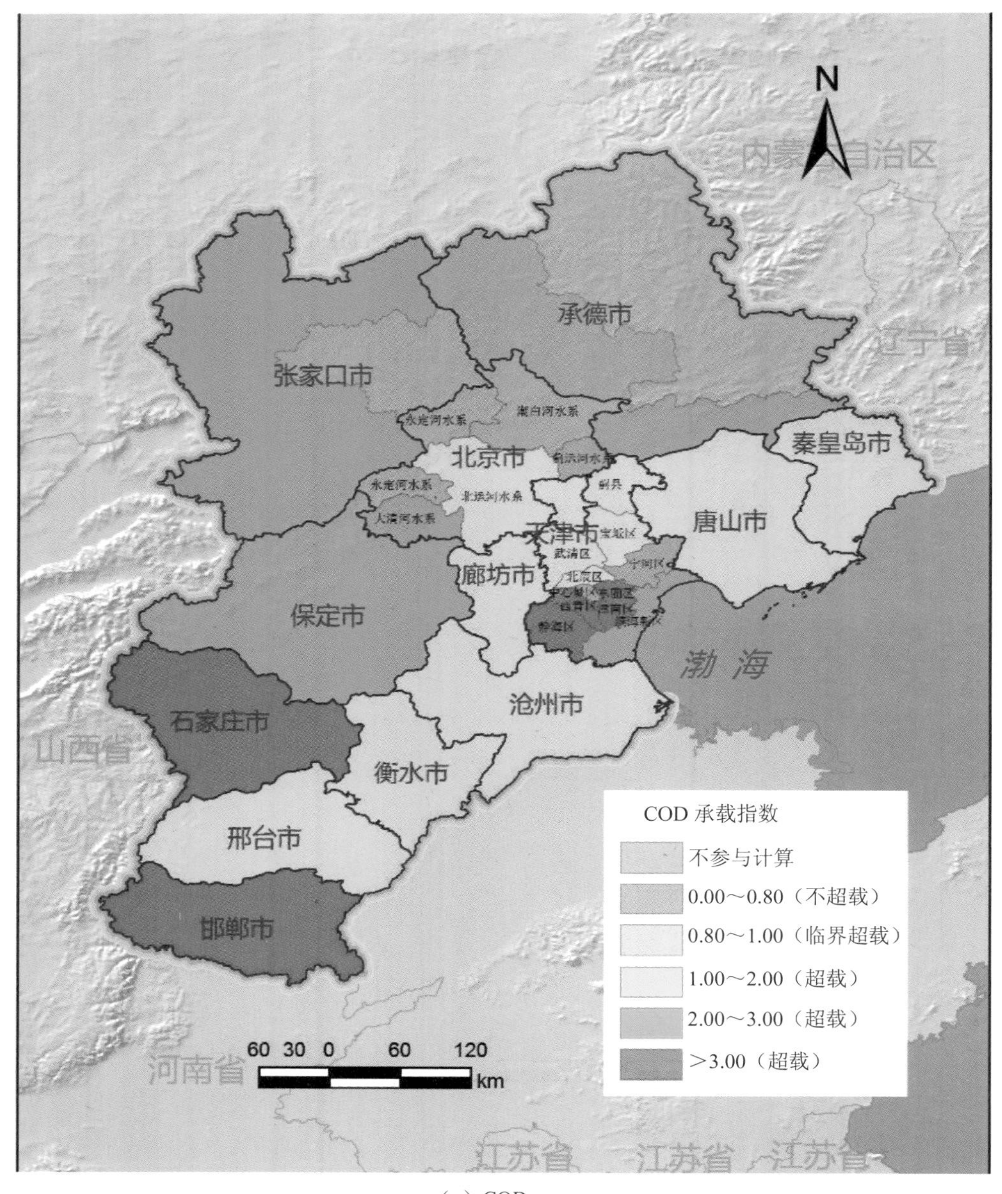
N
内蒙古自治区
承德市
辽宁省
张家口市
永定河水系
潮白河水系
北京市
秦皇岛市
永定河水系
北运河水系
大清河水系
天津市
宝坻区
唐山市
武清区
宁河区
北辰区
廊坊市
中心城区
东丽区
保定市
静海区
渤海
石家庄市
沧州市
山西省
衡水市
COD 承载指数
不参与计算
0.00～0.80（不超载）
0.80～1.00（临界超载）
1.00～2.00（超载）
2.00～3.00（超载）
＞3.00（超载）
邢台市
邯郸市
60 30 0 60 120
km
河南省
江苏省
江苏省
江苏省

（a）COD

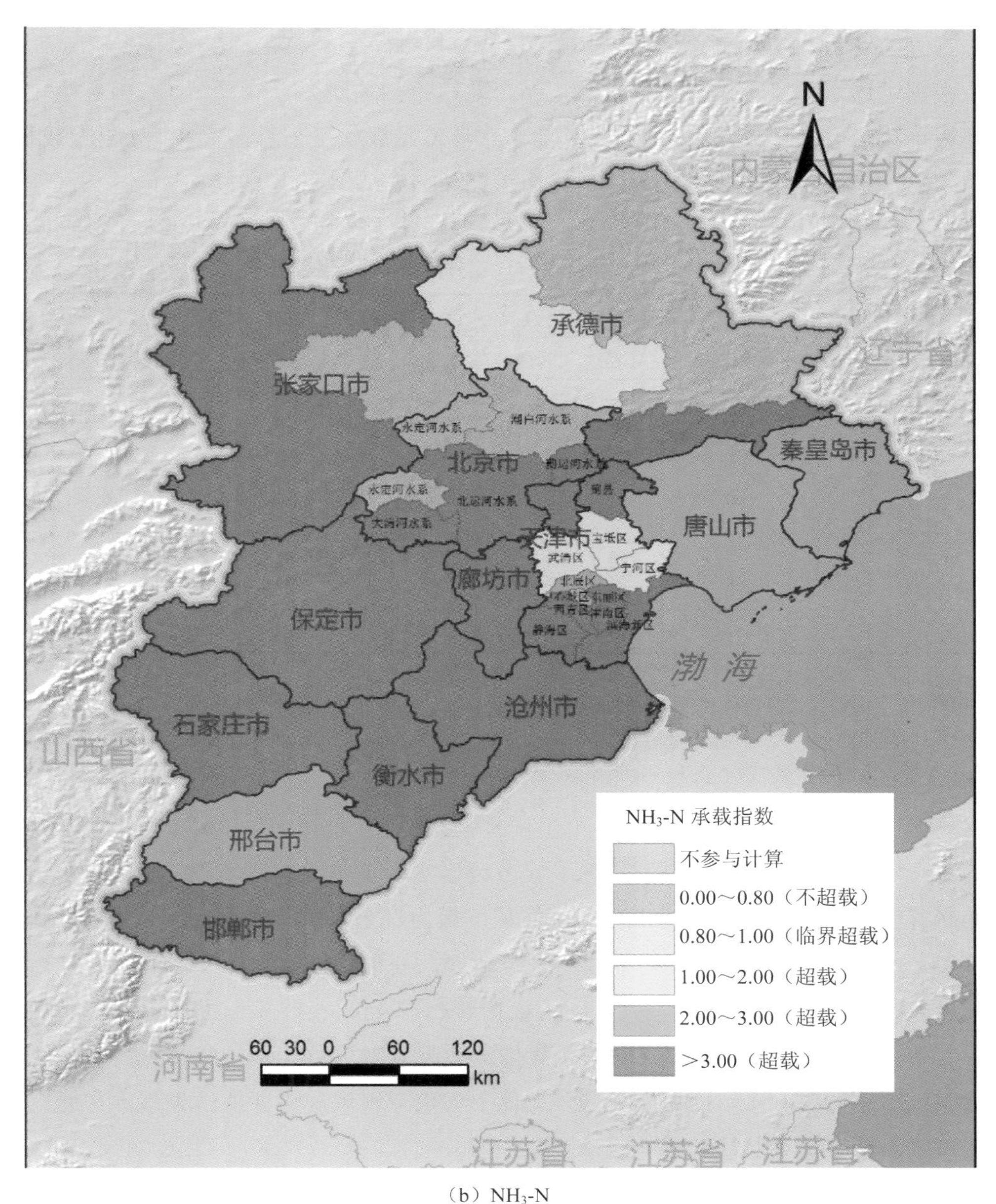

（b）NH_3-N

图 4-16　京津冀区域单指标水环境承载力评价结果

2）北京市

根据上述水环境承载力评估方法，结合北京市相关研究，计算给出 2014 年北京市水环境承载力评估结果，见表 4-12。从全市水环境承载状况来看，整体上处于超载状态，其中 COD 和 NH_3-N 的承载指数分别约为 1.56 和 4.13，均为超载状态。

表 4-12 北京市各地区水环境承载力评估结果

地区*	入河量/（万 t/a）		环境容量/（万 t/a）		承载指数		综合承载指数	承载级别		综合承载级别
	COD	NH_3-N	COD	NH_3-N	COD	NH_3-N		COD	NH_3-N	
北运河水系10个区	6.68	0.94	4.31	0.23	1.55	4.02	4.02	超载	超载	超载
大清河水系房山区	0.71	0.10	0.33	0.02	2.19	5.03	5.03	超载	超载	超载
蓟运河水系平谷区	0.18	0.04	0.23	0.01	0.77	5.08	5.08	不超载	超载	超载
北京市	7.57	1.07	4.86	0.26	1.56	4.13	4.13	超载	超载	超载

*纳入水环境承载力评估的区县包括：城六区、昌平区、顺义区、通州区、大兴区、平谷区和房山区等 12 个区。为使水环境承载力评价结果既符合水环境的流域特征，又便于分区管理，将 12 个区分为 3 个分区分别进行评价，3 个分区分别是北运河水系的东城区、西城区、朝阳区、海淀区、丰台区、石景山区、通州区、大兴区、昌平区和顺义区 10 个区，大清河水系的房山区和蓟运河水系的平谷区。

从三大分区的水环境承载状况来看，各分区水环境状况不容乐观，其中，蓟运河水系的平谷区和大清河水系的房山区的超载程度最为严重，其综合承载指数分别达到 5.08 和 5.03，北运河水系 10 个区的承载水平也较低，其承载指数约为 4.02。从单项污染指标的承载状况看，三大分区的 NH_3-N 承载指数介于 4.0～5.1，而 COD 超载程度相对较低，其中蓟运河水系平谷区的 COD 承载指数约为 0.77，处于不超载状态，其他两个分区 COD 承载指数分别为 1.55 和 2.19。总体上，水环境承载力评估结果基本与北京市各河流水系水环境质量状况相吻合。

3）天津市

根据上述水环境承载力评估方法，结合天津市相关研究，计算给出 2014 年天津市水环境承载力评价结果，见表 4-13。天津市水环境承载力已经处于超载状态，其中 COD 和 NH_3-N 的环境承载指数分别为 2.33 和 4.68，均为超载状态。从表 4-13 可以看出，天津市水环境承载力中 NH_3-N 超载情况比 COD 超载情况更加严重。

表 4-13　天津市各地区水环境承载力评价结果

地区	入河量/（万 t/a）		环境容量/（万 t/a）		承载指数		综合承载指数	承载级别		综合承载级别
	COD	NH_3-N	COD	NH_3-N	COD	NH_3-N		COD	NH_3-N	
宝坻区	0.67	0.05	0.62	0.03	1.09	1.71	1.71	超载	超载	超载
北辰区	0.30	0.05	0.19	0.02	1.58	2.39	2.39	超载	超载	超载
滨海新区	2.89	0.44	1.01	0.08	2.87	5.25	5.25	超载	超载	超载
东丽区	1.26	0.20	0.16	0.02	7.77	9.98	9.98	超载	超载	超载
蓟县	0.78	0.14	0.51	0.03	1.55	5.26	5.26	超载	超载	超载
津南区	0.74	0.14	0.15	0.02	4.91	7.28	7.28	超载	超载	超载
静海区	1.16	0.20	0.33	0.02	3.48	12.19	12.19	超载	超载	超载
宁河区	0.35	0.03	0.62	0.03	0.57	1.08	1.08	不超载	超载	超载
武清区	0.38	0.03	0.20	0.02	1.88	1.42	1.88	超载	超载	超载
西青区	1.06	0.13	0.33	0.04	3.26	3.78	3.78	超载	超载	超载
天津市	9.59	1.42	4.11	0.30	2.33	4.68	4.68	超载	超载	超载

超载比较严重的区县为东丽区、津南区和静海区三个区，按照 COD 和 NH_3-N 的环境承载力超载情况排序均为前三。相对而言，环境承载力情况较好的区县为宁河区与宝坻区，其中宁河区的 COD 不超载、宝坻区的 COD 刚刚超过临界标准。这两个区县因为地理位置的关系，水环境容量较大，同时两个区县的生活污水直排量也比较小，因此水环境承载力情况优于其他区县。

4）河北省

根据上述水环境承载力评估方法，结合河北省相关研究，计算得出 2014 年河北省水环境承载力评价结果，见表 4-14。从全省水环境承载状况来看，整体上处于超载状态，其综合承载指数为 4.51，其中 COD 和 NH_3-N 的承载指数分别为 1.77 和 4.51，均为超载状态。

表 4-14 河北省各地市水环境承载力评估结果

地区	入河量/（万 t/a）		环境容量/（万 t/a）		承载指数		综合承载指数	承载级别		综合承载级别
	COD	NH_3-N	COD	NH_3-N	COD	NH_3-N		COD	NH_3-N	
石家庄市	6.65	0.71	1.83	0.09	3.63	7.46	7.46	超载	超载	超载
唐山市	4.64	0.53	3.83	0.21	1.21	2.53	2.53	超载	超载	超载
秦皇岛市	2.18	0.21	1.53	0.08	1.42	2.75	2.75	超载	超载	超载
邯郸市	4.88	0.62	1.21	0.06	4.03	11.08	11.08	超载	超载	超载
邢台市	4.36	0.44	3.81	0.16	1.15	2.77	2.77	超载	超载	超载
保定市	5.58	0.60	2.13	0.08	2.61	7.33	7.33	超载	超载	超载
张家口市	2.45	0.24	1.12	0.03	2.18	7.30	7.30	超载	超载	超载
承德市	0.90	0.09	1.14	0.05	0.79	1.95	1.95	不超载	超载	超载
沧州市	4.26	0.46	2.63	0.11	1.62	4.36	4.36	超载	超载	超载
廊坊市	2.84	0.29	2.36	0.06	1.20	4.51	4.51	超载	超载	超载
衡水市	2.82	0.32	1.83	0.07	1.54	4.39	4.39	超载	超载	超载
河北省	41.57	4.50	23.43	1.00	1.77	4.51	4.51	超载	超载	超载

从各地市水环境综合超载情况来看，河北省 11 个地市水环境均超载。邯郸市超载情况最为严重，其承载指数约为 11.08。其次是石家庄市、保定市、张家口市，其承载指数介于 7.3～7.5。沧州市、衡水市和廊坊市等 3 市的超载程度较为接近，承载指数均在 4.50 左右。承德市、唐山市、秦皇岛市和邢台市等超载情况好于其他各市，承载指数介于 1.9～2.8。

从单项污染指标的承载状况看，对于 COD，邯郸超载状况最严重，其承载率达到 4.03；其次是石家庄市、保定市和张家口市，承载指数介于 2～4；邢台市、廊坊市、唐山市、秦皇岛市、衡水市和沧州市等承载状况相对较好，承载指数在 1.5 左右；承德市的承载状况最好，承载指数约为 0.79，处于不超载状态。对于 NH_3-N，各地市承载指数分布特征与水环境综合承载指数一致，这是由于各地市 NH_3-N 超载程度明显高于 COD 超载程度，水环境综合超载水平完全取决于 NH_3-N 指标的承载水平。

4.3.3 不确定性分析

4.3.3.1 大气环境承载力

本书研究大气环境容量是应用空气质量模型进行反算，模型计算和应用的过程中存在较多的不确定性。

首先，模型本身存在不确定性。模型是对真实物理化学过程进行的必要的简化，模型构建中的假设条件以及目前的技术水平确定的各项公式及其系数，都会导致理论值与真实值存在差异，这些原因可归结为模型本身的不确定性。例如，CMAQ 的化学机制有 CB04 和 CB05 等多种，CB05 机制是在 CB04 基础上发展的，使化学机制更利于 O_3、颗粒物、能见度、酸沉降及其他大气中有害物质的模拟，虽然科学原理上更进一步，但是也不能完全模拟真实情况。

其次，模型输入参数的不确定性。空气质量模型 CMAQ 是由气象模型、源清单处理模型和大气化学模型构成的一个复杂模拟系统，用于定量描述污染物迁移转化，过程非常复杂，需要输入大量参数系数。这些模型输入参数取值的不确定性以及化学反应机制的复杂性，导致最终结果的不确定性。模型输入参数不确定性主要来自对部分模型输入参数缺乏足够认识产生的，这部分是模型不确定性的主要来源，也是研究人员关注的重点。这些输入参数主要包括排放源清单不确定性、气象场不确定性、边界条件不确定性、初始条件不确定性、化学反应参数及机制不确定性等。对模型系统缺乏足够全面的认识也会产生不确定性。以烟囱参数为例，环境统计等各种统计中都没有烟囱参数的统计。京津冀区域的重点排放点源较多，只能采用估计的方法，影响污染物特别是 NO_x 和 SO_2 在大气中的垂直分布，进而影响污染物在大气中迁移、转化等物理化学过程的模拟。排放源清单不确定性方面，以 $PM_{2.5}$ 关键组分比例为例，硫酸盐、硝酸盐、铵盐、有机碳、金属元素、元素碳和氯离子等的比例设置都是以不同学者研究为基础，不同比例导致模拟结果有差异。

最后，由于时间紧迫、部分数据缺失，还存在一些人为主观因素导致的不确定性。应用 CMAQ 空气质量模型计算大气环境容量是一个逐步迭代优化过程，需要时间较长，最大允许排放量情景设置受人为因素影响存在不确定性。

4.3.3.2 水环境承载力

本书中的水环境承载力指数计算过程中的不确定性主要来源于水环境容量计算过程以及入河污染物估算过程。

从水环境容量计算的不确定性来看，首先，河流水环境系统是一个复杂的、动态的、不确定的系统，本书选用一维河流水质模型是对水环境系统水文、水动力、水质特征的高度概化，并不能完全反映真实的水环境系统水文水动力过程、污染物迁移转化过程，将会导致理论计算结果难以科学、准确地反映河流水体的真实纳污能力，给计算结果带来了一定的不确定性。

其次，模型输入参数具有不确定性。在实际的河流水环境系统中，由于自然条件和人为因素的影响，河段流量、流速和综合降解系数等模型输入参数信息都具有显著的时间变异性和不确定性，因此，导致河流水环境容量计算结果的不确定性。同时，本书计算的水环境容量是以年为单位，并未考虑分期模拟计算，特别是对于非点源污染河流（非点源污染发生的随机性和动态性更为显著），进一步增加了其水环境容量计算的不确定性。此外，在排污方式概化、计算单元的划分等方面的差异性也将给水环境容量计算带来不确定性。

从入河污染物估算过程中存在的不确定性来看，在本次核算中，受时间、数据基础薄弱、非点源入河量统计的复杂性等因素限制，无法在较短时间内调查到更多基础数据，本书使用已有的最近年度环境统计数据，考虑不同污染源中污染物的入河过程，进行研究区域内的污染物入河系数估算。在估算过程中，主要采用经验值法，系数设置受人为因素影响较大，给水环境承载力指数的计算结果也带来了一定不确定性。

4.4 两种评估结果对比

4.4.1 大气环境承载力

两种评估方法下的大气环境承载力计算结果比较如表 4-15、图 4-17 所示。由于受计算方法本质差异性以及计算过程的不确定性等因素影响，两种评估方法下的计算结果，从纵向的不同地区进行对比，趋势一致，北部各市承载指数较小、承载形势较好；南部城市承载指数较大、承载形势较差。从横向的不同方法的结果值对比看，存在一定差异。与质量法相比，容量法计算的大气环境承载指数整体偏大，特别是张家口市和承德市差异较大。容量法的京津冀区域 SO_2、NO_2、$PM_{2.5}$ 和综合计算结果分别比质量法高 105%、92%、48% 和 41%。

表 4-15　京津冀区域大气环境承载指数计算结果及比较

地区	质量法				容量法			
	SO_2	NO_2	$PM_{2.5}$	综合	SO_2	NO_x	一次 $PM_{2.5}$	综合
北京市	–0.64	0.42	1.45	1.45	4.35	2.77	2.18	2.87
天津市	–0.02	0.35	1.74	1.74	2.04	2.21	2.39	2.26
石家庄市	0.03	0.33	2.54	2.54	3.57	3.74	5.27	4.46
唐山市	0.22	0.50	1.89	1.89	2.82	3.13	4.48	3.73
秦皇岛市	–0.10	0.23	0.74	0.74	1.58	1.73	2.07	1.86
邯郸市	–0.05	0.28	2.29	2.29	3.17	3.35	5.35	4.30
邢台市	0.23	0.53	2.71	2.71	3.66	4.25	5.27	4.61
保定市	0.12	0.38	2.69	2.69	2.60	3.18	2.91	2.90
张家口市	–0.10	–0.28	0.00	0.10	1.52	1.70	1.34	1.47
承德市	–0.33	–0.03	0.49	0.59	1.30	1.68	1.50	1.49
沧州市	–0.33	–0.18	1.51	1.51	1.64	2.28	2.72	2.34
廊坊市	–0.40	0.23	1.86	1.86	1.74	2.45	1.84	1.97
衡水市	–0.30	0.08	2.06	2.06	1.83	2.19	1.51	1.76
河北省	–0.09	0.19	1.71	1.71	2.37	2.77	3.45	3.01
京津冀	–0.13	0.22	1.69	1.69	2.38	2.67	3.24	2.88

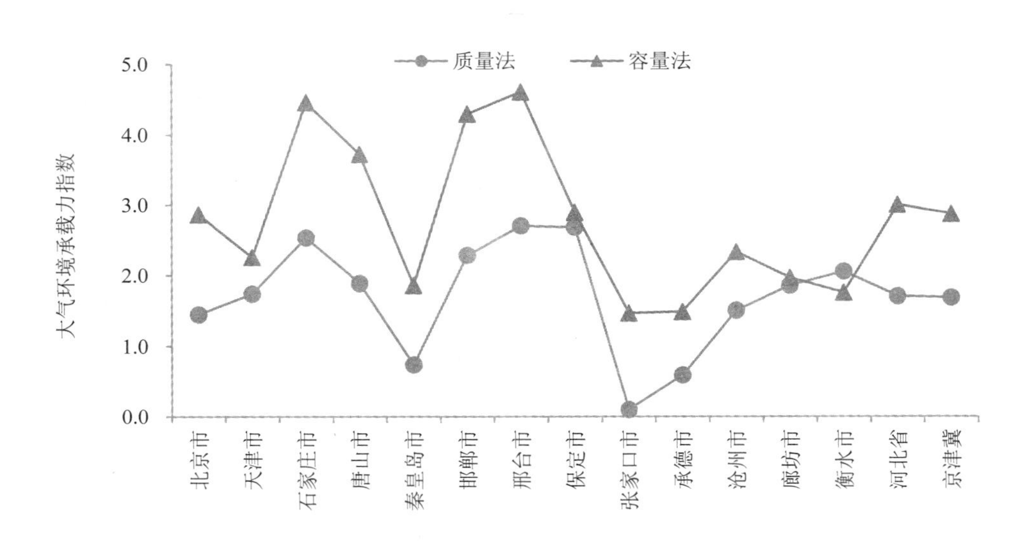

图 4-17　两种评估方法下的大气环境承载力评价结果比较

4.4.2　水环境承载力

两种评估方法下的水环境承载力计算结果比较如表 4-16、图 4-18 所示。由于受计算方法本质差异性以及计算过程的不确定性等因素影响，两种评估方法下的计算结果尽管趋势一致，但在结果值方面存在一定差异。与质量法相比，容量法计算的水环境承载指数整体偏大，京津冀区域 COD、NH_3-N 和综合计算结果分别比质量法高 85%、170% 和 170%。

表 4-16　京津冀区域水环境承载指数计算结果及比较

地区	质量法			容量法		
	COD	NH_3-N	综合	COD	NH_3-N	综合
北京市	0.94	1.05	1.05	1.56	4.13	4.13
天津市	0.90	1.68	1.68	2.33	4.68	4.68
石家庄市	1.15	2.20	2.20	3.63	7.46	7.46
唐山市	0.85	0.64	0.85	1.21	2.53	2.53
秦皇岛市	0.82	0.51	0.82	1.42	2.75	2.75
邯郸市	0.62	0.80	0.80	4.03	11.08	11.08
邢台市	1.37	3.08	3.08	1.15	2.77	2.77
保定市	0.83	1.67	1.67	2.61	7.33	7.33
张家口市	0.74	0.28	0.74	2.18	7.30	7.30
承德市	0.48	0.36	0.48	0.79	1.95	1.95
沧州市	2.01	4.50	4.50	1.62	4.36	4.36
廊坊市	1.12	2.57	2.57	1.20	4.51	4.51
衡水市	1.66	5.65	5.65	1.54	4.39	4.39
河北省	0.99	1.72	1.72	1.77	4.51	4.51
京津冀	0.98	1.66	1.66	1.81	4.48	4.48

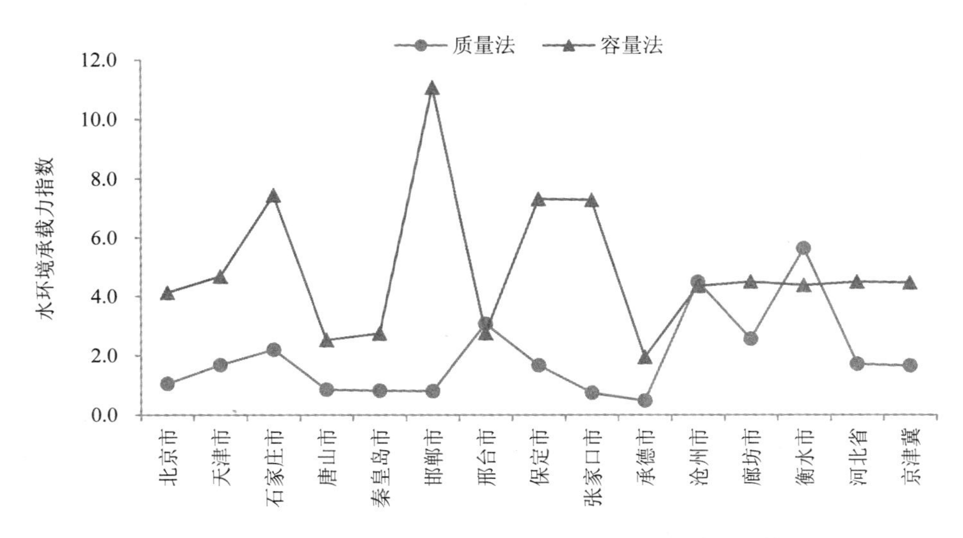

图 4-18　两种评价方法下的水环境承载力评价结果比较

4.5　成因分析

4.5.1　大气环境承载力

（1）复杂的地形地貌和气候条件对环境承载力产生影响

京津冀区域北部为高原地区阻挡少且多风，有利于大气污染物扩散，空气质量较好；南部平原地区受燕山和太行山山地阻挡，不利于污染物扩散，减小了太行山东麓的石家庄市和邯郸市等地的大气环境容量。冬季寒冷，取暖季受燃煤和高气压影响，易形成雾霾天气；夏季无取暖燃煤且降水较多，空气质量相对较好，但是机动车等污染排放较多，高温易导致臭氧超标。虽然自然条件是造成京津冀区域大气环境超载的原因之一，但是更多的原因是人为活动的加剧。

（2）不合理的能源消费结构和较高的能源消费总量是大气环境超载的主要原因

河北省主要以钢铁、水泥、平板玻璃和石化等传统制造业为主，冶金、化工、建材、电力等高耗能基础产业占河北省制造业增加值的 80%左右，煤炭消费占能源消费总量的 89%，高于全国平均水平近 20 个百分点。高污染、高排放的工业结构和煤炭消耗占比过高的能源消费结构，引发大气污染物过量排放。另外，中小规模企业数量多、分布广、治理措施不到位，以无组织面源排放为主，管控难度大，也是造成污染物排放强度大、污染程度重的重要原因。天津市工业结构也存在偏重问题，重工业占全市工业比重接近80%，高耗能行业增加值占规模以上工业的比重超过22%，高新技术产业比重较低，中小企业量多面广，存在着“散、弱、低、粗、污”的问题。北京市工业污染问题相对不大，但在适合首都战略定位的高新技术产业和现代服务业得到较大发展的同时，与首都功能不相适应的传统行业和低端行业依然存在。基础产业如水泥、石化等能耗相对较高、污染相对较大的传统产业仍占有一定比重。

（3）城镇化的快速发展对城市环境质量改善带来巨大压力

人口膨胀、交通拥堵等“城市病”已在北京市全面爆发，大气复合型污染特征突出。近年来，北京市机动车保有量大幅增长，是造成空气污染的重要因素；城市规模不断扩张，城市建设水平持续保持高位，施工扬尘是北京市大气污染的一个重要影响因素；经济规模和人口规模的持续增加，引起资源能源消耗等刚性需求的增长，随着能源结构的调整，天然气消费的快速增长，天然气用量的增加带来 NO_x 的新“增量”。天津市人口总量也很大，城市建设扬尘、机动车污染、渣土运输车辆洒落等问题比较突出。石家庄市等区域中心城市的迅速发展也导致机动车拥堵、施工扬尘等问题。此外，随着京津冀一体化发展，廊坊市、保定市等近京城市人口增长也较快，加剧了“城市病”问题。

（4）生活源污染物排放占比增大造成治理难度加大

随着产业结构调整和工业污染治理深化，城市正常运转和居民日常生活带来的污染排放所占比重越来越大，生活源已成为北京市主要的大气污染源。从 SO_2 排放来看，远郊区县还存在燃煤散烧和小燃煤锅炉，其布局分散、污染治理水平低，污染物排放量大。从 NO_x 排放来看，主要来自机动车尾气、采暖锅炉的排放，而机动车保有量和能源消耗量还在逐年增加，削减生活源 NO_x 排放量难度较大。从 PM_{10}、$PM_{2.5}$ 排放来看，来自机动车、餐饮、交通扬尘等生活源排放量占比较大。天津市随着城镇化发展也存在类似问题。河北省除了“城市病”问题，大量农村人口的能源消耗也是造成大气污染的重要原因，特别是冬季分散燃煤取暖，废气一般不经治理直接排放；秸秆燃烧也在特定季节加剧大气污染。

4.5.2　水环境承载力

（1）水资源极其贫乏是造成其水环境严重超载的主要原因之一

2013 年，京津冀人均水资源量为 197 m^3/人，仅为全国平均水平的 9.6%，不足世界平均水平的 1/30。地区流域范围内平原区普遍地表断流，生态常年用水不足。湿地萎缩、功能衰退，现存湿地如白洋淀、北大港、南大港、团泊洼、千顷洼、草泊、七里海和大浪淀等，均面临干涸及水污染的困境。流域生态系统由开放型逐渐向封闭式和内陆式方向转化。京津冀区域各地市降雨量普遍偏少，随着大部分城市的不合理开发建设，地下水位大幅下降，水体的生态补给不足、生态流量难以保障，加剧了水环境超载。

（2）大量的水污染物排放是造成京津冀区域水环境超载的另一个主要原因

近年来，作为我国经济增长最快的区域之一，京津冀区域的经济地位日益凸显，人口密度迅速增加，导致对水资源的刚性需求不断增长，由此带来水污染物排放量的急剧增长。与此同时，京津两地在长期快速发展过程中，大城市病加剧，而环绕京津的河北省，高污染、高能耗产业密集，给资源环境带来了巨大压力。虽然部分地区的工业点源、生活源污染得到了一定程度的控制，但排放总量依然很大。另外，农业面源污染问题日益严重，其在污染物入河排放量中的占比最大且难以控制。工业点源污染、城镇生活污染、农业与农村面源污染相互交织、相互叠加，构成复合型污染，污染物排放大大超出水环境承载能力，导致京津冀区域河流水质污染严重。

（3）部分地区污水处理基础设施建设严重滞后和处理效果不好是造成京津冀区域水环境超载的重要原因之一

目前，京津两地以及河北省大部分城市的中心城区生活污水基本上全部进入污水处理厂进行处理，但是郊区、县城、乡镇污水处理率偏低，仍然有部分生活污水未经处理直排周边自然水体，主要原因为污水处理厂处理能力有缺口、污水收集管网建设滞后、已建乡镇污水处理设施由于运营经费不足、管理不规范等因素不能稳定运行，处理效果难于保证等。城乡污水处理厂及其配套污水管网建设滞后，造成城市污水无序排放也是污染水体产生的重要原因之一。另外，京津冀区域部分规模化养殖场污染防治设施不够完善，且缺乏资金保障的长效机制，未能完全达到种养平衡或污染“零排放”，从而加重了水环境恶化。

4.6 对策建议

（1）坚持供给侧管理，优化产业布局和结构

按照主体功能区划和环境承载力要求，坚持供给侧管理，优化区域产业空间布局，淘汰落后产能，推动区域产业转型升级，从源头减轻京津冀地区污染问题。京津冀地区整体应成为转变经济发展方式的先行区。根据环境承载力要求，河北省应积极承接京津先进制造业转移，承接战略性新兴产业、高端产业制造环节和一般制造业整体转移；借力发展战略性新兴产业。要加强供给侧管理，加快区域落后产能、过剩产能淘汰力度，积极推动京津冀及周边地区有关省（区、市）制定钢铁、水泥（熟料）、非热电联产燃煤机组、焦炭等行业产能淘汰计划，并不再审批钢铁、水泥、电解铝、平板玻璃等产能过剩行业新增产能项目。

（2）加快调整区域能源结构，发展清洁能源

以“深化协调联动机制，共同破解区域共性关键问题”为原则，全面落实国家“大气十条”、《京津冀及周边地区大气污染防治行动计划实施细则》以及国家有关部门出台的一系列推进区域大气污染治理的政策，促进区域环境空气质量改善。根据京津冀区域大气环境承载能力，明确区域煤炭最大允许消费量，增加外输电、天然气供应，加快发展分布式能源、可再生能源，逐步降低煤炭消费比重。加大区域清洁能源的供应的协调力度；加强对区域天然气、LNG、优质清洁煤、国Ⅴ/国Ⅵ标准车用油品的供应保障；加快可再生能源开发利用和清洁能源替代力度；加快风电、光伏发电的发展和消纳；加快推动天然气分布式能源示范项目实施，因地制宜地推动风能、太阳能、地热能供热示范项目建设；加快京津冀区域输电通道建设，提升区域外调电比例。

扩大高污染燃料禁燃区范围，禁燃区内禁止燃用散煤等高污染燃料。加快淘汰分散燃煤锅炉，以热电联产、集中供热和清洁能源替代。削减农村炊事和采暖用煤，加大罐装液化气和可再生能源供应，推广太阳能热利用。对于城郊和农村地区暂时无法替代的民用燃煤，推广使用洁净煤和先进炉具。建设全密闭煤炭优质化加工和配送中心，构建洁净煤供应网络，加强煤炭质量管理，全面取消劣质散煤的销售和使用。

（3）着力节约保护水资源，切实保障水生态流量

坚持节水优先。大力推进农业节水，全面强化工业节水，深入开展城市节水。实施

最严格的水资源管理。对取水总量已达到或超过控制指标的地区，暂停审批建设项目新增取水；完善并严格实施钢铁、煤化工等高耗水工业行业取水定额标准；实施地下水取用水总量控制和水位控制，划定限采区和禁采区范围，全面取缔禁采区的地下水开采。加强区域水循环利用。鼓励钢铁、火电、化工、印染和造纸等高耗水行业使用再生水；实施地下水回灌补源。切实保障生态流量。基于水质保障和生态保护的需求，因地制宜、分批分期合理确定生态流量大小与流量过程要求；优化流域梯级开发布局，合理规划建设水利拦河工程，将生态流量作为综合调度的重要目标，提出闸坝调度优化措施，逐步恢复衡水湖、永定河等重要河湖的自然流量和生态水位。

（4）加强污染源深度治理，推进全面达标排放

加快推进区域环保标准统一。对于国家已有特别排放限值的“6+1”行业的新改扩建项目，逐步将特别排放限值实施的范围扩大到京津冀全境及周边省市重点地区；推动京津冀现有污染行业逐步实施特别排放限值。强化重点行业主要污染物治理。加快电力、钢铁、水泥、平板玻璃和有色等企业以及燃煤锅炉脱硫、脱硝和除尘改造工程建设，确保按期达标排放。在有机化工、医药、表面涂装、塑料制品和包装印刷等行业实施挥发性有机物综合整治，在石化行业开展“泄漏检测与修复”技术改造。

坚决取缔“十小”企业，全面排查装备水平低、环保设施差的小型工业企业。专项整治造纸、焦化、氮肥、有色金属、印染、农副食品加工、原料药制造、制革、农药和电镀等十大重点行业，实施清洁化改造，推进清洁生产与循环经济。新建、改建、扩建上述行业建设项目实行主要污染物排放等量或减量置换。加快工业园区污水集中治理设施建设，实现重点工业企业（园区）污水处理设施全覆盖，建立和完善自动在线监控系统，构建对重点污染源的监管、监测和监察联动工作链，开展环保执法专项行动，严厉打击各类环境违法排污行为，强化不能稳定达标排放企业的深度治理。

（5）严格统一排放标准和限值，协同治理区域污染

按照“规划、标准、监测、执法、评估、协调”六个统一的要求，协同统筹推进京津冀区域环境治理。根据环境承载能力状况，统一确定污染控制重点区域，严格统一污染物排放标准和限值，实施区域一体化的环境准入和退出机制，协同优化和调整区域发展、城市建设和产业布局。建立环境信息共享机制，加强跨区域、跨界河流的大气和水环境预警体系能力建设和自动监测能力建设，推动区域和上下游实施联防联控、联动治污，切实控制污染物总量，确保跨界环境质量稳定好转。

第5章　长江经济带环境承载力评估

2016年以来，资源环境承载能力预警技术方法的研究进入全面试行阶段。2017年，长江经济带被列为第二个国家资源环境承载力监测预警试点区域。长江经济带是我国区域经济协调发展的三大战略之一，是我国经济重心所在、活力所在，也是中华民族永续发展的重要支撑。历经多年开发建设，传统的经济发展方式仍未根本转变，生态环境状况形势严峻。开展长江经济带环境承载力评估对于切实保护和改善长江生态环境、推动长江经济带高质量发展具有重要意义。本章基于环境质量的评价方法对长江经济带环境承载力进行评估，并对超载成因进行了解析，提出了相关对策建议。

5.1　区域概况

5.1.1　自然地理现状

长江经济带覆盖上海、江苏、浙江、安徽、江西、湖北、湖南、重庆、四川、云南、贵州等11省市，面积约205万km^2，占全国的21%左右。长江经济带横跨我国东中西三大区域，人口和生产总值均超过全国的40%，是我国经济重心所在、活力所在，具有独特优势和巨大发展潜力，已发展成为我国综合实力最强、战略支撑作用最大的区域之一。

（1）地理环境

长江经济带位于亚欧大陆东岸中低纬度地带。该区地形地貌特征复杂，呈多级阶梯性地形，跨越了青藏高原、横断山脉、云贵高原、四川盆地、江南丘陵、长江中下游平原等多种地貌类型。地势西高东低，西部多山地、高原、盆地，东部多丘陵和平原。该区是温带与亚热带、内流区与外流区的交接地带。复杂地形地貌对区域生态环境、汇水、风速风向都有影响，进而影响水环境和大气污染扩散。

（2）气候条件

长江经济带大部分属亚热带季风气候，夏季高温多雨，冬季温和少雨；西部云贵部分地区属高山高原气候，气温要低于同纬度地区，气候垂直变化显著；东北部部分地区属温带季风气候，夏季高温多雨，冬季寒冷干燥。年平均气温在 2～24.8℃，川西高山高原区年均气温最低在–17～5.3℃。长江流域虽然雨、旱季节明显，但因河渠纵横，蒸发水源充足，年平均相对湿度较大。夏季普遍高温，加速光化学反应，给城区复合型污染的形成带来影响。该区植被覆盖条件相对我国西北部地区好，大风和沙尘暴天气相对较少，大粒径颗粒物浓度超标较少。

（3）降水条件

长江经济带降水量偏高，大部分地区年平均降水量在 800～1 600 mm，部分地区高于 1 600 mm。因受温带气旋影响，该区降水量的年际变化较大，年降水量多集中在汛期 5—9 月，尤其集中在 6—8 月，分布不均的极端性强降水，使部分地区宜遭受较多洪涝灾害，也不利于水资源储备。冬季受强盛的西伯利亚冷高压的稳定控制，气旋活动弱，因而南方气旋活动频数偏少，降水较少。地区分布上降水也不均匀，总的趋势是南部多于北部，东部多于西部。

（4）水资源条件

区域水系以长江及其支流、湖泊为主。鄱阳湖、洞庭湖、太湖、巢湖等都属于该地区。长江多年平均水资源总量约 9 958 亿 m^3，占全国水资源总量的 35%。每年长江供水量超过 2 000 亿 m^3，保障了沿江 4 亿人的生活和生产用水需求，还通过南水北调惠泽华北、苏北、山东半岛等广大地区。扬州江都和丹江口水库分别是南水北调东线一期、中线一期工程取水源头区，规划多年平均调水量分别为 89 亿 m^3、95 亿 m^3。如表 5-1 所示，2015 年，长江经济带水资源总量为 13 605.8 亿 m^3，占全国的 48.7%；人均水资源量为 2 315.2 m^3，高于全国 2 039 m^3 的平均水平。

（5）生态资源

整个区域山水林田湖浑然一体，是我国重要的生态宝库。该区生态系统类型多样，川西河谷森林生态系统、南方亚热带常绿阔叶林森林生态系统、长江中下游湿地生态系统等是具有全球重大意义的生物多样性优先保护区域。长江流域森林覆盖率达 41.3%，河湖、水库、湿地面积约占全国的 20%，物种资源丰富，珍稀濒危植物占全国总数的

表 5-1　2015 年长江经济带水资源及人均水资源现状

地区	水资源总量/亿 m^3	水资源量分析			人均水资源量/（m^3/人）
		地表水资源量	地下水资源量	地表水与地下水资源重复量	
上　海	64.1	55.3	11.7	2.9	264.8
江　苏	582.1	462.9	142.4	23.2	730.5
浙　江	1 407.1	1 390.4	269.8	253.1	2 547.5
安　徽	914.1	850.2	193.7	129.8	1 495.3
江　西	2 001.2	1 983.0	465.0	446.8	4 394.5
湖　北	1 015.6	986.3	279.6	250.3	1 740.9
湖　南	1 919.3	1 912.4	432.4	425.5	2 839.1
重　庆	456.2	456.2	103.3	103.3	1 518.7
四　川	2 220.5	2 219.4	584.0	582.9	2 717.2
贵　州	1 153.7	1 153.7	282.2	282.2	3 278.7
云　南	1 871.9	1 871.9	607.5	607.5	3 959.3
长江经济带	13 605.8	13 341.7	3371.6	3 107.5	2 315.2

39.7%，淡水鱼类占全国总数的 33%，不仅有中华鲟、江豚、扬子鳄和大熊猫、金丝猴等珍稀动物，还有银杉、水杉、珙桐等珍稀植物，是我国珍稀濒危野生动植物集中分布区域。

（6）生态功能

该区西部具有重要的水土保持、洪水调蓄功能，是生态安全屏障区。金沙江岷江上游及“三江并流”、丹江口库区、嘉陵江上游、武陵山、新安江和湘资沅上游等地区是国家水土流失重点预防区，金沙江下游、嘉陵江及沱江中下游、三峡库区、湘资沅中游、乌江赤水河上中游等地区是国家水土流失重点治理区，贵州等西南喀斯特地区是世界三大石漠化地区之一。长江流域山水林田湖浑然一体，具有强大的洪水调蓄、净化环境功能。

5.1.2　社会经济现状

2015 年，长江经济带 11 省市总人口达 58 768 万人，占全国的 42.8%；区域生产总值达 30.52 万亿元，占全国的 44.5%；社会消费品零售总额达 12.53 万亿元，占全国的 41.7%；

进出口总额达 1.67 万亿美元，占全国的 42.2%，是国家发展战略的重要区域之一。

（1）区域生产总值（GDP）

“十二五”以来，长江经济带经济总量持续增长，2015 年 11 省市共实现地区生产总值约 30.52 万亿元，较 2010 年增幅达 74.5%，占全国的 44.5%。长江经济带是我国钢铁、汽车、电子、石化等现代工业聚集地。大农业的基础地位也居全国首位，沿江九省市的粮棉油产量占全国的 40%以上。良好的经济发展基础与优越的开发条件，使金融、信息、电商、物流、创意、设计、文化、旅游等现代服务业的发展规模与水平也在全国占优势地位。从各省市情况来看，省际发展差距悬殊，“长三角”在长江经济带的龙头地位十分突出，2 省 1 市以面积和人口分别占长江经济带 11 省市的 10.27%和 27.20%，创造了 45.25%的地区生产总值，上海、江苏、浙江三地的人均 GDP 分别达到 10.38 万元、8.80 万元、7.76 万元，按照世界银行划分标准，已经步入中高等收入地区水平，而云南、贵州、安徽、江西及四川等地的人均 GDP 仅在 2.88 万～3.68 万元，不足“长三角”的一半。长江经济带经济发展现状及变化趋势具体情况见图 5-1。

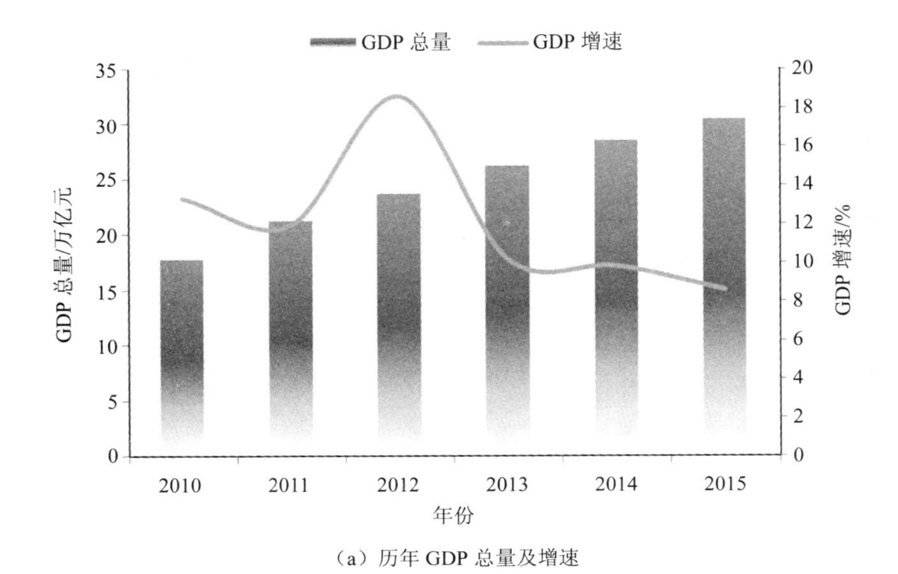

（a）历年 GDP 总量及增速

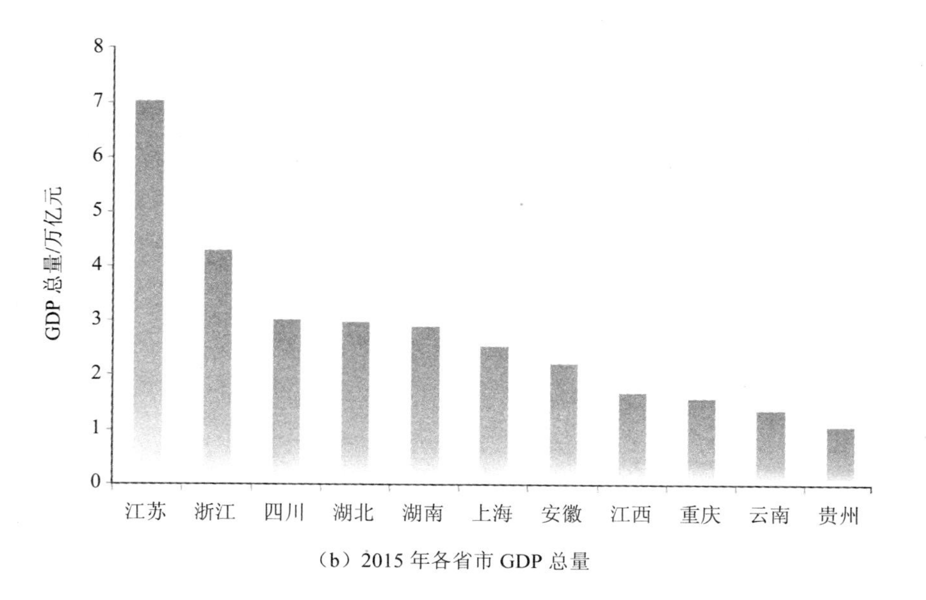

（b）2015 年各省市 GDP 总量

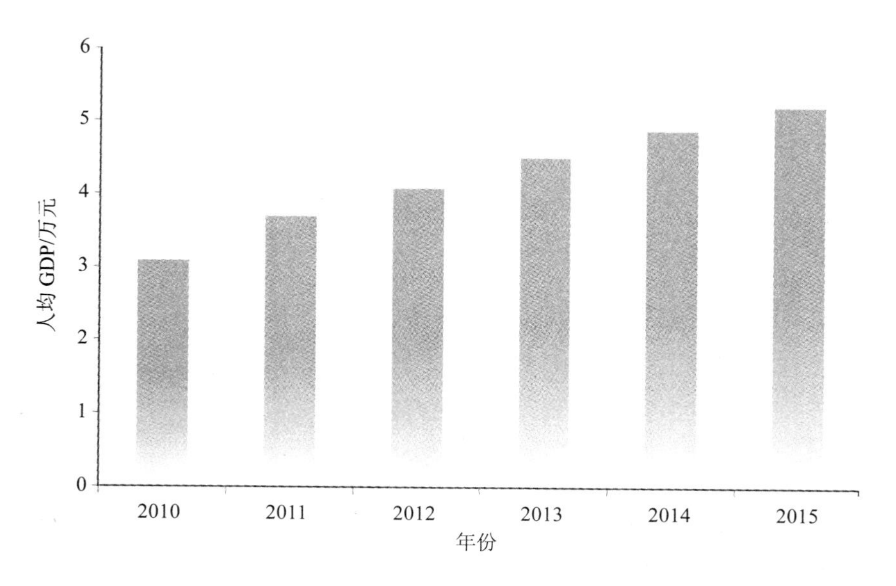

（c）历年人均 GDP

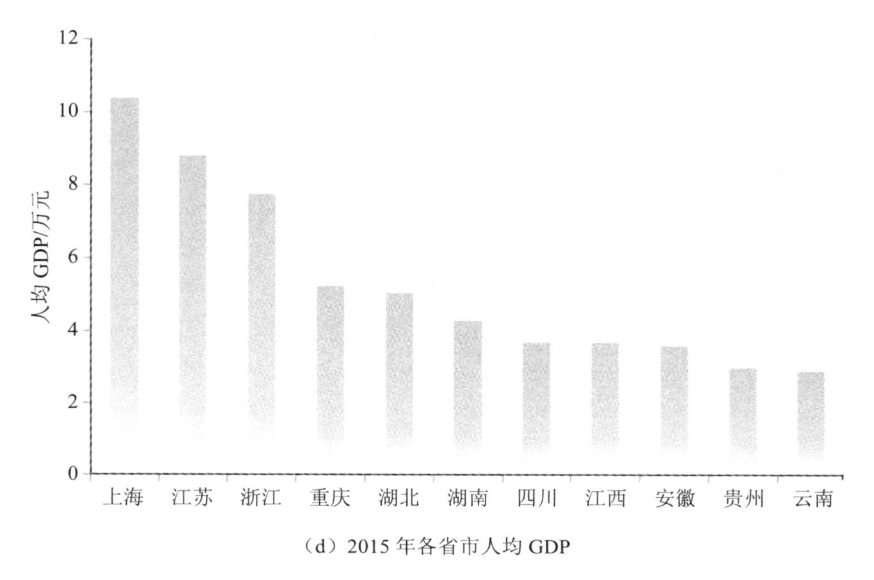

（d）2015 年各省市人均 GDP

图 5-1　长江经济带经济发展现状及变化趋势

（2）产业结构

“十二五”以来，长江经济带产业结构稳步升级，地区生产总值构成中第一产业和第二产业比重下降，第三产业比重上升。2015 年，长江经济带三次产业结构由 2010 年的 9.2∶49.7∶41.1 调整为 8.3∶44.3∶47.4，总体呈现“三、二、一”形产业结构。从重点产业发展来看，“十二五”时期，长江经济带各省市着力推进产业转型升级，淘汰落后产能，培育新兴产业，取得积极成效。“长三角”地区作为中国最为活跃的经济发展地区，近年来更是加快改革粗放型的经济增长模式，第三产业发展优势显著，2015 年第三产业增加值占比浙江为 49.8%、江苏为 48.6%、上海为 67.8%。除了重庆，其他省份第一产业占比仍在 10%以上，安徽、江西、湖北、湖南等中部地区仍以工业为主，产业结构亟待进一步优化。

长江经济带产业结构现状及变化趋势具体情况见图 5-2。

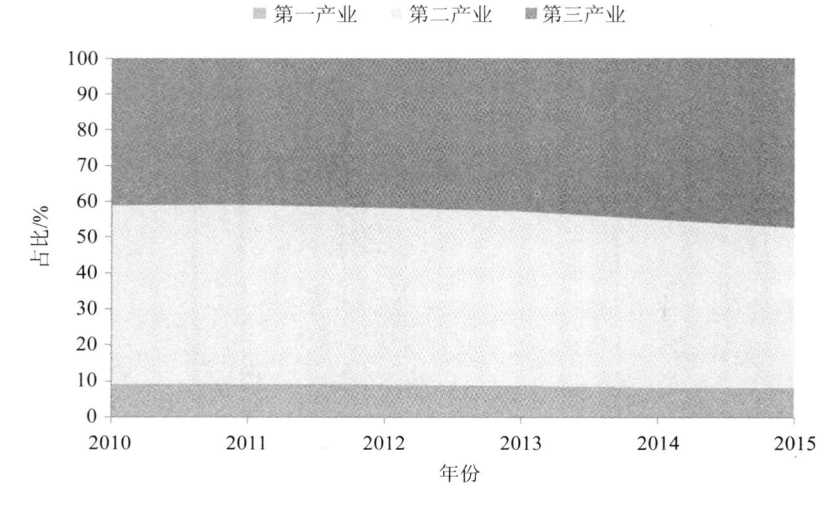

（a）历年产业结构

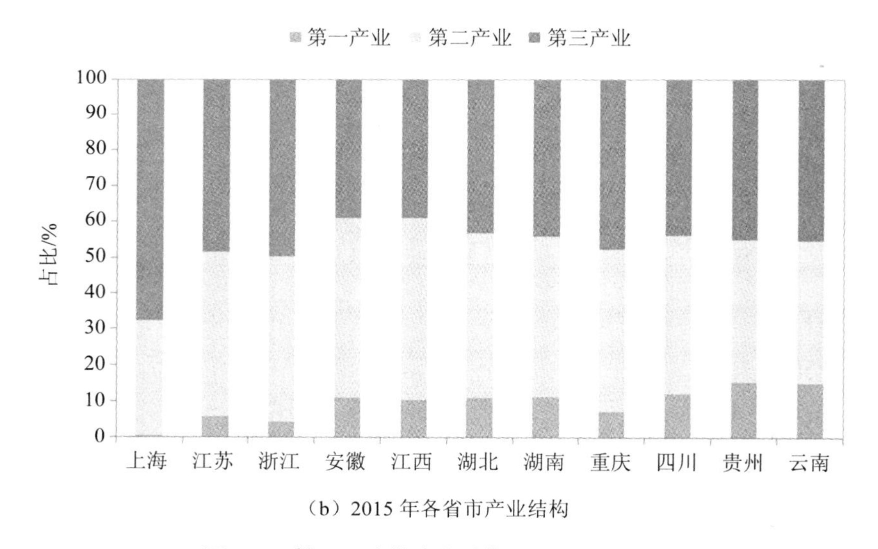

（b）2015 年各省市产业结构

图 5-2　长江经济带产业结构现状及变化趋势

（3）人口与城市化

2015 年，长江经济带总人口约为 58 768 万人，集中了 1/3 的特大城市群（长三角城市群），3/8 的大城市群和区域性城市群（江淮城市群、长江中游城市群、成渝城市群），是我国“两横三纵”城镇化战略格局形成的重要支撑。但 2015 年长江经济带常住人口城镇化率为 55.46%，低于全国 56.10%的平均水平。长江经济带的农村人口占全国农村人口的 43.38%，城镇化水平仍有待提高。从各省市的城市化进程来看，长江经济带各省市的城镇化水平整体呈东高西低的梯度分布。上海市的城镇化率接近 90%，比世界主要发达国家的平均水平还要高，而江苏和浙江的城镇化也处在较高的水平，并与其发达的经济程度相匹配。处于中部地区的江西、安徽、湖北和湖南四省城镇化率为 50%～60%。然而，城镇化水平最低的贵州、云南两省，其城镇化率仅在 43%，远低于全国平均水平，城镇发展比较落后。各省市人口及城镇化率现状具体情况见图 5-3。

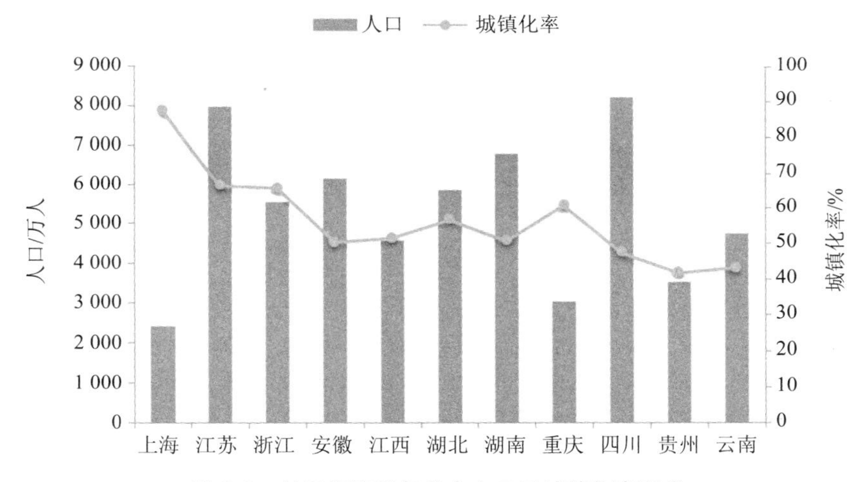

图 5-3 长江经济带各省市人口及城镇化率现状

（4）能源消费状况

长江经济带是以煤炭为主的能源消费区域。目前，能源消费总量约占全国的 37.9%，煤炭消费总量约占全国的 32.2%。其中，江苏省的能源消费总量最高约达 3 亿 t 标煤，其次为四川、浙江、湖北、湖南，其能源消费总量介于 1.5 亿～2 亿 t 标煤，其他省市的能源消费总量相对较低，均在 1.5 亿 t 标煤以下。从能源结构来看，近十年来长江经济带 11 省市的用煤比例虽然居高不下，平均水平大于 60%，但存在着缓慢下降的趋势，下降幅度在 2%～10%，说明各省市开始注重清洁能源的使用和开发，并逐步倡导绿色发展模式。从能源效率来看，长江经济带 11 省市能源效率均有所提高，但地区间整体差异较大，能源高效区为江苏、上海、浙江、江西 4 省（市）；能源中效区为湖南、湖北、安徽、重庆、四川 5 省（市）；能源低效区为贵州、云南两省。各省市能耗总量占比及单位 GDP 能耗具体情况见图 5-4。

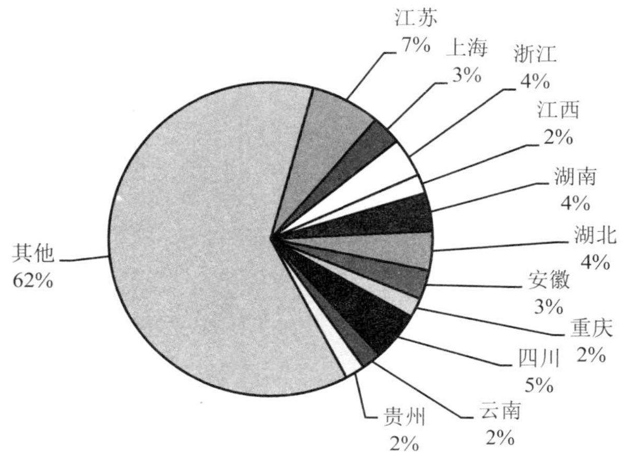

（a）能耗总量占比

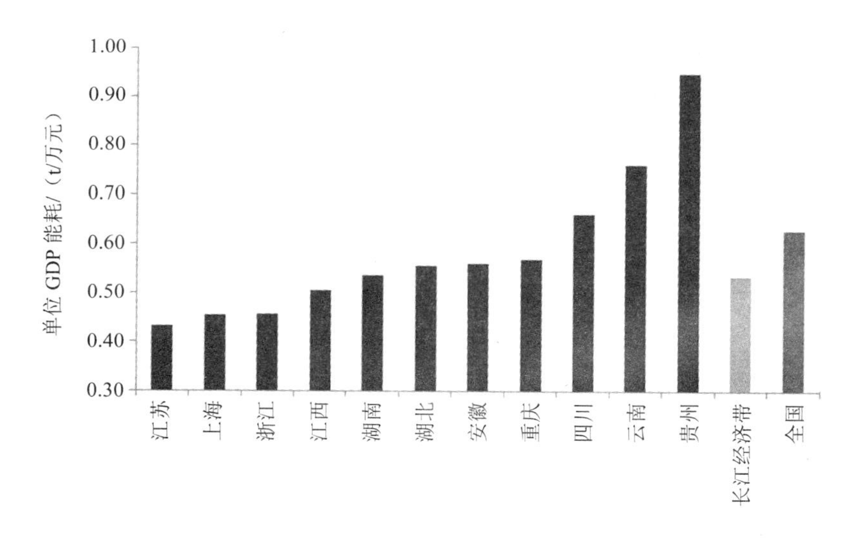

（b）单位 GDP 能耗

图 5-4 长江经济带各省市能耗总量占比及单位 GDP 能耗比较

5.1.3 污染排放现状

长江经济带污染物排放量大，风险隐患多，饮用水安全保障压力大。该区污染排放总量大、强度高，废水排放总量占全国的40%以上，单位面积COD、NH_3-N、SO_2、NO_x、挥发性有机物排放强度是全国平均水平的1.5～2.0倍。重化工企业密布长江，流域内30%的环境风险企业位于饮用水水源地周边5 km范围内，各类危、重污染源生产储运集中区与主要饮用水水源交替配置。部分取水口、排污口布局不合理，12个地级及以上城市尚未建设饮用水应急水源，297个地级及以上城市集中式饮用水水源中，有20个水源水质达不到III类标准，38个未完成一级保护区整治，水源保护区内仍有排污口52个，48.4%的水源环境风险防控与应急能力不足。

5.1.3.1 主要大气污染物排放

长江经济带是我国空气污染最重的区域之一，已全面亮起“红灯”，尤其是$PM_{2.5}$污染已成为当地人民群众的“心肺之患”。从2011—2015年的主要污染物排放总量（图5-5）来看，SO_2、NO_x排放得到一定的控制，烟粉尘排放量先降后升，2015年大幅上升。SO_2排放来源主要为工业源，五年工业排放占比分别为92%、91%、91%、90%、87%；其次是生活源，占比虽小但是逐年上升；集中式源排放比例很少。NO_x排放来源主要为工业源和机动车尾气，2015年工业排放在64%，机动车在32%，生活源和集中式源排放较少。烟粉尘排放来源以工业排放为主。

如表5-2所示，2015年，长江经济带SO_2、NO_x和烟粉尘排放总量分别为634.89万t、592.45万t和425.33万t，占全国的34.15%、31.99%和27.65%。从分省市来看，江苏省主要大气污染物排放量居首位，主要由于其结构性污染明显，重化产业结构在支撑经济发展的同时，也给环境保护带来了巨大压力。2015年，江苏省大气主要污染物SO_2、NO_x和烟粉尘排放量分别为83.51万t、106.76万t、65.45万t，分别占长江经济带的13.15%、18.02%和15.39%。

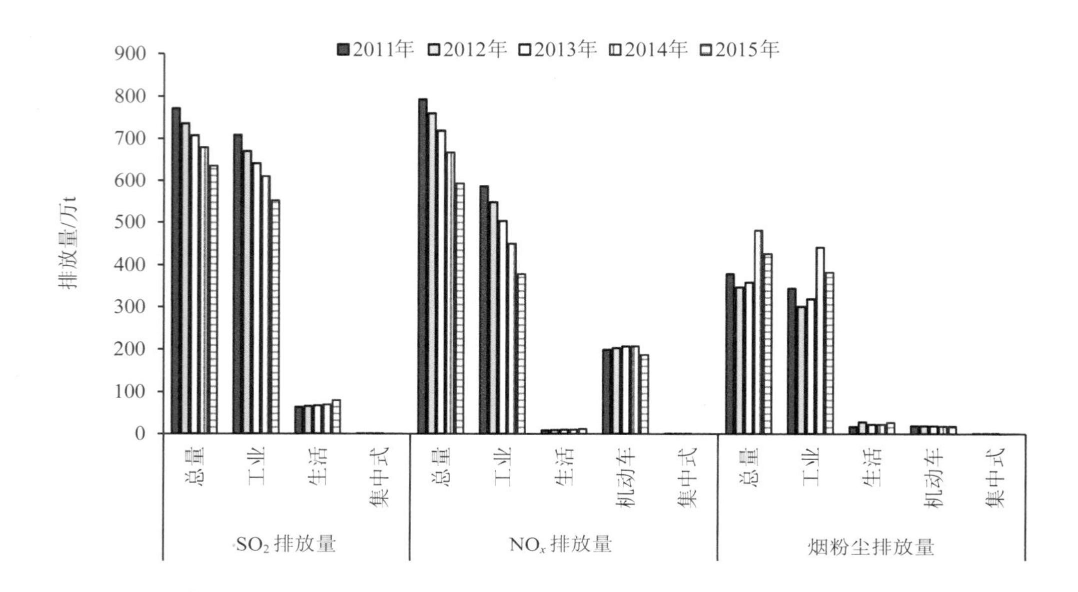

图 5-5 2011—2015 年长江经济带主要大气污染物排放量

表 5-2 2015 年长江经济带各省市大气污染物排放量 单位：万 t

地 区	SO_2	NO_x	烟粉尘
上 海	17.08	30.06	12.07
江 苏	83.51	106.76	65.45
浙 江	53.78	60.77	33.02
安 徽	48.01	72.10	54.59
江 西	52.81	49.27	48.06
湖 北	55.14	51.45	44.70
湖 南	59.55	49.69	45.45
重 庆	49.58	32.07	20.91
四 川	71.76	53.43	41.26
贵 州	85.30	41.91	28.56
云 南	58.37	44.94	31.26
长江经济带合计	634.89	592.45	425.33

5.1.3.2　主要水污染物排放

主要水污染物排放得到一定控制，但排放总量依然很大。2011—2015 年，长江经济带主要水污染物 COD 和 NH_3-N 排放量整体呈缓慢下降趋势（图 5-6）。2015 年，长江经济带 COD 和 NH_3-N 总排放量分别约为 811.19 万 t 和 99.83 万 t，与 2011 年相比分别下降约 10.47%和 10.9%，但排放总量依然很大，约占全国 COD 和 NH_3-N 排放总量的 36.48%和 43.42%。从不同排放源来看，2015 年，长江经济带工业、农业、生活和集中式 COD 排放量分别约为 115.8 万 t、282.77 万 t、405.47 万 t 和 7.14 万 t，NH_3-N 排放量分别约为 8.68 万 t、30.67 万 t、59.78 万 t 和 0.72 万 t，其中农业和生活源 COD 和 NH_3-N 排放量之和分别约为其排放总量的 84.84%和 90.59%，工业源 COD 和 NH_3-N 排放量占比分别约为 14.28%和 8.69%，而集中式排放占比较低。显然，农业和生活排放源已成为长江经济带水污染排放的主要来源。

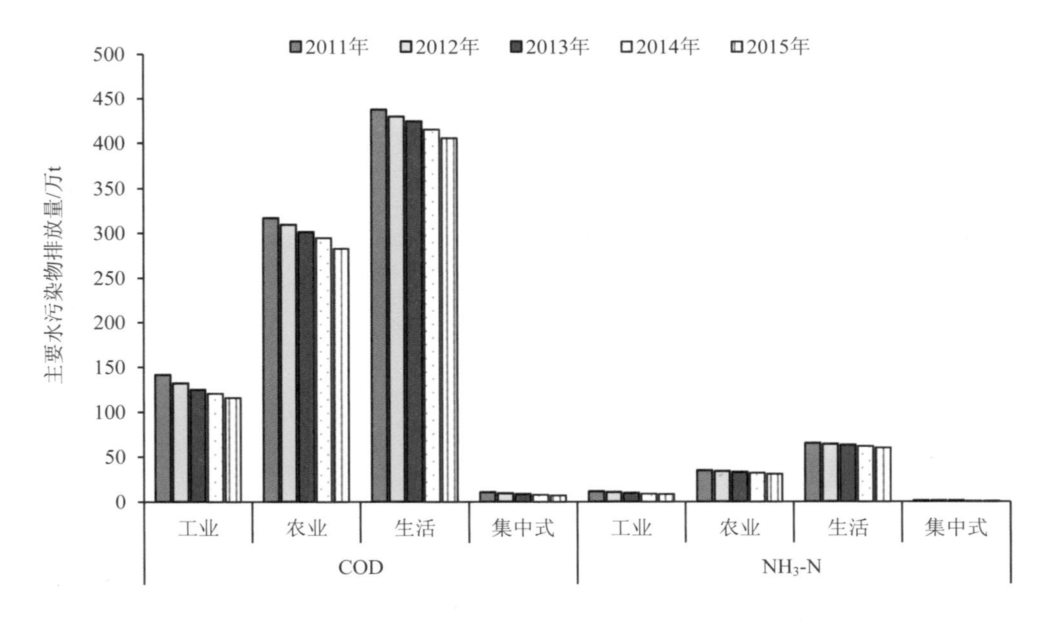

图 5-6　长江经济带主要水污染物排放量

各地市 COD 和 NH_3-N 排放量差异较大。从长江经济带各省的水污染排放情况（表 5-3）来看，2015 年，COD 排放量排在前三位的省市依次为湖南、四川、江苏，三个地区的 COD 排放量约为 344.87 万 t，约占长江经济带 COD 排放量的 42.51%。NH_3-N 排放量排在前三位的省市依次为湖南、江苏、四川，三个地区的 NH_3-N 排放量约为 42.02 万 t，约占长江经济带 NH_3-N 排放量的 42.09%。由此可见，长江经济带 NH_3-N 排放分布特征与 COD 存在一致性，这几个地区是长江经济带的人口大省，特别是江苏省经济发达、人口密集，污染物排放大大超出水环境承载能力，水环境形势非常严峻。

表 5-3　2015 年长江经济带各市水污染物排放量　　单位：万 t

地　区	COD	NH_3-N
上　海	19.88	4.25
江　苏	105.46	13.77
浙　江	68.32	9.85
安　徽	87.11	9.68
江　西	71.56	8.46
湖　北	98.61	11.43
湖　南	120.77	15.11
重　庆	37.98	5.01
四　川	118.64	13.14
贵　州	31.83	3.64
云　南	51.03	5.49
长江经济带合计	811.19	99.83

5.2　评估结果及分析

5.2.1　大气环境承载力

5.2.1.1　大气环境承载力综合评价

根据大气环境承载力评价方法，对 2015 年长江经济带的 11 个省/直辖市的 126 个地市/地州的 1 069 个区/县/省直辖县的 6 种大气污染物浓度超标指数进行计算，并以此表征大气环境承载力。总体上，长江经济带大气承载形势较为严峻，东部地区超载较为严重，四川西部、云南、贵州等山地大气环境承载形势相对较好。上海、江苏、安徽、江西、湖北、湖南东部、四川东部、重庆等大部分区县超载。除昆明外，其他的直辖市/省会城市都超载。

评价结果表明，长江经济带 1 069 个区县中有 761 个区县大气环境都为超载状态，有 136 个区县临界超载，172 个区县不超载，占比分别为 71.2%、12.7%、16.1%。大气环境综合超载最严重的几个区县是江苏省徐州市的新沂市，四川省自贡市的自流井区、贡井区、大安区、沿滩区、荣县、富顺县，湖北省潜江市、天门市，超标指数大于 1；其余综合超载较为严重的区县也多分布在江苏省、四川省东部、湖北省等地。云南省迪庆藏族自治州的香格里拉市、德钦县、维西傈僳族自治县的大气环境综合承载形势较好，超标指数在–50%左右。其余不超载的区县大部分位于云南省、四川省、贵州省山区，安徽省黄山市大部分区县不超载。

5.2.1.2　单指标大气环境承载力评价

对于长江经济带，导致其大部分城市大气环境超载的单指标为颗粒物，其中 $PM_{2.5}$ 为首要影响因素。评价结果见图 5-7。

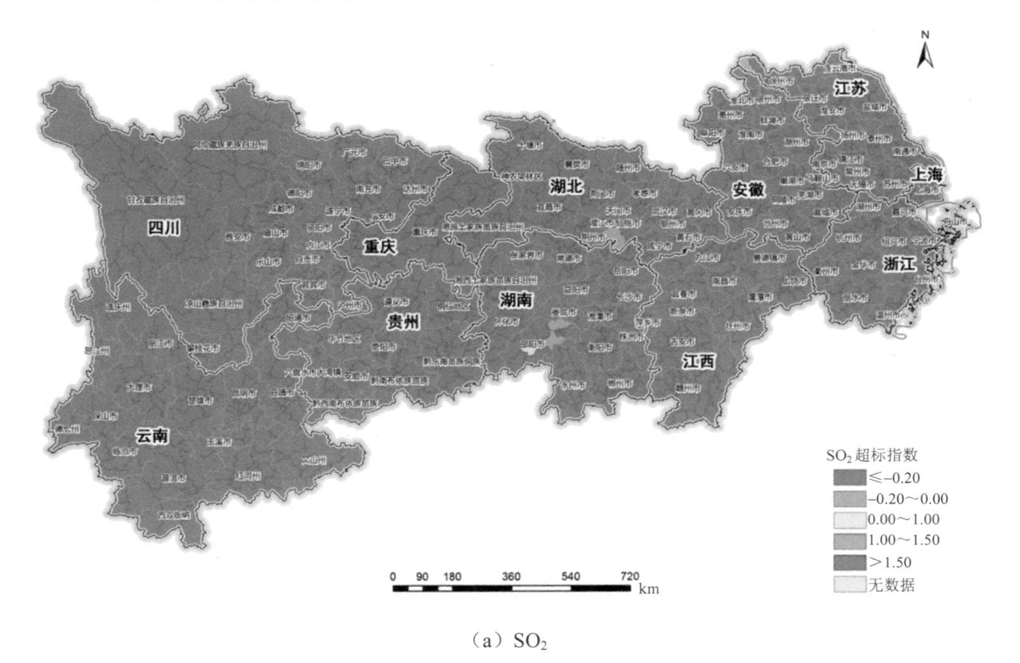

（a）SO_2

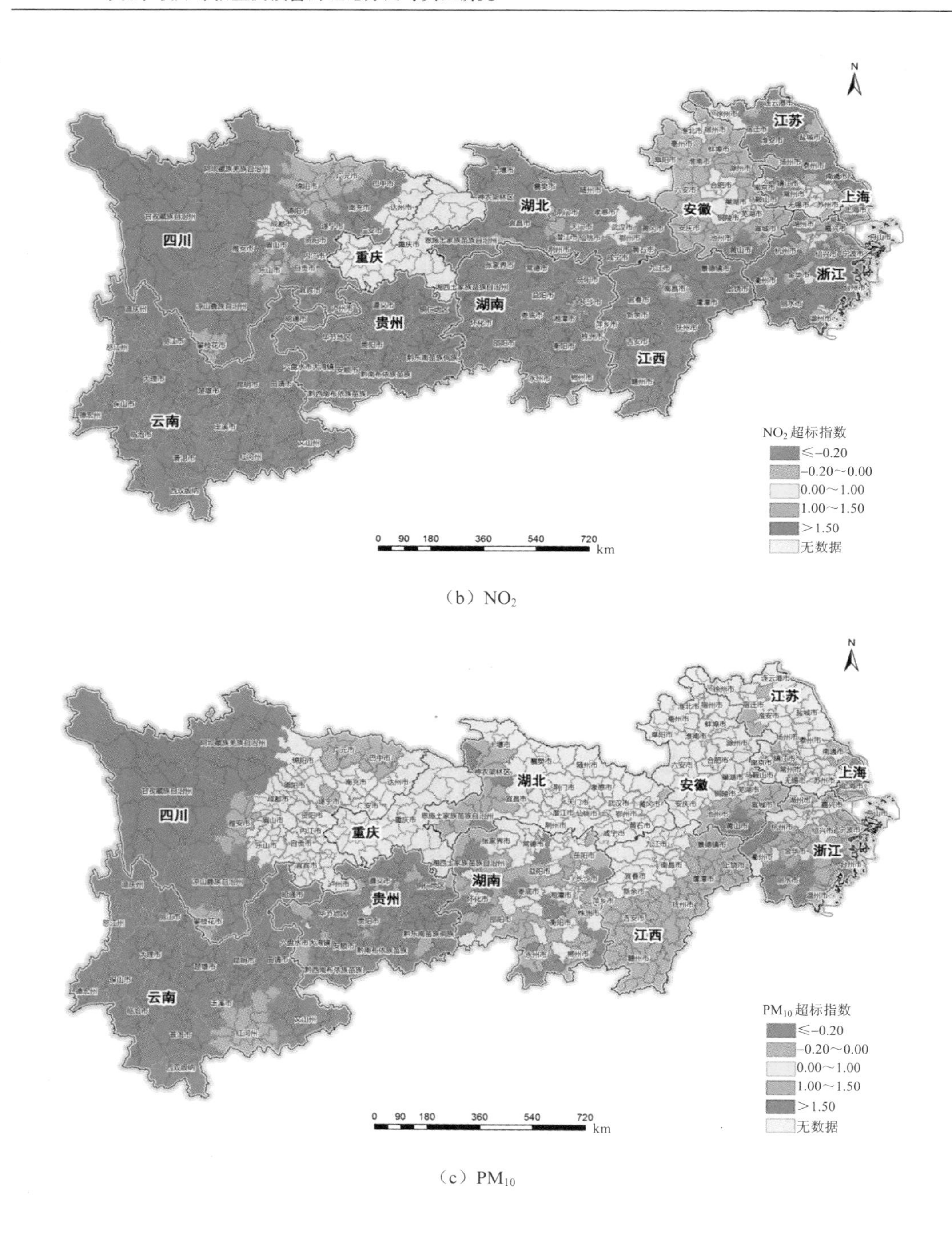
江苏
上海
安徽
湖北
浙江
四川
重庆
湖南
贵州
江西
云南
NO_2 超标指数
≤−0.20
−0.20～0.00
0.00～1.00
1.00～1.50
>1.50
无数据
0 90 180 360 540 720 km
PM_{10} 超标指数
≤−0.20
−0.20～0.00
0.00～1.00
1.00～1.50
>1.50
无数据

（b）NO_2

（c）PM_{10}

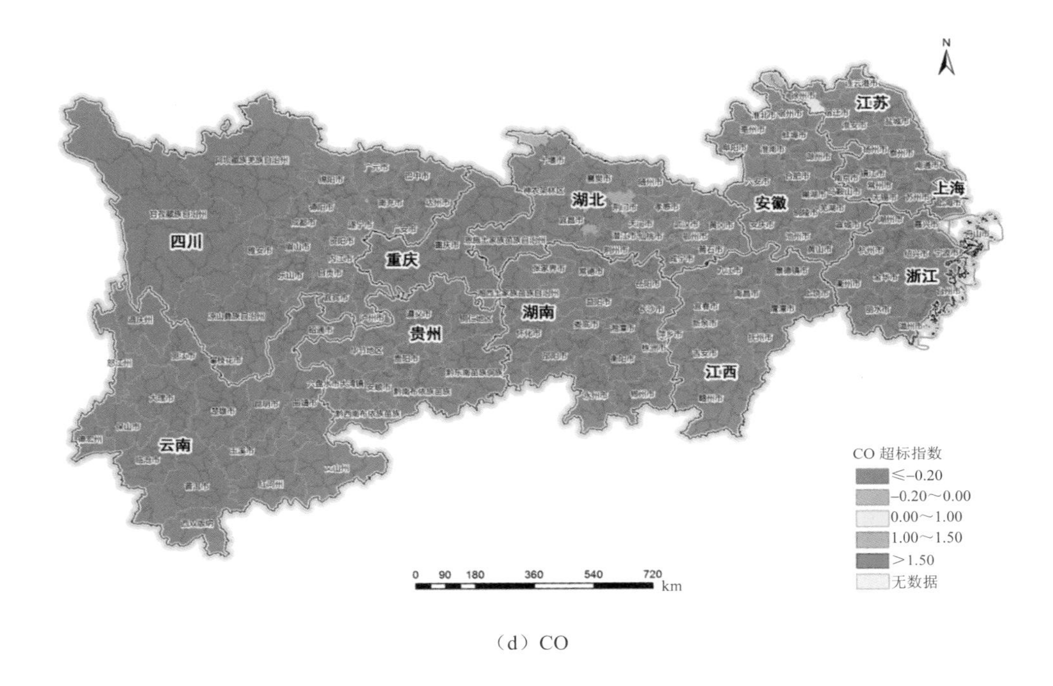
N
江苏
上海
安徽
湖北
四川
重庆
浙江
湖南
贵州
江西
云南
CO 超标指数
≤−0.20
−0.20～0.00
0.00～1.00
1.00～1.50
>1.50
无数据
0 90 180 360 540 720
km

（d）CO

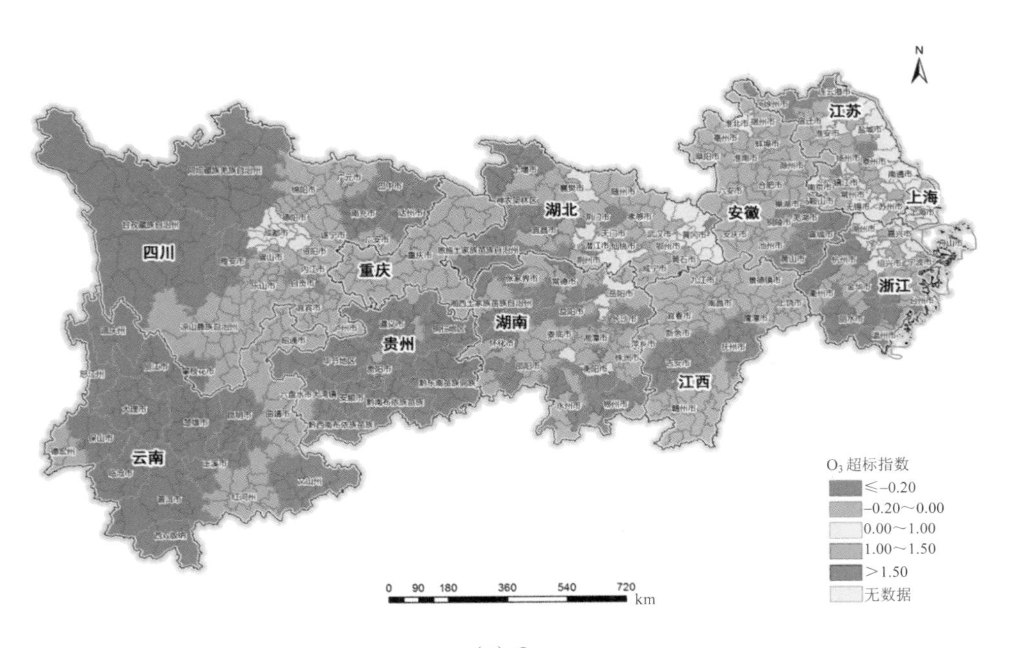
N
江苏
上海
安徽
湖北
四川
重庆
浙江
湖南
贵州
江西
云南
O_3 超标指数
≤−0.20
−0.20～0.00
0.00～1.00
1.00～1.50
>1.50
无数据
0 90 180 360 540 720
km

（e）O_3

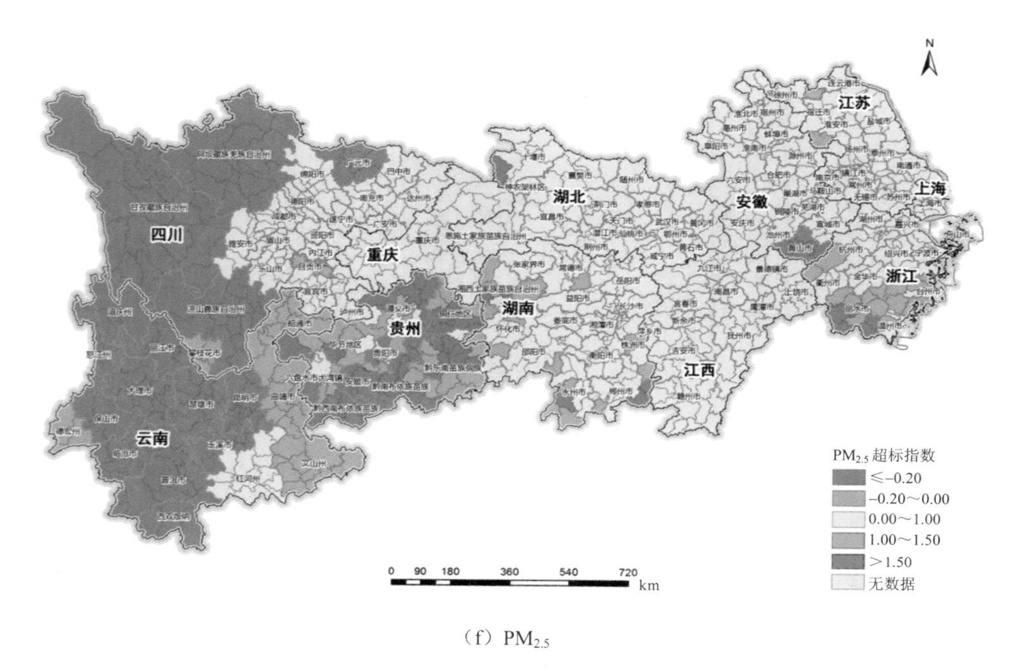

（f）$PM_{2.5}$

图 5-7 长江经济带单指标大气环境承载力评价结果

长江经济带各污染物超载情况见表 5-4。

1 069 个区县中，$PM_{2.5}$超载的区县有 760 个，102 个临界超载，207 个不超载，占比分别为 71.1%、9.5%、19.3%。不超载和临界超载的部分区县位于云南、贵州、四川西部等地区；浙江、江苏、湖北、安徽等省的区县大多超载。$PM_{2.5}$ 承载规律与综合评价结果接近。

超载区县较多的另一个污染物为 PM_{10}。513 个区县超载，259 个临界超载，297 个不超载，占比分别为 48.0%、24.2%、27.8%。与 $PM_{2.5}$类似，不超载的区县大多位于云南、贵州、四川省等省份；临界超载的区县大多位于上海、浙江、江西、湖南等省份；江苏、湖北、安徽、重庆等省市大多数区县超载。

SO_2 承载形势较好，1 064 个区县不超载，4 个临界超载，1 个区县超载，占比分别为 99.5%、0.4%、0.1%。超载的地区为湖南省邵阳市的武冈市，超标指数为 5%，稍有超载。湖北省荆州市的监利县，湖南省邵阳市的邵阳县、新邵县，江苏省徐州市的丰县临界超载。其余区县都不超载。

表 5-4　长江经济带各污染物超载情况统计

污染物	区县个数			城市个数			城市前十（由好到差）	城市后十（由差到好）
	不超载	临界超载	超载	不超载	临界超载	超载		
$PM_{2.5}$	207	102	760	20	9	97	云南省香格里拉市、丽江市、四川省马尔康市、云南省六库市、四川省康定市、云南省大理市、贵州省黔西南市、云南省楚雄市、保山市、普洱市	四川省自贡市、安徽省宿州市、四川省泸州市、湖北省襄阳市、四川省成都市、安徽省阜阳市、湖北省宜昌市、安徽省蚌埠市、四川省眉山市、湖北省荆州市
PM_{10}	297	259	513	26	30	70	云南省丽江市、大理市、香格里拉市、四川省马尔康市、云南省楚雄市、六库市、贵州省安顺市、四川省康定市、云南省保山市、普洱市	江苏省徐州市、四川省成都市、湖北省荆州市、荆门市、四川省自贡市、湖北省宜昌市、江苏省泰州市、四川省资阳市、湖北省襄阳市、四川省眉山市
SO_2	1 064	4	1	126	0	0	四川省巴中市、云南省景洪市、湖南省张家界市、云南省普洱市、江西省景德镇市、湖北省咸宁市、云南省大理市、浙江省舟山市、台州市、丽水市	安徽省铜陵市、四川省攀枝花市、江苏省徐州市、江西省上饶市、鹰潭市、湖南省邵阳市、四川省西昌市、江西省新余市、萍乡市、宜春市
NO_2	730	184	155	78	32	16	云南省丽江市、六库市、蒙自市、四川省马尔康市、云南省临沧市、保山市、大理市、贵州省安顺市、云南省普洱市、江西省景德镇市	四川省成都市、江苏省苏州市、无锡市、安徽省合肥市、重庆市、湖北省武汉市、安徽省芜湖市、浙江省杭州市、江苏省南京市、安徽省铜陵市
CO	1 062	6	1	126	0	0	云南省大理市、普洱市、文山市、四川省泸州市、云南省丽江市、浙江省舟山市、安徽省黄山市、浙江省丽水市、湖南省湘西市、贵州省安顺市	湖北省孝感市、黄石市、湖南省娄底市、云南省玉溪市、江苏省宿迁市、徐州市、江西省萍乡市、湖南省张家界市、四川省攀枝花市、安徽省铜陵市
O_3	403	541	125	43	67	16	云南省香格里拉市、四川省康定市、巴中市、贵州省六盘水市、云南省大理市、六库市、湖北省恩施市、安徽省宣城市、黄山市、云南省丽江市	浙江省湖州市、江苏省无锡市、南京市、湖北省黄冈市、浙江省嘉兴市、湖北省鄂州市、江苏省常州市、南通市、浙江省杭州市、四川省成都市

NO_2不超载的区县有 730 个，临界超载 184 个，超载 155 个，占比分别为 68.2%、17.2%、14.5%。超载区县大多位于重庆市、成都市、上海市、苏州市、武汉市、杭州市、南京市等人口较为密集、机动车保有量较高的大城市；临界超载区县大多在宁波市、宿州市、安庆市、宣城市、蚌埠市、淮南市、六安市以及广元市、绵阳市、乐山市等中等尺度城市。不超载区县大多位于上饶市、九江市、眉山市、宜宾市、泸州市等旅游城市以及四川西部、云南、贵州等地。

CO 承载形势与SO_2相似，相对较好，1 062 个区县不超载，6 个临界超载，1 个区县超载，占比分别为 99.3%、0.6%、0.1%。超载区县大多为江苏省徐州市的睢宁县；临界超载区县为徐州市的沛县、丰县、十堰市的郧西县、宜昌市的远安县、枝江市。其余区县都不超载。

O_3超载区县数稍多，有 125 个，临界超载区县 541 个，不超载区县 403 个，占比分别为 11.7%、50.6%、37.7%。不超载区县大多位于西部山区，临界超载的区县大多位于中部中等城市，超载的区县位于东部大城市以及成都等机动车较多的大城市。

5.2.2　水环境承载力评价

5.2.2.1　水环境承载力综合评价

利用水环境承载力评价方法，对 2016 年长江经济带区域 11 个省/直辖市、126 个地市/地州、1 069 个区/县/省直辖县的 6 个水污染物浓度超标指数进行计算（177 个区/县/省直辖县没有水质监测数据，未参与评价）[①]，并对相应承载状态进行判断。评价结果表明，从 11 个省/直辖市情况来看，水环境形势整体上相对较好，处于临界超载状态。其中江苏省的超载程度最为严重，其超标指数达到 0.23，上海市和浙江省的超标指数分别为 0.10 和 0.06，其超载程度也较高，其他省市水环境均处于临界超载或不超载状态，水环境承载形势较好。

从 126 个地市/地州情况来看，综合超标指数呈超载状态地市 44 个，占 35.0%；综合超标指数呈临界超载状态地市/地州 41 个，占 32.5%；综合超标指数呈不超载地市/地州 41 个，占 32.5%。从 892 个区县来看，综合超标指数呈超载状态区县 210 个，占 23.5%；

①未参与计算的 177 个区县属于以下情况：区县内尚无监测断面或地方未上报数据。

综合超标指数呈临界超载状态区县 273 个，占 30.6%；综合超标指数呈不超载区县 409 个，占 45.9%。总体上，长江经济带污染排放总量大、强度高，废水排放总量占全国的 40%以上，单位面积 COD、NH_3-N、SO_2、NO_x、挥发性有机物排放强度是全国平均水平的 1.5～2.0 倍，给水环境带来了很大压力。

5.2.2.2　单指标水环境承载力评价

从省市单项指标（图 5-8）来看，长江经济带各省市总氮超标指数超载状态较为严重，11 个省市中有 8 个省市处于超载状态，其中上海市的 COD_{Mn}、BOD_5、TN 和 TP 均处于超载状态。

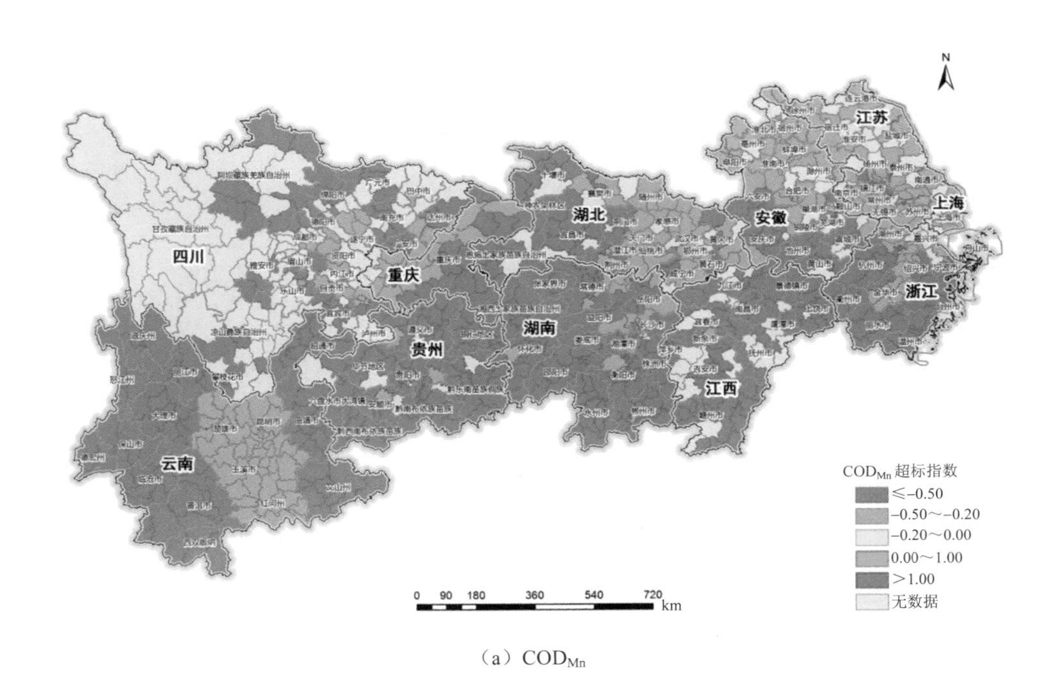

（a）COD_{Mn}

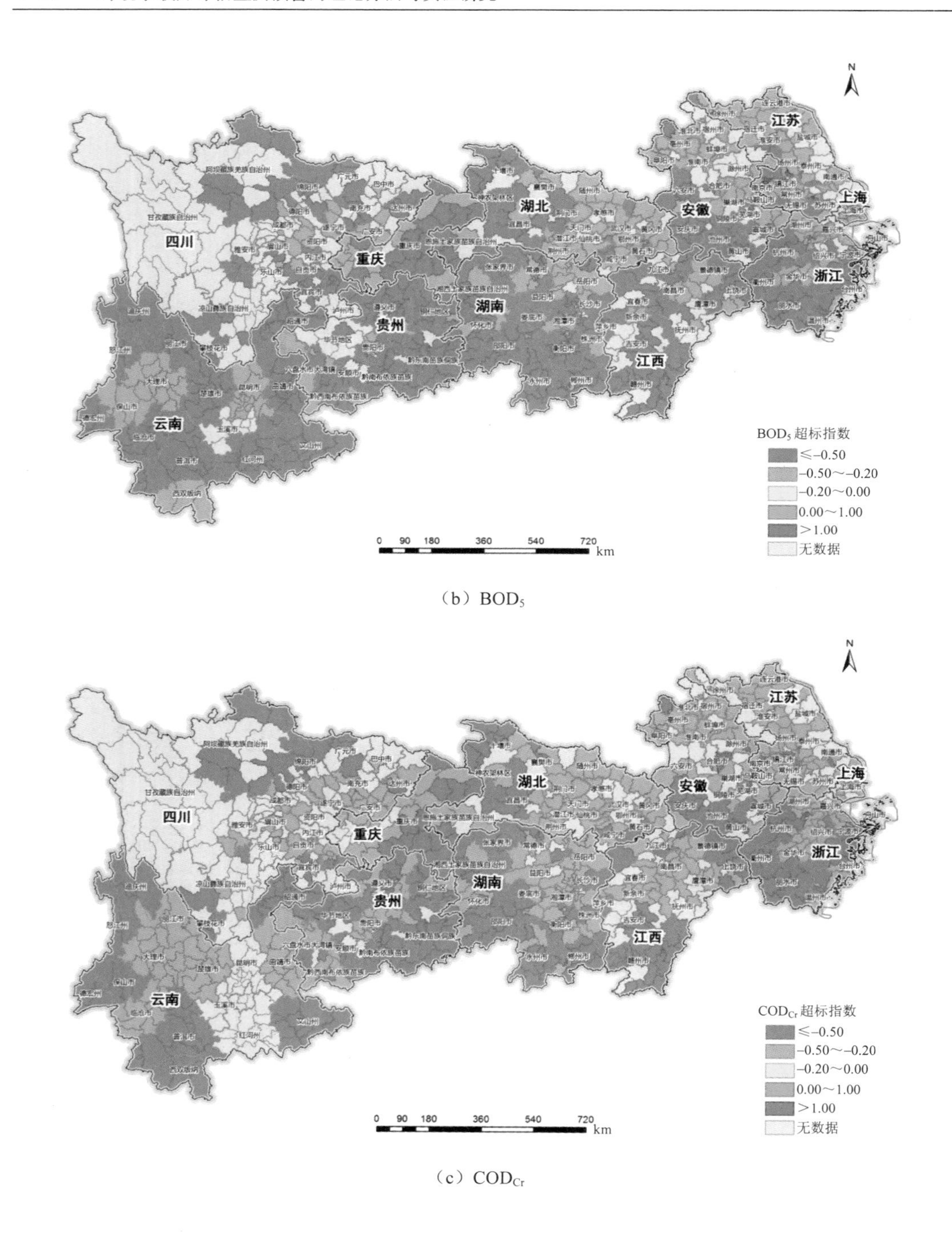

（b）BOD_5

（c）COD_{Cr}

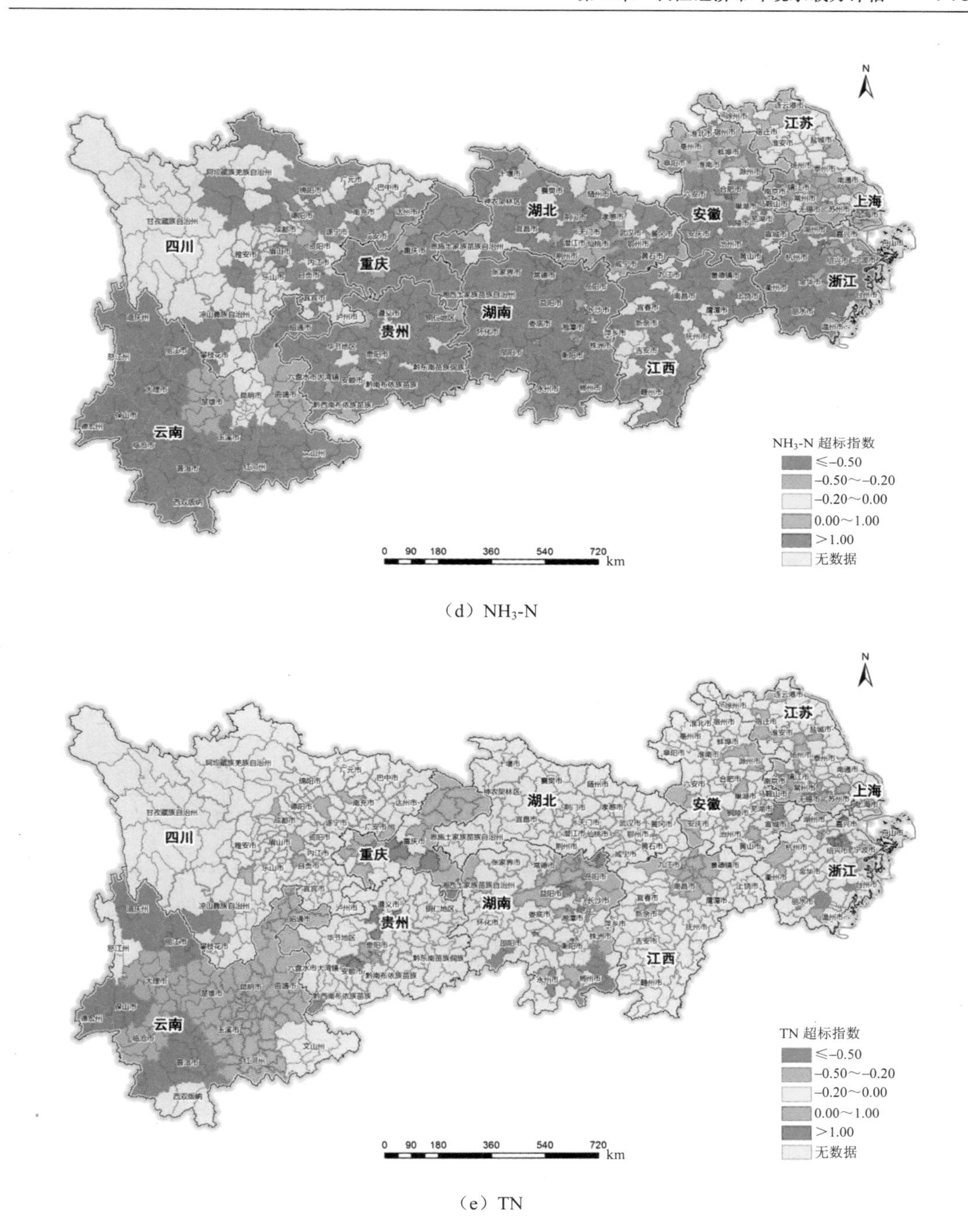
N
江苏
上海
安徽
湖北
四川
重庆
浙江
湖南
贵州
江西
云南
NH_3-N 超标指数
≤-0.50
-0.50～-0.20
-0.20～0.00
0.00～1.00
>1.00
无数据
0 90 180 360 540 720 km
N
江苏
上海
安徽
湖北
四川
重庆
浙江
湖南
贵州
江西
云南
TN 超标指数
≤-0.50
-0.50～-0.20
-0.20～0.00
0.00～1.00
>1.00
无数据
0 90 180 360 540 720 km

（d）NH_3-N

（e）TN

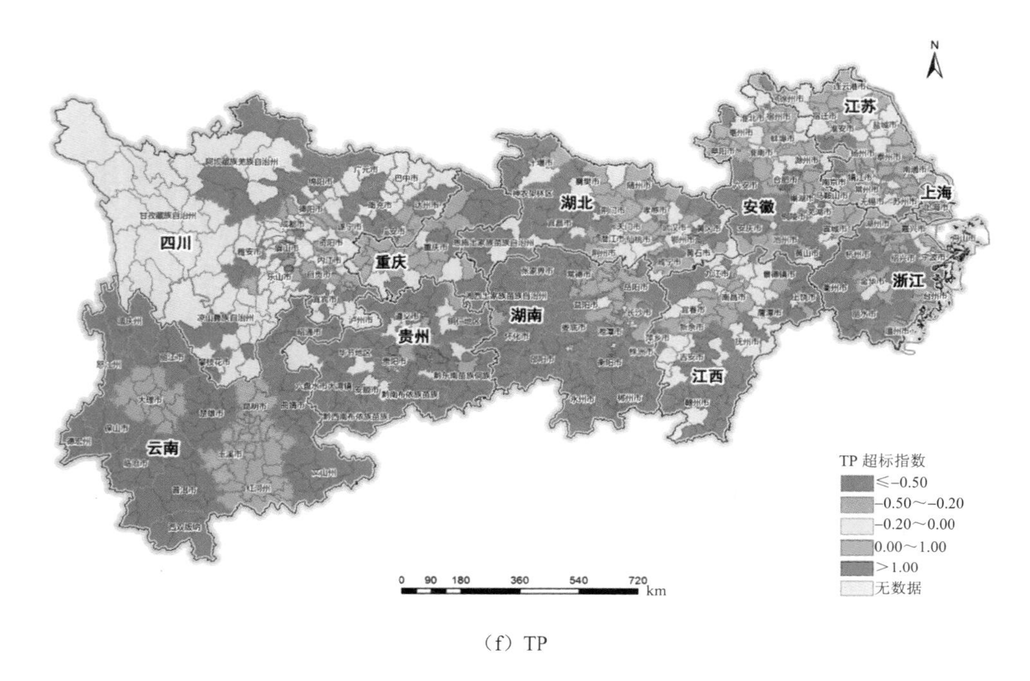

（f）TP

图 5-8 长江经济带单指标水环境承载力评价结果

对于 COD_{Cr}，有 7 个地市处于超载状态，占总地市的 5.6%，大部分地市处于不超载状态，其中超标指数最高的地市为安徽省亳州市，其超标指数为 0.97，其次是安徽省阜阳市、安徽省宿州市、安徽省淮北市、湖北省武汉市、江苏省连云港市和湖北省鄂州市，其超标指数介于 0～0.5；16 个地市处于临界超载状态，占总地市的 12.8%，主要分布在云南省、四川省、江苏省、安徽省、浙江省和湖北省；102 个地市处于不超载状态，占总地市的 81.6%，其中湖南省张家界市超标指数最低，为-0.83。

对于 COD_{Mn}，有 6 个地市处于超载状态，占总地市的 4.8%，大部分地市处于不超载状态，其中，超标指数最高的四个地市为安徽省亳州市、宿州市、阜阳市和淮北市，其余两个为上海市和江苏省连云港市；7 个地市处于临界超载状态，主要集中在江苏省、浙江省、四川省和安徽省，占总地市的 5.6%；112 个地市处于不超载状态，占总地市的 89.6%，其中四川省雅安市超标指数最低，为-0.80。

对于 BOD_5，有 6 个地市处于超载状态，占总地市的 4.8%，大部分区县处于不超载状态，其中江苏省连云港市、安徽省亳州市和上海市超载状态最为严重，超标指数分别为 1.21、0.93 和 0.87，其他地市超标指数介于 0.3～0.5；14 个地市处于临界超载状态，占总地市的 11.2%，主要集中在安徽省、浙江省、江苏省、四川省、云南省、贵州省和湖北省，其中有 6 个地市属于江苏省；其他 105 个地市处于不超载状态，占总地市的 84.0%，超标指数介于–0.85～–0.2，其中湖南省张家界市超标指数最低，为–0.85。

对于 NH_3-N，有 6 个地市处于超载状态，占总地市的 4.8%，其中，超载状态较为严重的地市为安徽省淮北市、亳州市和合肥市，超标指数分别为 0.54、0.46 和 0.38；12 个地市处于临界超载状态，占总地市的 9.6%，主要集中在浙江省、江苏省、四川省、云南省和湖北省，其中有 6 个地市属于江苏省；其他 107 个地市处于不超载状态，占总地市的 85.6%，超标指数介于–0.95～–0.2，其中四川省攀枝花市超标指数最低，为–0.95。

对于 TN，在所评价的 79 个地市中（有湖库断面），有 40 个地市处于超载状态，占总地市的 50.6%，可见长江经济带区域湖库 TN 超载状态最为严重，是影响湖库水环境质量的主要因素。其中，贵州省遵义市乌江水库超载状态最为严重，其超标指数达到 3.32，其次为浙江省绍兴市、嘉兴市、贵州省黔西南布依族苗族自治州、安顺市、安徽省宣城市、湖南省衡阳市和上海市，超载状态也较为严重，其超标指数介于 1～3；12 个地市处于临界超载状态，占总地市的 15.2%；27 个地市处于不超载状态，占总地市的 34.2%，其中云南省普洱市水库超标指数最低，为–0.71。

对于 TP，有 22 个地市处于超载状态，占总地市的 17.6%，其中，超载状态较为严重的地市为湖北省武汉市、安徽省亳州市、四川省内江市和眉山市，超标指数分别为 0.90、0.78、0.74 和 0.59；16 个地市处于临界超载状态，占总地市的 12.8%，主要集中在浙江省、江苏省、四川省、云南省和湖北省，其中有 8 个地市属于江苏省；其他 87 个地市处于不超载状态，占总地市的 69.6%，超标指数介于–0.85～–0.2，其中四川省广元市超标指数最低，为–0.85。

综上所述，各地市中单项污染物 TN 和 TP 的超载状态最严重，其他污染物的超标指数超标范围均在 10%以内，其中安徽省亳州市、宿州市和阜阳市各项指标均属于超载状态。据 2016 年安徽省环境状况公报显示，全省 101 条河流、29 座湖泊水库总体状况为轻度污染，253 个地表水监测断面中，Ⅰ～Ⅲ类水质断面占 69.6%，水质状况为优良；劣Ⅴ类水质断面占 6.7%，水质状况为重度污染。淮河干流总体水质状况为优，阜阳王家坝入境断面水质为Ⅳ类，滁州小柳巷出境断面水质为Ⅲ类，支流总体水质状况为轻度污染，19 条入境支流中，有 4 条支流水质为轻度污染、5 条为中度污染、10 条为严重污染。长江流域总体水质状况为良好，监测的 39 条河流 70 个断面中，Ⅰ～Ⅲ类水质断面占 84.3%，水质状况为优良，无劣Ⅴ类水质断面，长江干流总体水质状况为优，支流总体水质状况为良好，监测的 38 条支流中，有 24 条支流水质为优、6 条为良好、5 条为轻度污染、3 条为中度污染。巢湖湖体，全湖平均水质为Ⅳ类、轻度污染、呈轻度富营养状态，其中东半湖水质为Ⅳ类、轻度污染、呈轻度富营养状态；西半湖水质为Ⅴ类、中度污染、呈轻度富营养状态。

5.2.3 环境综合承载力评价

通过极值法对长江经济带各区县大气和水污染物浓度超标指数进行集成评价，得到长江经济带各区县的环境污染物浓度综合超标指数，并对环境综合承载状态进行判断。评价结果（图 5-9）表明，2016 年长江经济带区域整体上处于超载状态，其环境综合超标指数约为 0.28。在参与评价的 1 069 个区县中，有 799 个区县环境处于超载状态，有 153 个区县临界超载，117 个区县不超载，占比分别约为 74.7%、14.3%、10.9%。

环境综合超载最为严重的区县主要集中在湖北、安徽、江苏、上海及浙江等省市，主要受大气环境超载较为严重所致，其环境综合超标指数均在 1 以上，其中安徽省宿州市砀山县、萧县，江苏省南京市鼓楼区，湖北省黄冈市黄州区、武汉市东西湖区，以及浙江省舟山市嵊泗县、杭州市下城区等部分区县的环境综合超标指数介于 2～6，环境形势极其严峻。环境综合超载较为严重的区县主要分布在安徽、湖北、四川、江苏、重庆等省市，其环境综合超标指数介于 0.5～1。其他环境综合超载程度相对较低的区县主要分布在江西、湖南、浙江以及四川省的部分地市，其环境综合超标指数介于 0～0.5。环境处于临界超载的区县主要分布在浙江省金华市、丽水市、宁波市、衢州市、台州市、温州市、舟山市，安徽省黄山市，湖北省十堰市，湖南省常德市、郴州市、怀化市、湘西州、永州市、株州市，四川省广元市、凉山州、攀枝花市，云南省昆明市、保山市、楚雄州、大理州、德宏州、曲靖市、文山州、西双版纳州、玉溪市、昭通市，以及贵州省下辖的所有地市，这些地区环境质量状况相对较好。环境处于不超载的区县主要分布于云贵两省的大部分地市，以及安徽省黄山市，湖南省郴州市，四川省阿坝州、甘孜州，浙江省丽水市、温州市等少部分地市，其中贵州省安顺市紫云县、黔南州惠水县、龙里县，云南省迪庆州及怒江州下辖大部分县市的环境质量状况最好，环境承载能力较强，其环境综合超载指数介于–0.6～–0.4。

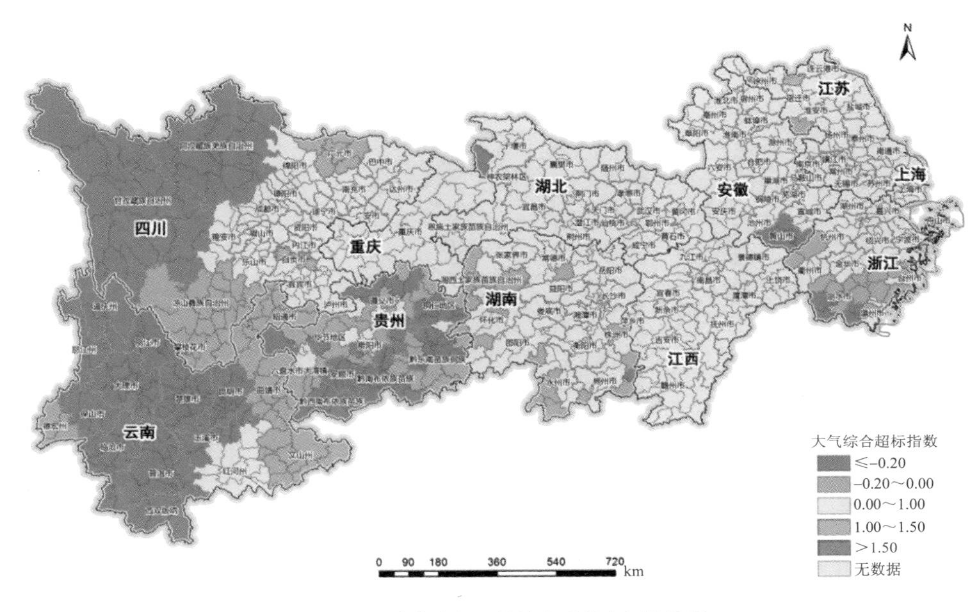

（a）长江经济带大气环境综合承载力评价结果

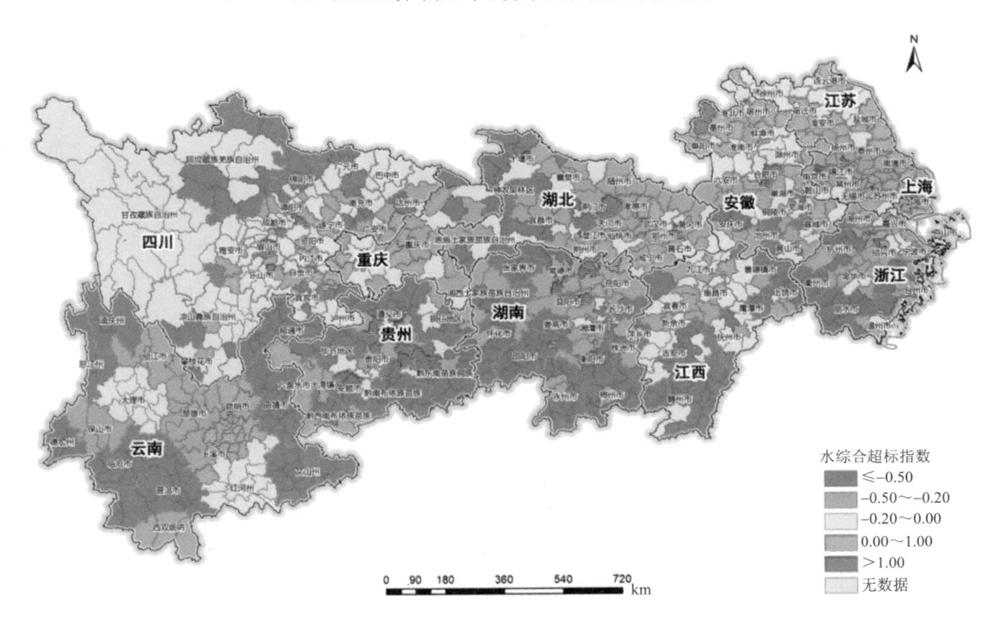

（b）长江经济带水环境综合承载力评价结果

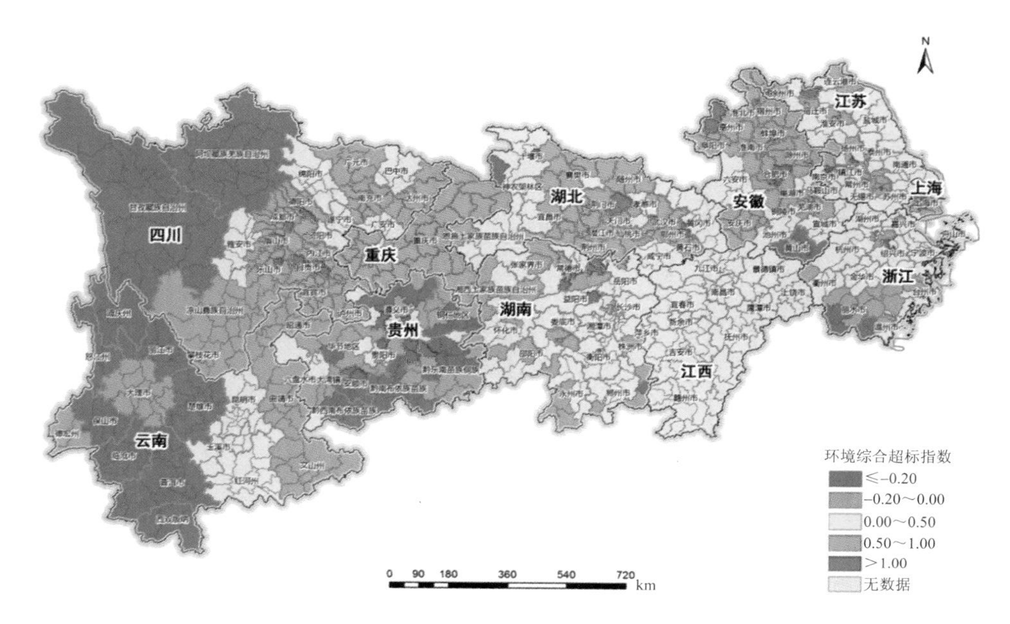

（c）长江经济带环境综合承载力评价结果

图 5-9　长江经济带综合环境承载力评价结果

5.3　成因分析

5.3.1　大气环境承载力方面

长江经济带大气环境承载力水平最好的地区在区域西部和西南部的长江流域上游，为青藏高原东缘，地形复杂、生态资源和旅游资源丰富，大气重污染的工业企业和城镇活动水平都相对较少，污染物产生与排放量少。大气环境承载力水平较差的地区为区域中东部的长江中下游平原，城镇化和工业化水平都很高，且高能耗的重工业较多，人口密集、人口活动水平较高，污染物排放量大，导致空气污染严重，大气环境超载。

（1）产业结构和能源消费结构

重工业占比高、不合理的能源消费结构是长江经济带部分区域大气环境超载的主要原因。以承载形势较为严峻的湖北省、重庆市、江苏省为例，2015 年这三个省的重工业产值占工业总产值的比重分别为 63.3%、74.1%、72.6%，重工业特征明显。三省市规模以上工业煤炭消费量占能源消费总量的比例分别为 65%、57.7%、76.4%，煤炭占比较高的能源消费结构使大气污染物排放量较高。

（2）工业行业污染排放

大气重污染行业在工业行业的产值较大也是长江经济带部分区域大气环境超载的原因。湖北省产值最大的行业为汽车制造、化工、非金属制品、纺织、设备制造、黑色金属冶炼、电力等，重庆市为汽车制造、设备制造、非金属制品、化工、农副食品加工、有色金属冶炼、电力等，江苏省主要为设备制造、化工、黑色金属冶炼、纺织、汽车制造、金属制品业、非金属制品等。汽车制造、设备制造、化工等行业 VOC 排放量较大，电力、非金属制品、黑色金属冶炼等行业 SO_2、NO_x、烟粉尘排放量较大。另外，中小规模企业数量多、分布广、治理措施不到位，以无组织面源排放为主，管控难度大，也是造成污染物排放强度大、污染程度重的重要原因。

（3）城镇化发展

经济社会特别是城镇化的快速发展给城市环境质量改善带来巨大压力，上海、杭州、南京、武汉、成都、重庆等中心城市尤其突出，无锡、淮南等城市的中心城区问题也很突出。人口膨胀、交通拥堵等“城市病”导致大气复合型污染特征突出。从各个要素看，各地最主要的超载污染物是颗粒物，O_3 问题也很突出，有一半的区县 O_3 为临界超载状态，如不加强 VOC、机动车污染问题治理，临界超载很可能恶化为超载。随着产业结构调整和工业污染治理深化，城市正常运转和居民日常生活带来的污染排放所占比重越来越大，生活源已经成为该区域越来越重要的大气污染源。大量农村人口的能源消耗也是造成大气污染的重要原因，一般不经治理直接排放，秸秆燃烧也在特定季节加剧大气污染。

5.3.2　水环境承载力方面

水资源时空分布不均，局部地区和时段供用水矛盾较为突出。长江流域径流量年际变化较大，年内分配不均匀。河川径流与降水量分布一致，60%～80%集中在汛期，干支流控制站最枯 3 个月径流量占年径流量的比例一般在 5.0%～12.0%。上游比下游、北岸比南岸集中程度更高，主要缺水地区集中在四川盆地腹地、滇中高原、黔中、湘南湘中、赣南、唐白河、鄂北岗地等地区。

水生态环境遭到破坏、水生态系统功能呈退化趋势，是长江经济带水环境承载力下降的重要原因之一。近 20 年来，长江经济带生态系统格局变化剧烈，城镇面积增加 39.03%，部分大型城市城镇面积增加显著；农田、森林、草地、河湖、湿地等生态系统面积减少；岸线开发存在乱占滥用、占而不用、多占少用、粗放利用等问题。

大量的水污染物排放是造成长江经济带部分区域水环境超载的主要原因。长江经济带污染排放总量大、强度高，每年接纳废水量占全国的 1/3，湖南、四川、江苏、湖北 4 省污染物排放量占长江经济带总排放量的一半以上。2015 年长江经济带 11 个省/直辖市废水排放总量共计 318.84 亿 t，占全国废水排放总量的 43.36%；COD 排放 811.19 万 t，占全国 COD 排放总量的 36.48%；NH_3-N 排放 99.83 万 t，占全国 NH_3-N 排放总量的 43.42%，主要来源于流域城镇生活污染。生活污水截流不彻底，生活垃圾收运体系不完善，流域畜禽养殖，工业企业污染不达标排放等，造成长江流域部分支流水质较差，湖库富营养化未得到有效控制。

近年来，作为国家重点发展战略的区域之一，长江流域经济飞速发展，然而高强度的开发建设及高密度的人口产业布局，对区域水环境的干扰破坏强度越来越大，造成上海、江苏、安徽、重庆等省市水环境承载形势十分严峻。据不完全统计，仅洞庭湖以上的长江中上游沿线，就存在 78 个大型的化工园区，且长江干流及沿线为“黄金水道”，水上交通和货物运输发达，一旦发生安全生产或环境事故，将直接威胁下游取水口的水质安全。重化工企业密布长江，流域内 30%的环境风险企业位于饮用水水源地周边 5 km 范围内，各类危、重污染源生产储运集中区与主要饮用水水源交替配置。部分取水口、排污口布局不合理，12 个地级及以上城市尚未建设饮用水应急水源，297 个地级及以上城市集中式饮用水水源中，有 20 个水源水质达不到III类标准，38 个未完成一级保护区整治，水源保护区内仍有排污口 52 个，48.4%的水源环境风险防控与应急能力不足，给长江经济带区域水环境承载力提升带来了极大挑战。

5.4　对策建议

（1）提高环境监测质量，完善环境监测机制

环保部门应优化完善环境质量监测点位，在持续加强工业点源污染监测的基础上，进一步加强农业污染源、生活源、移动源等监测，对不同污染源实施精细化管理，对污

染物排放数据、处理效率、结构调整等因素进行环境承载能力分析。环境监测管理机制要以改善环境质量为核心，构建长江经济带区域生态环境监测规范体系、质量控制和质量管理体系，强化法规、行政和技术手段，加强执法力度，全面提高环境监测数据的真实性、准确性和可比性。

（2）坚持底线思维，合理控制区域发展规模与强度

根据区域自然条件和生态环境资源承载力特点，建立生态保护红线、环境质量底线、资源利用上线，制定环境准入清单，在红线之外、底线之上、上线之下谋划控制区域的开发范围、开发强度、建设布局和建设方式，按照宜居适度、绿色发展的原则，合理控制区域发展规模、人口密度与产业布局等，建设宜居宜业长江经济带。

（3）强化环境空间管制，严格总量管控

对环境超载地区，率先执行排放标准的特别排放限值，规定更加严格的排污许可要求，暂缓实施区域性排污权交易；对临界超载地区，加密监测敏感污染源，实施严格的排污许可管理，实行新建、改建、扩建项目重点污染物排放减量置换，采取有效措施严格防范突发区域性、系统性重大环境事件；对不超载地区，实行新建、改建、扩建项目重点污染物排放等量置换。

（4）推进绿色发展，共建生态宜居家园

大力发展长江经济带区域绿色能源、绿色交通、绿色建筑和智慧精细管理，大幅提高环境资源利用效率，释放绿色空间。开展环境污染治理攻坚、生态修复和环保模范城建设，在持续减少污染的同时，构建生态廊道、清水通道、清风通道，连通和拓展区域生态空间，恢复区域生态功能，增加环境容量，实现区域减污扩容增效。释放出来的生态空间与环境容量，应尽可能留存增加区域的绿色资产绿色财富储备，缓解长江经济带环境资源持续约束的局面。

第6章　环境承载力约束下的国家产业发展布局战略

在生态文明建设的时代背景下，如何在科学评价资源环境承载力的基础上，开展环境承载力约束下的产业发展布局战略对策研究是一项非常重要的、具有指导意义的工作。本章在中国工程院咨询项目“生态文明建设若干战略问题研究（二期）”的支持下，从环境承载力的科学内涵出发，以大气环境容量、水环境容量、水资源承载力评价为基础，结合主体功能区定位，针对全国以及京津冀、西北五省（自治区）等重点区域，提出了环境承载力约束下的全国产业发展、能源产业和重点区域产业布局调控战略对策，以期为产业布局规划提供科学指导，实现产业发展方式转变与环境保护的“双赢”。

6.1　评估背景

我国在经济社会发展取得巨大成就的同时，资源环境问题开始集中显现。党和国家审时度势，创造性地做出推进生态文明建设的战略决策。中国工程院于2015年启动了“生态文明建设若干战略问题研究（二期）”重大咨询项目，对我国环境承载力与经济社会发展战略布局、固体废物分类资源化利用、农业发展方式转变与美丽乡村建设等生态文明建设领域的重大战略问题进行了深入研究并提出了相关的政策建议。其中，本书作者所在的课题组参与了“环境承载力与经济社会发展战略布局”专题研究。

生态文明建设必须符合可持续的国土空间管控，特别是主体功能区和生态环境空间要求。目前，环境承载力已经成为我国经济社会可持续发展的主要“瓶颈”。产业布局作为经济发展的重要方面，同时也受到环境承载力的约束，环境承载能力的强弱决定了一个地区的产业类型以及产业布局的形式。本章从大气环境容量、水环境容量以及水资源承载力角度出发，对全国以及京津冀地区、西北五省（自治区）、内蒙古地区进行了环境承载力评价，根据“创新、协调、绿色、开放、共享”发展理念，结合主体功能区定位要求，探索性地提出了全国能源资源及重点区域产业发展绿色化布局策略，对于促进全国及重点区域转变经济发展方式、优化国土空间开发格局、实现可持续发展具有重要的指导意义。

6.2　评估方法与主要结果

6.2.1　大气环境承载力

基于第 3 代空气质量模型 WRF-CAMx 和全国大气污染物排放清单，设计以环境质量为约束的大气环境容量迭代算法，并以全国各省份 $PM_{2.5}$ 年均浓度达到环境空气质量标准（GB 3095—2012）为目标，模拟计算了全国、京津冀地区、西北五省及内蒙古地区 SO_2、NO_x、一次 $PM_{2.5}$ 及 VOC 的最大允许排放量，即大气环境容量。通过计算大气污染物排放量与环境容量的比值（大气环境超载率）来衡量大气环境承载状况。这里，需要说明的是，受数据局限性、模型计算过程的复杂性、参数选取的不确定性等因素影响，本书大气环境容量计算结果存在一定的不确定性，尚需在进一步研究中对其不确定性进行量化研究。

计算结果如表 6-1 所示，可知全国层面及重点区域各项大气污染物均处于严重超载状态，超载率均在 150%以上。各种污染指标中，一次 $PM_{2.5}$ 和 NO_x 的超载程度最为严重，全国一次 $PM_{2.5}$ 和 NO_x 超载率分别为 259%、217%。若使大气环境不超载，各地区相对于 2013 年，各项大气污染物削减比例应在 30%～75%。

表 6-1　主要大气污染物环境容量及其超载状况

地区	SO_2		一次 $PM_{2.5}$		VOC		NO_x	
	容量/万 t	超载率/%	容量/万 t	超载率/%	容量/万 t	超载率/%	容量/万 t	超载率/%
北京	5	240	2	300	24	146	7	257
天津	12	200	4	275	23	139	12	283

地区	SO_2		一次 $PM_{2.5}$		VOC		NO_x	
	容量/万 t	超载率/%	容量/万 t	超载率/%	容量/万 t	超载率/%	容量/万 t	超载率/%
河北	44	227	23	378	85	174	55	275
京津冀	61	223	29	359	132	163	74	274
陕西	32	228	9	400	29	190	23	291
甘肃	16	175	8	275	16	169	21	176
青海	3	200	2	300	4	150	5	240
宁夏	12	175	4	225	5	180	12	158
新疆	31	300	12	233	23	165	33	258
西北五省	94	228	35	281	77	173	94	227
内蒙古	54	207	20	235	31	210	51	225
全国	1 097	210	470	259	1613	150	1172	217

6.2.2 水环境承载力

基于《全国重要江河湖泊水功能区划（2011—2030）》中确定的水功能分区和水质目标，建立水环境容量核算模型，计算得到全国及重点区域各水功能区的 COD 和 NH_3-N 环境容量，并汇总得到各控制单元、控制区、流域等不同层面的水环境容量。通过计算水污染物排放量与环境容量的比值（水环境超载率）来衡量水环境承载状况。这里需要说明的是，受数据局限性、模型选择差异性、参数选取的不确定性等因素影响，本书水环境容量计算结果存在一定的不确定性，尚需在进一步研究中对其不确定性进行量化研究。

全国十大流域水环境容量核算结果见表 6-2，全国地表水 COD 和 NH_3-N 的超载率分别为 210%和 330%，其中海河流域超载最为严重，COD 和 NH_3-N 的超载率分别为 1 910%和 3070%；其次是淮河流域，COD 和 NH_3-N 的超载率分别为 1 120%和 1 800%。京津冀地区 COD 和 NH_3-N 的超载率分别为 150%和 440%，其中优化开发区中的京津冀核心控制区、重点开发区中的冀中南及衡水控制区超载较为严重。西北五省及内蒙古地区 COD 和 NH_3-N 的超载率分别为 38%和 87%，超载区域主要集中在黄河发展区等重点开发区。

表 6-2　主要水污染物环境容量及其超载状况

流域	COD			NH_3-N		
	容量/万 t	排放量/万 t	超载率/%	容量/万 t	排放量/万 t	超载率/%
松花江流域	90	219	240	6.1	13.3	220
辽河流域	34	159	470	1.8	12.5	700
海河流域	13	248	1 910	0.7	21.5	3 070
淮河流域	29	325	1 120	1.9	34.2	1 800
黄河流域	114	174	150	5.2	17.4	330
长江流域	370	622	170	37.8	78.2	210
太湖流域	46	31	70	2.5	4.9	200
珠江流域	231	287	120	8.2	34.1	420
东南诸河流域	120	117	100	5.7	16.4	290
西南诸河流域	15	31	200	1.1	2.6	230
西北诸河流域	25	97	390	0.8	6.5	820
全国	1 086	2278	210	71.9	236.8	330

6.2.3　水资源承载力

从水资源及其开发利用、区域经济发展和生态及水环境状况三个方面选取了 10 项具有代表性的指标，建立了水资源综合协调度评价模型，计算并分析了全国及十大流域 2013 年水资源综合协调度、水资源与经济社会发展的协调度以及水资源与生态环境保护的协调度，以此表征水环境承载状况。通过计算需水量与可供水量的比值（水资源超载率）来衡量京津冀及西部地区的水资源承载状况。

全国水资源与区域经济综合协调度评价分析显示，南方地区水资源承载能力整体优于北方，而北方又以华北和西北最差。从流域上看，辽河、黄河和海河流域水资源承载能力最差，大部分区域水与社会经济协调程度处于“极不匹配”状态。西北诸河、淮河流域和松花江流域次之，协调程度为“基本匹配”或“不匹配”情况普遍，部分地区甚至出现“极不匹配”情况。长江、西南诸河、东南诸河以及珠江流域水资源承载能力较强，大部分地区协调程度达到“匹配”或“非常匹配”。

从京津冀地区水资源承载力来看，目前京津冀地区水资源开发利用程度超过 100%，水资源处于严重超载状态。未来供需形势分析结果显示，在平水年条件下，2020 年京津冀地区可供水量约 288.9 亿 m^3，需水量达 303.5 亿 m^3，缺水约 14.6 亿 m^3；2030 年京津冀地区可供水量约 302.9 亿 m^3，需水量达 317.1 亿 m^3，缺水约 14.2 亿 m^3，而且缺口主要以城镇生活和工业刚性需求为主，主要位于河北省。

从西部地区的五大煤电基地支撑能力来看，五大煤电基地全部都处于干旱或半干旱地区，煤电作为高用水产业受到水资源本底条件的极大制约。五大煤电基地目前以农业用水为主，占比均超过 80%，农业用水挤占生态用水的情况十分普遍。此外，陕北、鄂尔多斯工业用水占比较高，需要特别关注。未来水资源对煤电开发供需情势分析显示，西部地区五大煤电基地 2030 年可供水增量约 30.6 亿 m^3，新增煤电开发需水按限定标准新增水量约 8.47 亿 m^3，按节水先进值新增水量约 5.12 亿 m^3，无论限定值还是先进值，占可供水量增量的比例均远超现状煤电业用水占比。

6.3 环境承载力约束下的全国产业与能源布局战略

6.3.1 工业与农业

（1）重点整治高能耗重污染低效益产业

无论是大气环境容量核算还是水环境容量核算都表明，东部地区的超载率要明显高于西部地区，西北地区的水资源承载力较低。目前东部地区重污染产业比重过高是东部地区环境超载率高的重要原因。因此，应严控高耗能、高污染行业新增产能，完成钢铁、水泥、电解铝、平板玻璃等重点行业落后产能淘汰。七大重点流域干流沿岸，要严格控制石油加工、化学原料和化学制品制造、医药制造、化学纤维制造、有色金属冶炼、纺织印染等项目环境风险，合理布局生产装置及危险化学品仓储等设施。城市建成区内现有钢铁、有色金属、造纸、印染、原料药制造、化工等污染较重的企业应有序搬迁改造或依法关闭。

（2）加强产业调整和特别污染排放限值管理

环境容量利用率不足 50%的地区，在满足行业排放标准的情况下适度发展有本地优势的产业；对于环境容量利用率在 80%～100%的地区，应及时进行预警并做出产业调整引导方案或行业排放标准方案，为后续发展预留空间。同时，鼓励发展信息网络、国家电网、全国油气管路运输、生态环保、清洁能源、海陆空交通、油气及矿产资源保障等项目。鼓励发展信息化物流和仓储业、先进技术装备制造业和计算机软硬件及服务业。

鼓励发展节水高效现代农业、低耗水高新技术产业以及生态保护型旅游业。要运用行业排放标准推进产业技术进步和绿色化水平。对于优化开发区和重点开发区，稳步推进产业超低排放标准，建议直接排入自然水体的污水 NH_3-N 排放标准调整为 1.5 mg/L；对于农产品主产区和重点生态保护区，重点提高畜禽养殖的污染排放标准。

（3）农业布局应综合考虑水资源承载力和水资源效率

农业水资源配置与布局是我国水资源配置的关键问题。农业布局应以农牧业与水土资源之间的匹配为前提。农业水资源主要配置思路应集中于调整农业结构、转变农业增长方式，调整种植结构，提高水分生产效率与推进生物节水战略。

6.3.2　煤炭开发利用

（1）加强西部地区水资源和水系统建设，保障西部地区煤炭产能

根据西部地区水资源、生态环境的承载力约束，重点建设一批大型、特大型矿井群，优先建设优质动力煤煤矿、特大型现代化露天煤矿、煤电和煤炭转化一体化项目。在水权配置上对中西部煤炭资源开发予以保证，在用水政策上予以倾斜；中西部煤炭资源开发地区加强水资源和水系统建设的同时，完善矿区（尤其是西北地区）管水、用水、节水的法律法规和标准，规范矿区取水、用水行为，从水资源保护、水资源配置、矿井水处理与综合利用等方面制定严格的准入条件，鼓励通过水权置换来增加用水量。

（2）发展绿色开采技术与装备，推进西北地区煤炭科学开发

各煤炭主产区应根据科学开发的主要制约因素，发展有针对性的技术和装备，重点发展保水开采、充填开采、地表沉降区治理等绿色开采技术与装备。推进西北五省重点区域的科学发展，坚持煤炭丰富地区优先发展的原则，统筹考虑煤炭资源、水资源和环境条件、区域经济发展等因素，加强煤炭产业基地的建设。根据各地区水、大气等环境容量，资源赋存条件、工业与社会发展现状及趋势，科学合理进行煤炭生产布局，实现煤炭由“以需定产”转变为“以环境容量定产”。

（3）发展现代煤化工必须坚持量水而行，环保优先，绿色和可持续发展

发展现代煤化工产业能够部分替代我国石油和天然气的消费量，促进石化行业原料多元化，为国家能源安全提供战略支撑，为石油安全提供应急保障。发展煤化工必须在水资源许可的地区开展项目建设，根据可供水资源量的潜力分析和评估，合理规划现代煤化工产业的发展规模。坚持严格环保标准。对于缺少纳污水体或纳污水体不能接受废

水排放的，严格落实水功能区域限制纳污红线，做到工艺废水全部回收利用；对于有纳污水体条件的，要严格执行污水达标排放标准。统筹考虑资源条件、环境容量、生态安全、交通运输、产品市场等因素科学合理布局示范项目。根据资源环境承载力，按照能源保障、运输和加工能力安排资源开发规模和产业布局，推进园区化、基地化可持续发展模式。

（4）降低区域煤炭总量，实施煤炭消费等量替代，严格煤炭利用的污染物排放限值

一是控制煤炭消费总量。为了达到空气质量目标、污染物总量控制目标及节能目标，在一定的污染治理水平和能源效率水平下，控制煤炭最大允许消费量。二是优化煤炭消费布局。基于污染物扩散、稀释、自净能力的空间差异性，来约束、控制煤炭消费的区域分布，重点耗煤行业的分布，从而有效指导耗煤产业的空间布局，确保区域大气环境使用功能达到空气质量限值要求。三是调整煤炭消费结构。考虑到不同行业的煤炭利用效率、污染物排放控制水平与监管条件等方面的差异，调整煤炭消费总量在不同行业之间的分配。四是提高煤炭利用水平。通过提高燃煤技术水平、污染物排放控制技术与管理水平，降低生产单位产品的煤炭消费强度与污染物排放强度。

6.4 环境承载力约束下的重点区域产业发展布局战略

6.4.1 京津冀地区

（1）基于大气环境容量约束

工业方面，进行能源整体优化调整，鼓励和推荐利用天然气和电力等能源，严格推行企业技术减排举措，限制高污染产品数量。对钢铁、水泥、玻璃以及非金属等产业采取“促减控整”措施改善工艺技术，逐渐降低产能。重点发展太阳能和生物能等新能源产业，发展新型智能化装备制造业，培育电子信息、生物制药和新型材料等产业。民用方面，增强民用能源基础设施建设，改善民用基础设备，增加煤炭高污染能源获取难度，增强煤制气和天然气的利用和供给量。交通方面，持续鼓励新能源汽车，严格控制汽车数量增长速度，严格督导汽车尾气减排设备的配置，提升汽油和柴油的品质。发电方面，继续鼓励火电厂大气污染技术减排，不再增加大型火电厂建设。供热方面，继续对供热设备进行大气污染物技术改造，增设天然气集中供热厂。

（2）基于水环境容量约束

根据亿元 GDP 的污染物排放量，对印染纺织、皮革和造纸 3 个产业（COD 49～66 t/亿元，NH_3-N 2.2～4.9 t/亿元）采取整个行业关闭转移的政策；对化工、食品和制药行业（COD10～15 t/亿元，NH_3-N 1～2 t/亿元）也可以采取整个行业关闭转移的政策，或者采取行业化清洁生产改造、污水处理工艺改进等措施，尤其是对污水直接排入地表水比例仅为 16%的制药行业，进行行业化清洁生产改造、污水处理工艺改进是重要的发展方向。

（3）基于水资源约束

根据用水效率，京津冀地区可以大致分为两个梯队：第一梯队地区为北京和天津，水资源利用效率水平整体达到或接近发达国家水平。第二梯队为河北省，水资源利用效率整体水平不高。河北省未来需要进行产业结构调整以实现水资源与经济的可持续发展：①在一、二、三产业层面，大力发展第三产业，调整和提高第二产业，限制第一产业；②在农业内部应调整种植结构，发展旱作农业，改目前普遍的冬小麦、夏玉米一年两熟制为种植玉米、棉花、花生、油葵、杂粮等农作物一年一熟制，并结合畜牧养殖业发展，支持发展青贮玉米、苜蓿等作物；③工业内部应支持电子信息、电气等知识、技术密集型的新兴行业发展，限制并转移石化、冶金等传统工业行业发展；④对第三产业内部各行业的发展可以不予限制，但要注意促进向高级化发展，由批发零售、餐饮等传统的服务行业为主转向技术性、知识性强的金融保险、科学研究等现代服务业和通信业为主。

6.4.2 西北五省及内蒙古地区

（1）基于大气环境容量约束

根据西北五省及内蒙古地区大气污染物排放容量及地广人稀的特点，工业方面，充分利用当地天然气改善能源结构，督促企业增设技术减排设备，限制高耗能低产值产品数量；水泥行业为该地区的重要污染行业，应采取严格提升工艺降低产能措施；煤化工和炼焦等污染凸显，应缓慢推进煤化工行业的进程，严格控制煤炼焦产量。民用方面，采用降低民用减排型燃煤设备价格和补助等措施进行燃煤减排，逐步增加煤制气和天然气消费占比。交通方面，严格执行燃油车的国家和地方标准，推广天然气和新能源汽车。发电方面，对老旧火电厂进行技术改造，逐步控制火电厂规模和数量，在天然气富余地区增设天然气电厂对外输电，增加太阳能电厂和风电厂来减小外输供电压力。供热方面，对供热设备进行技术改造，增加天然气供热厂，鼓励太阳能、地热等采热。

（2）基于地表水环境容量约束

根据西北五省及内蒙古地区的地表水环境容量利用程度特点，合理布局产业。主要排污行业是金属冶炼、采矿业、石化、化工、食品、造纸六大行业，占总工业产值的73%，COD排放量占区域总量的92%，NH_3-N排放量占区域总量的95%。根据亿元GDP的污染物排放量，在环境容量超载区域对于化工、食品和造纸3个产业采取整个行业关闭或转移的政策；在还有剩余环境容量区域，对金属冶炼和石化行业可以采取行业化清洁生产改造、污水处理工艺改进等措施。重点生态保护区可以加快发展符合主体功能规划的经济产业，以实现在不破坏生态环境的前提下更快地发展经济。

（3）基于水资源承载力约束

以西北地区水资源为主要约束条件，主要用水控制集中于农业用水，推广农业节水，压缩农业用水比例，以农业用水的压缩保证生态用水、工业用水；工业应采用节水工艺，适度发展。为支撑未来西北煤电基地开发，并保持区域生态环境不受破坏，必须压缩农业用水比例，采取“农业综合节水—水权有偿转换—工业高效用水”的模式，发展节水、高效的特色农业，提高用水效率，严格控制灌溉面积的无序扩张，以农业节水转换工业使用，保障工业发展。陕北、鄂尔多斯工业用水所占比例较高，未来需要进行产业结构调整，清退转移能源行业外其他高耗水行业，严格管控能源行业发展，同时需进一步强化能源生产节水，积极采用先进的用水工艺。

第 7 章　主体功能区环境容量约束力指标地区分解方案

COD、NH_3-N、SO_2、NO_x 等污染物排放总量控制目标是我国国民经济规划的约束性目标，也是生态环保规划的重要目标。而制订污染物排放总量控制目标，首先需要确定污染物环境容量约束目标。本章用“环境容量利用强度”指标来表征环境容量约束力，即环境容量这个有限的环境资源已经被利用的程度，用环境污染物排放量占理想环境容量的比例来表示。首先采用径流法计算 COD 和 NH_3-N 的环境容量目标，采用 A 值法计算 SO_2、NO_x 的环境容量目标，开展环境容量利用强度现状评价，进而确定 2015 年、2020 年全国的污染物排放总量和环境容量约束力（环境容量利用强度）目标，然后根据改进的等比例分解方法计算各省主要污染物总量控制目标，为我国各类规划和污染物排放总量控制目标提供参考。

7.1　评估背景

当前我国大部分地区环境形势依然严峻，环境状况总体恶化的趋势尚未得到根本遏制，经济发展、污染排放与环境容量之间存在较大的矛盾。随着人口总量持续增长，工业化、城镇化的快速推进，能源消费总量不断上升，污染物产生量将继续增加，经济增长的环境约束日趋强化。因此，研究对比我国主要污染物排放量、环境容量及其利用强度对了解我国环境现状很重要。

党的十八大报告指出，资源环境约束加剧是我国前进道路上的问题之一，生态环境问题关系到群众切身利益，必须高度重视，认真加以解决。“十一五”期间，我国环境友好型社会建设、节能减排工作取得重要进展，单位国内生产总值能源消耗有所下降，主要污染物排放总量显著减少。党的十八大报告要求在科学发展观的指导下，在优化国土空间开发格局的同时，把生态文明建设放在突出地位，融入经济建设、政治建设、文化建设、社会建设各方面和全过程，加大自然生态系统和环境保护力度，努力建设天蓝、地绿、水净的美丽中国，实现中华民族永续发展。

《全国主体功能区规划》是深入贯彻落实科学发展观、建设生态文明的重大战略举措，是区域发展理论的重大创新，有利于推进经济结构战略性调整，加快转变经济发展方式，按照以人为本的理念推进区域协调发展，引导人口分布、经济布局与资源环境承载能力相适应。国家“十二五”规划纲要正式提出“实施主体功能区战略”，表明主体功能区建设已经上升为国家战略。根据设想，推进主体功能区划，主要是以县为基本单元，根据不同区域的资源环境承载能力、现有开发强度和发展潜力，统筹人口分布、经济布局、国土利用和城镇化格局，确定不同区域的主体功能，进而制定不同的战略发展方向。

根据《全国主体功能区规划》战略目标，到 2020 年基本形成主体功能区布局，空间开发格局清晰，空间结构得到优化，空间利用效率提高，区域发展协调性增强，可持续发展能力提升。其中，“可持续发展能力提升”目标要求生态系统稳定性明显增强，主要污染物排放总量减少，环境质量明显改善；生物多样性得到切实保护，森林覆盖率提高到 23%；主要江河湖库水功能区水质达标率提高到 80%左右。《全国主体功能区规划》未来展望中要求人口规模和经济规模控制在环境容量允许范围内，先污染、后治理的模式得到扭转；不符合主体功能定位的开发活动大幅减少，工业和生活污染排放得到有效控制；重点生态功能区生态功能大幅提升，生态系统稳定性增强，生态效能得到提升。

由此可见，环境约束目标是《全国主体功能区规划》目标的重要组成部分。生态环境不但是不同主体功能区内经济和社会活动的主要载体之一，而且良好的环境还可以促进主体功能目标的实现。但当前我国大部分地区环境形势依然严峻，经济发展、污染排放与环境容量之间存在较大的矛盾。所以要实现主体功能区规划目标和展望要求，需要研究环境容量对不同主体功能区目标实现的影响，根据各省不同类型功能区的多少及其主体功能目标以及相关要素，制定基于环境容量约束力目标分配方案。

基于以上分析，本研究拟以《主体功能区规划》《国家环境保护“十二五”规划》等为基础，从水环境、大气环境两个环境要素入手，在全国不同主体功能区规划发展要求背景下，基于优化开发区、重点开发区、限制开发区、禁止开发区的环境目标要求，提出各省 2015 年、2020 年环境容量约束目标方案。

7.2　指标方法

以2010年为基准年，在对全国、各省不同要素的环境容量进行测算的基础上，开展环境容量利用强度现状评价。同时，结合国家经济社会中长期发展目标和生态环境目标，确定2015年、2020年全国的污染物排放总量和环境容量约束力（环境容量利用强度）目标。在此基础上，通过分析影响水、大气环境容量利用强度分配方案的因素（主要是影响污染物排放总量控制的因素），建立全国到省的污染物总量控制分配指标集。采用熵值法确定各指标的权重，根据改进的等比例分解方法计算各省主要污染物总量控制目标，进而得出2015年、2020年各省主要污染物环境容量约束力（环境容量利用强度）目标方案，见图7-1。

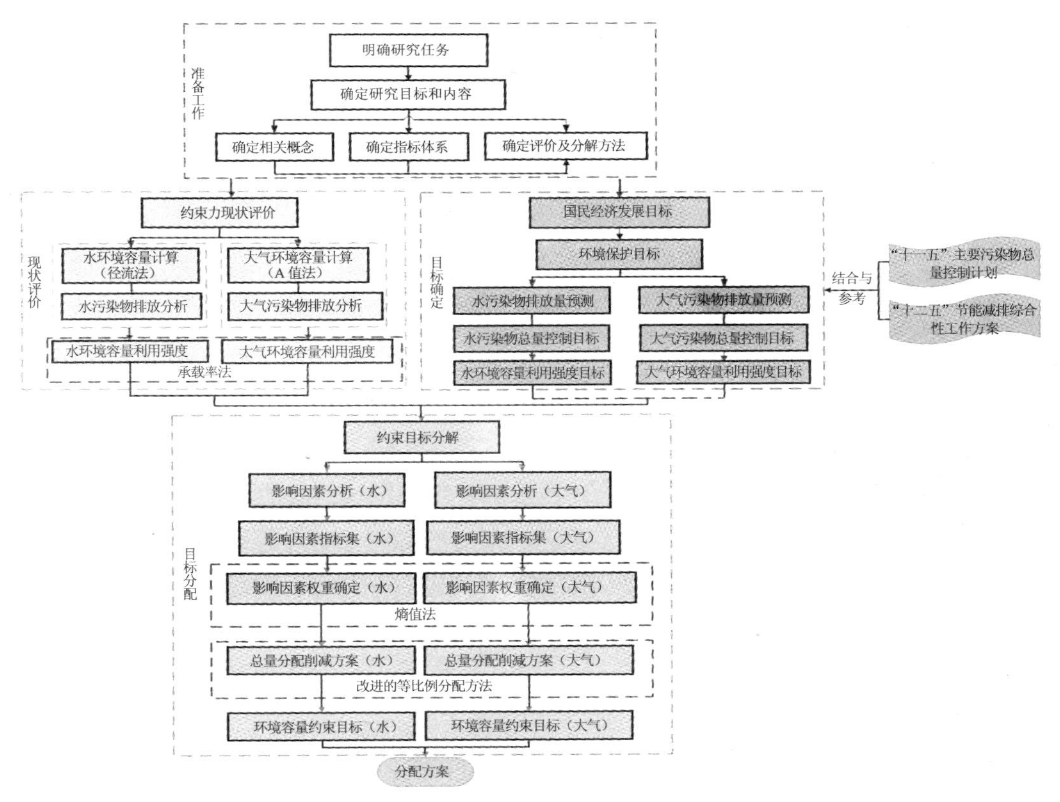

图7-1　技术路线

7.3　环境容量约束性指标选取及目标值确定

7.3.1　环境容量约束力指标体系

7.3.1.1　环境容量约束力界定

随着我国经济社会的快速发展，我国已成为世界上环境问题最严重的国家之一。环境问题不但对人体健康造成很大威胁，而且成为限制经济发展的重要因素。从总量的角度看，环境容量是有限的，污染物排放量超过区域环境所能容纳的量，就会制约区域的可持续发展。鉴于此，国家主体功能区划将环境容量目标作为区域发展的约束性目标之一。

本书采用“环境容量利用强度”指标来表征环境容量约束力，计算公式：

$$R_i=Q_i/C_i \tag{7-1}$$

式中：R_i ——区域某污染物 i 的环境容量利用强度；

Q_i ——该区域污染物 i 的现状排放总量；

C_i ——该区域对污染物 i 的理想环境容量。

7.3.1.2　环境容量约束力的计算方法

（1）水环境容量计算

计算水环境容量采用径流法。利用径流法求全国不同水体所能容纳的污染物最大值时有两个假设前提：①假定本区域的全部径流都能参加对污染物的消纳稀释；②假定各区域内的污染物均匀排入本区域的地表径流并且可以完全混合。在此假定条件下，理想水环境容量可由式（7-2）求得：

$$W_i = Q \times C_{is} \tag{7-2}$$

式中：W_i——区域主要污染物 i 的理想水环境容量，t/a；

Q——区域内多年平均径流量，m^3/a；

C_{is}——规定该区域水体中污染物 i 的水质目标，mg/L。

（2）大气环境容量计算

理想环境容量通过国家标准《制定大气污染物排放标准的技术方法》（GB/T 3840—91）提出的总量控制区排放总量限值 A-P 值的 A 值法计算。

理想环境容量由式（7-3）计算：

$$Q_{ak}=\sum_{i=1}^{n}Q_{aki} \tag{7-3}$$

式中：Q_{ak}——某种污染物年允许排放总量限值（即理想环境容量），10^4 t；

Q_{aki}——第 i 功能区（此为环境功能区）某种污染物年允许排放总量限值，10^4 t；

n——功能区总数，本书为 2；

i——各功能分区的编号；

a——总量下标；

k——某种污染物下标。

各功能区污染物理想环境容量由式（7-4）计算：

$$Q_{aki}=A_{ki}\frac{S_i}{\sqrt{S}} \tag{7-4}$$

$$S=\sum_{i=1}^{n}S_i \tag{7-5}$$

式中：Q_{aki}——第 i 功能区某种污染物理想环境容量，10^4 t；

S——总面积，km^2；

S_i——第 i 功能区面积，km^2；

A_{ki}——第 i 功能区某种污染物排放总量控制系数，10^4 t/(a·km)，计算方法见式(7-6)。

$$A_{ki}=AC_{ki} \tag{7-6}$$

式中：C_{ki}——GB 3095 等国家和地方有关大气环境质量标准所规定的与第 i 功能区类别相应的年/日平均浓度限值，mg/m^3（2010 年根据标准 GB 3095—1996 计算；2015 年及 2020 年根据标准 GB 3095—2012 计算；而且本书的功能区为主体功能区，各主体功能区对应的浓度限值根据各功能区的环保目标另行商定）；

A——地理区域性总量控制系数，$10^4km^2/a$，可参照 GB/T 3840—91 中表 3 方法求取。

7.3.1.3 水环境指标体系

水环境容量约束力评价指标主要包括 COD 和 NH_3-N 两项污染物的环境容量约束力（用环境容量利用强度表示）指标。其中 COD 环境容量利用强度表示为

$$R_{COD}=Q_{COD}/C_{COD} \quad (7\text{-}7)$$

式中：R_{COD}——COD 环境容量利用强度；

Q_{COD}——区域 COD 排放量；

C_{COD}——区域 COD 理想环境容量。

$$R_{NH_3\text{-}N}=Q_{NH_3\text{-}N}/C_{NH_3\text{-}N} \quad (7\text{-}8)$$

式中：$R_{NH_3\text{-}N}$——NH_3-N 环境容量利用强度；

$Q_{NH_3\text{-}N}$——区域 NH_3-N 排放量；

$C_{NH_3\text{-}N}$——区域 NH_3-N 理想环境容量。

7.3.1.4 大气环境指标体系

大气环境容量约束力评价指标主要包括 SO_2 和 NO_x 两项污染物的环境容量约束力（用环境容量利用强度表示）指标。其中 SO_2 环境容量利用强度表示为

$$R_{SO_2}=Q_{SO_2}/C_{SO_2} \quad (7\text{-}9)$$

式中：R_{SO_2}——SO_2 环境容量利用强度；

Q_{SO_2}——区域 SO_2 排放量；

C_{SO_2}——区域 SO_2 理想环境容量。

$$R_{NO_x}=Q_{NO_x}/C_{NO_x} \quad (7\text{-}10)$$

式中：R_{NO_x}——NO_x 环境容量利用强度；

Q_{NO_x}——区域 NO_x 排放量；

C_{NO_x}——区域 NO_x 理想环境容量。

7.3.2　环境容量约束力指标目标值确定

（1）主要污染物排放量预测

根据生态环境部环境规划院关于国家中长期环境经济预测结果，到 2020 年，全国主要污染物排放量为：COD 为 2186.2 万 t，NH_3-N 为 216.0 万 t，SO_2 为 1903.5 万 t，NO_x 为 1841.7 万 t（表 7-1）。

表 7-1　全国主要污染物排放总量现状及预测　单位：万 t

要素	2010 年	2015 年	2020 年
COD	2 542.2	2 325.7	2 186.2
NH_3-N	263.9	236.1	216.0
SO_2	2 258.2	2 057.8	1 903.5
NO_x	2 264.8	2 012.8	1 841.7

数据来源：《“十二五”节能减排综合性工作方案》。

（2）主要污染物总量控制目标

“十一五”期间，国家制订了全国主要污染物排放总量控制计划。计划确定，“十一五”期间国家对 COD、SO_2 两种主要污染物实行排放总量控制计划管理，排放基数按 2005 年环境统计结果确定。计划到 2010 年，全国主要污染物排放总量比 2005 年减少 10%以上，具体是：COD 由 1414 万 t 减少到 1263 万 t；SO_2 由 2549 万 t 减少到 2246 万 t。

“十二五”期间，国家制定了主要污染物总量控制规划。规划的目标为：到 2015 年，全国 COD 和 SO_2 排放总量分别控制在 2 325.7 万 t、2 057.8 万 t，比 2010 年的 2 542.2 万 t、2 258.2 万 t 分别下降 8.5%和 8.9%，最后统一定为下降 8%；全国 NH_3-N 和 NO_x 排放总量分别控制在 236.1 万 t、2 012.8 万 t，比 2010 年的 263.9 万 t、2 264.8 万 t 分别下降 10.5%和 11.1%，最后统一定为下降 10%。

根据“十三五”国家主要污染物排放总量预测结果，到 2020 年，各类污染物的排放量比 2015 年的削减量分别为：COD 为 139.5 万 t，NH_3-N 为 20.1 万 t，SO_2 为 154.3 万 t，NO_x 为 171.1 万 t；削减率分别为：COD 为 6.0%，NH_3-N 为 8.5%，SO_2 为 7.5%，NO_x 为 8.5%（表 7-2）。

表 7-2 2020 年主要污染物总量控制目标

要素	2020 年比 2015 年削减量/万 t	2020 年比 2015 年削减率/%
COD	139.5	6.0
NH_3-N	20.1	8.5
SO_2	154.3	7.5
NO_x	171.1	8.5

（3）环境容量约束力目标值

2010 年，全国各主要污染物的排放量见表 7-1，其对应的理想环境容量为：COD 为 2 048.23 万 t，NH_3-N 为 103.37 万 t，SO_2 为 779.5 万 t，NO_x 为 649.6 万 t。则各主要污染物 2010 年的环境容量利用强度为：COD 为 1.24，NH_3-N 为 2.55，SO_2 为 2.80，NO_x 为 2.85（表 7-3）。

表 7-3 2010 年主要污染物环境容量及利用强度

要素	2010 年理想环境容量/万 t	2010 年环境容量利用强度
COD	2 048.23	1.24
NH_3-N	103.37	2.55
SO_2	779.5	2.80
NO_x	649.6	2.85

根据国家“十二五”环保规划及“十三五”主要污染物总量控制目标，到 2015 年和 2020 年，各主要污染物的环境容量利用强度目标分别为：到 2015 年，COD 为 1.14，NH_3-N 为 2.28，SO_2 为 0.65，NO_x 为 0.58；到 2020 年，COD 为 1.07，NH_3-N 为 2.09，SO_2 为 0.61，NO_x 为 0.53（表 7-4）。

表 7-4 2015 年和 2020 年主要污染物环境容量约束目标

要素	2015 年环境容量利用强度	2020 年环境容量利用强度
COD	1.14	1.07
NH_3-N	2.28	2.09
SO_2	0.65	0.61
NO_x	0.58	0.53

7.4 环境容量约束现状

7.4.1 主要污染物排放现状

7.4.1.1 废水及主要污染物排放现状

当前，我国污染物排放量仍然很大，且呈逐步增长趋势，水环境污染现状不容乐观。

（1）COD 排放情况

2010 年，全国废水中 COD 排放量为 1 238.1 万 t[①]，比上年减少 3.1%。其中工业废水中 COD 排放量为 434.8 万 t，比上年减少 1.1%；工业 COD 排放量占废水 COD 排放总量的 35.1%。城镇生活污水中 COD 排放量为 803.3 万 t，比上年减少 4.1%；生活污水 COD 排放量占废水 COD 排放总量的 64.9%。

“十一五”期间，全国废水中 COD 排放总量、工业废水中 COD 排放量和生活污水中 COD 排放量均呈现逐年下降趋势（图 7-2）。2010 年全国 COD 排放总量较 2005 年下降了 12.5%，超额完成了“十一五”总量减排任务。

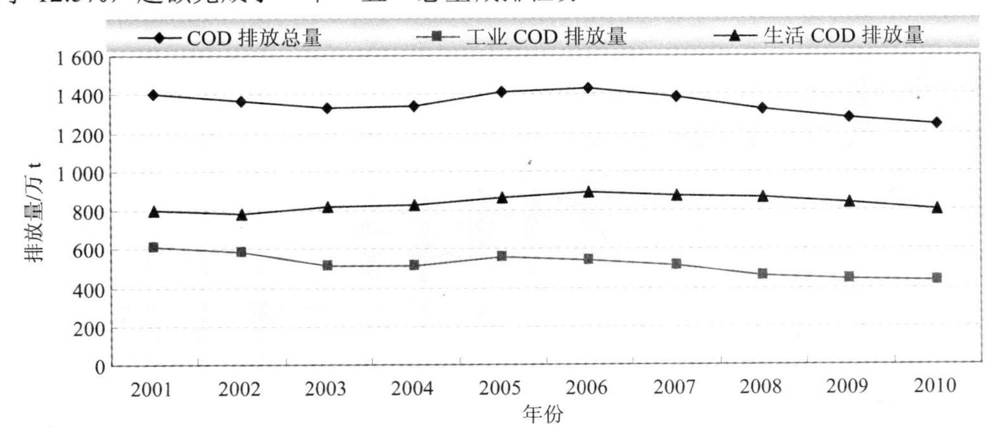

图 7-2 全国 COD 排放量年际对比

① 数据来源于《2010 年中国环境统计年报》。

（2）NH_3-N 排放情况

2010 年，全国废水中 NH_3-N 排放量为 120.3 万 t[①]，比上年减少 1.9%。工业 NH_3-N 排放量为 27.3 万 t，与上年持平；工业 NH_3-N 排放量占 NH_3-N 排放总量的 22.7%。生活 NH_3-N 排放量为 93.0 万 t，比上年减少 2.4%；生活 NH_3-N 排放量占 NH_3-N 排放总量的 77.3%。

“十一五”期间，全国废水中 NH_3-N 排放总量、工业废水中 NH_3-N 排放量和生活污水中 NH_3-N 排放量均呈现下降趋势，且工业 NH_3-N 排放量下降较快（图 7-3）。

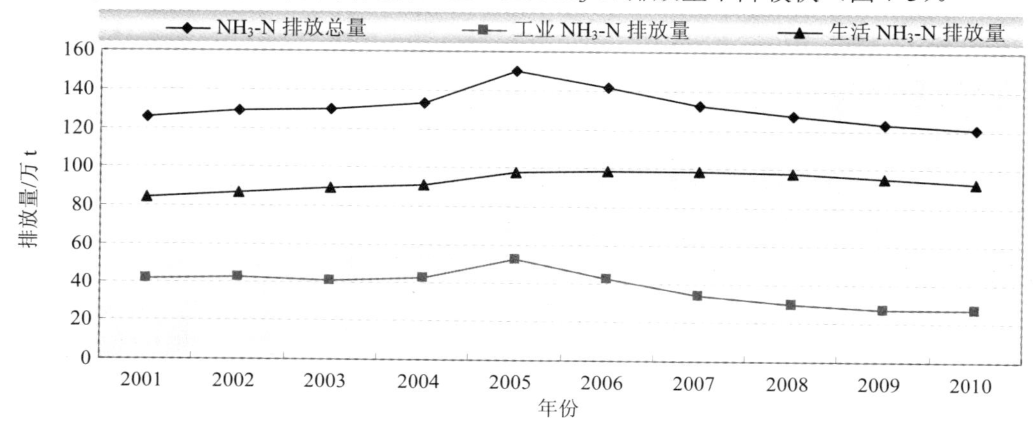

图 7-3 全国废水中 NH_3-N 排放量年际对比

7.4.1.2 大气污染物排放现状

当前，我国环境状况总体恶化的趋势尚未得到根本遏制，环境矛盾凸显，压力继续加大。部分区域和城市大气灰霾现象突出，许多地区主要污染物排放量超过环境容量。随着人口总量持续增长，工业化、城镇化快速推进，能源消费总量不断上升，污染物产生量将继续增加，经济增长的环境约束日趋强化。

（1）SO_2

“十一五”期间，国家将主要污染物排放总量显著减少作为经济社会发展的约束性指标，着力解决突出环境问题，在认识、政策、体制和能力等方面取得重要进展。SO_2

① 数据来源于《2010 年中国环境统计年报》。

排放总量比 2005 年下降 14.29%，超额完成减排任务。污染治理设施快速发展，火电脱硫装机比重由 12%提高到 82.6%。重点区域污染防治不断深化，环境质量有所改善，全国城市空气 SO_2 平均浓度下降 26.3%。

2010 年，全国工业废气排放量 519 168 亿 m^3（标态），比上年增加 19.1%。全国 SO_2 排放量为 2 185.1 万 t[①]，比上年减少 1.3%。其中，工业 SO_2 排放量为 1 864.4 万 t，基本与上年持平，占全国 SO_2 排放量的 85.3%；生活 SO_2 排放量 320.7 万 t，比上年减少 7.9%，占全国 SO_2 排放量的 14.7%。"十一五"期间，全国废气中 SO_2 排放总量、工业废气中 SO_2 排放量和生活废气中 SO_2 排放量均呈现逐年下降趋势。2010 年全国 SO_2 排放总量较 2005 年下降了 14.3%，超额完成了"十一五"总量减排任务（图 7-4）。

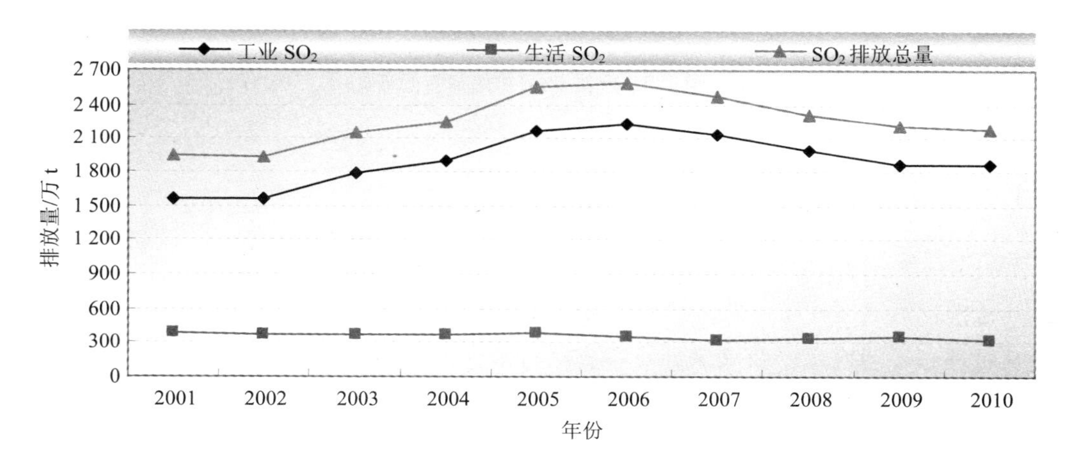

图 7-4　全国 SO_2 排放量年际变化

（2）NO_x

2010 年，NO_x 排放量为 1 852.4 万 t[②]，比上年增加 9.4%。其中，工业 NO_x 排放量为 1 465.6 万 t，比上年增加 14.1%，占全国 NO_x 排放量的 79.1%；生活 NO_x 排放量为 386.8 万 t，比上年减少 5.2%，占全国 NO_x 排放量的 20.9%；其中交通源 NO_x 排放量为 290.6 万 t，占全国 NO_x 排放量的 15.7%（图 7-5）。

① 数据来源于《2010 年中国环境统计年报》。

② 数据来源于《2010 年中国环境统计年报》。

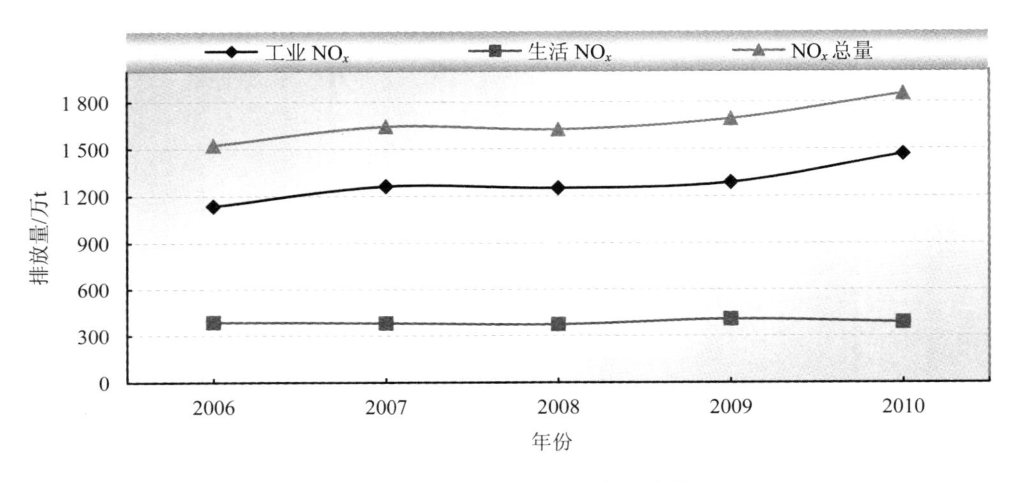

图 7-5　全国 NO_x 排放量年际变化

7.4.2　环境容量现状

（1）水环境容量现状

考虑自然地理分布差异、多年年际分布差异、年内季节分配差异以及人工开发利用影响对理想环境容量的折减来计算各省级行政区的 COD 和 NH_3-N 环境容量。从全国范围来看，我国 COD 和 NH_3-N 环境容量总计分别为 2 048.23 万 t/a 和 103.37 万 t/a（表 7-5）。从各省级行政区的主要污染物环境容量来看，我国南方地区的水环境容量资源相对较大，北方地区的水环境容量资源较小，南北差异较为明显。南方西部地区的西藏、四川、云南、贵州水环境容量资源相当丰富，东中部地区的湖南、湖北、广东、广西、江西、福建、安徽水环境容量资源较为丰富；北方西部地区的青海、新疆水环境容量较大，北方东中部的河北、山东、辽宁、北京、天津、山西、陕西、内蒙古、宁夏等大部分地区水环境容量较小。

（2）大气环境容量现状

从全国范围来看，我国 SO_2 和 NO_x 环境容量总计分别为 779.5/万 t 和 649.2/万 t。从表 7-6 可以看到，新疆的理想环境容量是最大的，其次是内蒙古、黑龙江、山东和辽宁，理想环境容量最低的为上海和西藏，其次为天津、海南、北京、宁夏、重庆。四个直辖市的理想环境容量都很低，这与它们的国土面积大小有关。

表 7-5 各省级行政区 COD 和 NH_3-N 环境容量 单位：万 t/a

省、市、自治区	COD	NH_3-N	省、市、自治区	COD	NH_3-N
北 京	0.73	0.02	湖 北	93.28	4.66
天 津	1.66	0.05	湖 南	170.76	8.54
河 北	9.46	0.47	广 东	149.41	7.47
山 西	7.93	0.40	广 西	130.75	6.54
内蒙古	24.91	1.25	海 南	10.45	0.38
辽 宁	31.85	1.59	重 庆	10.4	1.67
吉 林	35.65	1.78	四 川	229.41	11.47
黑龙江	56.79	2.84	贵 州	88.19	4.41
上 海	10.81	0.53	云 南	144.79	7.24
江 苏	18.66	0.93	西 藏	275.17	13.76
浙 江	56.82	2.84	陕 西	31.88	1.59
安 徽	54.47	2.72	甘 肃	31.21	1.56
福 建	76.54	3.83	青 海	94.32	4.72
江 西	111.8	5.59	宁 夏	0.73	0.04
山 东	11.5	0.58	新 疆	55.38	2.77
河 南	22.52	1.13	全 国	2 048.23	103.37

表 7-6 各省级行政区 SO_2 和 NO_x 理想环境容量 单位：万 t/a

省、市、自治区	SO_2	NO_x	省、市、自治区	SO_2	NO_x
北 京	15.4	12.9	湖 北	26.3	21.9
天 津	16.2	13.5	湖 南	26.4	22.0
河 北	35.3	29.4	广 东	29.6	24.7
山 西	20.6	17.2	广 西	21.8	18.1
内蒙古	42.7	35.6	海 南	12.1	10.1
辽 宁	41.4	34.5	重 庆	17.2	14.3
吉 林	35.8	29.8	四 川	22.7	18.9
黑龙江	42.5	35.4	贵 州	13.6	11.3
上 海	11.3	9.4	云 南	16.5	13.7
江 苏	30.9	25.8	西 藏	11.3	9.4
浙 江	22.9	19.1	陕 西	16.3	13.5
安 徽	28.5	23.8	甘 肃	17.5	14.6
福 建	18.0	15.0	青 海	24.8	20.7
江 西	21.8	18.2	宁 夏	10.4	8.6
山 东	41.8	34.8	新 疆	48.8	40.6
河 南	38.9	32.4	全 国	779.5	649.2

7.4.3 环境容量约束力现状

水环境容量利用强度可以用来表征环境容量约束力，其含义为：当强度＞1 时，说明水环境容量利用量超出了环境容量承载力阈值，将可能引发相应的环境问题；当强度＜1 时，说明环境容量利用量低于环境容量承载力阈值，尚有环境容量；强度=1 时，说明环境容量利用量=环境容量承载力阈值，处于临界状态。对于某一区域而言，其水环境容量利用强度越大，水环境约束力就越大。

（1）水环境容量约束力现状

基于主要水污染物环境容量和排放现状分析结果，计算得到各省级行政区 COD 和 NH_3-N 容量利用强度（表 7-7）。可以看出，宁夏、北京、天津、河北、山东、江苏、河南、山西等省份的 COD 环境容量利用强度远远大于 1，表明其水环境负荷已严重超出临界值，COD 水环境承载能力较差，尤以宁夏、北京、山东、河北、天津最为严重，其利用强度均大于 10。而贵州、云南、青海和西藏等省份的 COD 环境容量利用强度较低，均小于 0.5，说明其 COD 水环境承载能力较强，水环境质量较好。

表 7-7 各省级行政区 COD 和 NH_3-N 容量利用强度

省、市、自治区	COD			NH_3-N		
	容量/（万 t/a）	排放量/（万 t/a）	利用强度	容量/（万 t/a）	排放量/（万 t/a）	利用强度
北 京	0.73	20.0	27.40	0.02	2.20	110.00
天 津	1.66	23.8	14.34	0.05	2.79	55.80
河 北	9.46	142.2	15.03	0.47	11.61	24.70
山 西	7.93	50.7	6.39	0.40	5.93	14.83
内蒙古	24.91	92.1	3.70	1.25	5.45	4.36
辽 宁	31.85	137.3	4.31	1.59	11.25	7.08
吉 林	35.65	83.4	2.34	1.78	5.87	3.30
黑龙江	56.79	161.2	2.84	2.84	9.45	3.33
上 海	10.81	26.6	2.46	0.53	5.21	9.83
江 苏	18.66	128.0	6.86	0.93	16.12	17.33
浙 江	56.82	84.2	1.48	2.84	11.84	4.17

省、市、自治区	COD			NH_3-N		
	容量/（万 t/a）	排放量/（万 t/a）	利用强度	容量/（万 t/a）	排放量/（万 t/a）	利用强度
安　徽	54.47	97.3	1.79	2.72	11.20	4.12
福　建	76.54	69.6	0.91	3.83	9.72	2.54
江　西	111.8	77.7	0.69	5.59	9.45	1.69
山　东	11.5	201.6	17.53	0.58	17.64	30.41
河　南	22.52	148.2	6.58	1.13	15.57	13.78
湖　北	93.28	112.4	1.20	4.66	13.29	2.85
湖　南	170.76	134.1	0.79	8.54	16.95	1.98
广　东	149.41	193.3	1.29	7.47	23.52	3.15
广　西	130.75	80.7	0.62	6.54	8.45	1.29
海　南	10.45	20.4	1.95	0.38	2.29	6.03
重　庆	10.4	42.6	4.10	1.67	5.59	3.35
四　川	229.41	132.4	0.58	11.47	14.56	1.27
贵　州	88.19	34.8	0.39	4.41	4.03	0.91
云　南	144.79	56.4	0.39	7.24	6.00	0.83
西　藏	275.17	2.7	0.01	13.76	0.33	0.02
陕　西	31.88	57.0	1.79	1.59	6.44	4.05
甘　肃	31.21	40.2	1.29	1.56	4.33	2.78
青　海	94.32	10.4	0.11	4.72	0.96	0.20
宁　夏	0.73	24.0	32.88	0.04	1.82	45.50
新　疆	55.38	56.9	1.03	2.77	4.06	1.47

（2）大气环境容量约束力现状

主要大气污染物环境容量利用强度计算结果显示，最严重的贵州和山西两个省份的大气环境容量利用强度已经超过了 6，表明区域大气环境处于较易发生污染的危机状态。海南、西藏的利用强度都小于或等于 0.5，说明大气环境质量处于理想状态（表 7-8）。

表 7-8 大气环境容量利用强度

省、市、自治区	SO_2			NO_x		
	理想环境容量/（万 t/a）	2010 年排放量/（万 t/a）	利用强度	理想环境容量/（万 t/a）	2010 年排放量/（万 t/a）	利用强度
北 京	15.4	10.4	0.67	12.9	19.8	1.54
天 津	16.2	23.8	1.46	13.5	34.0	2.51
河 北	35.3	143.8	4.07	29.4	171.3	5.82
山 西	20.6	143.8	6.97	17.2	124.1	7.21
内蒙古	42.7	139.7	3.27	35.6	131.4	3.69
辽 宁	41.4	117.2	2.83	34.5	102.0	2.96
吉 林	35.8	41.7	1.17	29.8	58.2	1.95
黑龙江	42.5	51.3	1.21	35.4	75.3	2.13
上 海	11.3	25.5	2.26	9.4	44.3	4.72
江 苏	30.9	108.6	3.51	25.8	147.2	5.71
浙 江	22.9	68.4	2.98	19.1	85.3	4.46
安 徽	28.5	53.8	1.89	23.8	90.9	3.82
福 建	18.0	39.3	2.18	15.0	44.8	2.98
江 西	21.8	59.4	2.72	18.2	58.2	3.20
山 东	41.8	188.1	4.50	34.8	174.0	5.00
河 南	38.9	144.0	3.70	32.4	159.0	4.90
湖 北	26.3	69.5	2.64	21.9	63.1	2.88
湖 南	26.4	71.0	2.69	22.0	60.4	2.75
广 东	29.6	83.9	2.83	24.7	132.3	5.36
广 西	21.8	57.2	2.63	18.1	45.1	2.49
海 南	12.1	3.1	0.26	10.1	8.0	0.79
重 庆	17.2	60.9	3.54	14.3	38.2	2.67
四 川	22.7	92.7	4.09	18.9	62.0	3.28
贵 州	13.6	116.2	8.55	11.3	49.3	4.35
云 南	16.5	70.4	4.27	13.7	52.0	3.79
西 藏	11.3	0.4	0.04	9.4	3.8	0.40
陕 西	16.3	94.8	5.83	13.5	76.6	5.65
甘 肃	17.5	62.2	3.55	14.6	42.0	2.87
青 海	24.8	15.7	0.63	20.7	11.6	0.56
宁 夏	10.4	38.3	3.70	8.6	41.8	4.84
新 疆	48.8	63.1	1.29	40.6	58.8	1.45

7.5　分解方法及方案

7.5.1　影响因素分析

7.5.1.1　水环境容量约束力影响因素分析

（1）影响总量控制分配的因素

本书认为基于主体功能区的国家主要水污染物 COD 和 NH_3-N 的总量分配方案设计需考虑以下六方面因素：①经济发展水平和结构影响；②人口；③技术进步与水污染治理水平；④主体功能区环境约束目标；⑤水环境质量；⑥水资源禀赋。

其中，前三项因素是影响主要水污染物排放和减排水平的驱动性因素，这些因素又可分为正向驱动和反向驱动两种类型。正向驱动性因素包括经济发展水平和结构影响因素、人口因素；反向驱动性因素包括科技进步影响因素、污染治理水平因素；后三项因素是影响主要水污染物排放和减排水平的限制性因素，包括主体功能区环境约束目标因素、水环境质量和水资源禀赋因素。在同等条件下，正向驱动性因素是致使主要水污染物排放量增加的因素，反向驱动性因素是致使主要水污染物减排水平升高的因素，限制性因素是主要水污染物总量分配时的限制边界。

（2）影响因素的表征指标

1）经济发展水平和结构影响

考虑到经济环境效益，三产比重、重污染行业产值比重和单位 GDP 污染物排放强度都可以反映不同经济发展水平和结构对环境的影响。重污染行业产值比重和单位 GDP 污染物排放强度也可以反映科技因素对环境的影响。

2）人口

人口结构的表征指标包括城镇人口和农村人口的比例或者城镇人口占总人口的比重、农村人口占总人口的比重等。

3）技术进步与水污染治理水平

可用单位 COD 或废水的处理设施造价年均下降率或节能环保产业产值年均增长率、产业发展或产业升级的技术水平表示。因素的表征指标主要是指主要水污染物的排放绩效指标。

4）主体功能区环境约束目标

不同类型的主体功能区数量、面积各不相同，对其环境目标要求也不尽相同（表 7-9）。

表 7-9　各主体功能区环境承载状况与环境政策目标

项目		优化开发区	重点开发区	限制开发区	禁止开发区
基本性质		国土开发强度已经较高，资源环境承载能力开始减弱	环境承载能力较强，经济和人口集聚条件较好	资源环境承载能力较弱，大规模集聚经济和人口条件不够好，并关系到全国或较大区域范围生态安全；农产品供给在全国或者较大地区范围有重要影响	需要依法设定自然文化资源保护，进行其他特殊保护
环境特征描述		环境承载功能降低	环境承载功能较好	环境保护的重要性强或者不能承载高强度的开发	不赋予经济开发的环境承载职能
环境政策目标	环境质量	环境恶化得到全面控制，并趋向好转，区域环境质量得到显著改善	避免环境恶化，保持或提高环境质量，形成适宜生活生产的环境	环境恶化得到遏制，环境质量逐步好转，生态环境功能开始恢复	杜绝环境恶化，进行强制性保护，维持稳定良好的环境质量
	生态修复	不断改善生态，形成宜居生态环境	保持和提高区域发展的生态环境条件	提高生态服务功能，成为生态安全重要支撑点	保护生态环境，保障其生态服务核心功能
	污染减排	大幅减少排污，增加总量控制因子，做到增产减污	根据环境容量，制定总量控制目标，做到增产不增污	治理、限制或关闭排污企业，禁止新扩建排污企业	依法关闭所有排污企业，确保污染物零排放

5）水环境质量

水环境容量利用程度越高，则可分配的水污染物总量越小；反之，水环境容量利用程度越低，则可分配的水污染物总量越大。可用区域水环境容量利用程度等指标来表征，即区域主要水污染物排放量与该类污染物水环境容量的比值。

6）水资源禀赋

区域单位国土面积的水资源量指标往往与该区域水污染物的容量大小最为密切。

（3）影响因素指标集

基于以上分析，根据国家主体功能区主要水污染物总量管理和减排工作的需要，进一步从影响当前及未来污染物排放的整个链条进行系统分析，从社会经济技术现状、水污染物削减潜力、主体功能区类型环境约束差异、水环境质量及资源禀赋差异 4 个方面，对各项影响因素的表征指标进行筛选。

1）要体现区域社会、经济、技术的差异

人均 GDP、单位 GDP 污染物排放强度指标，这两项指标能够反映区域异质性，且与主要水污染物排放现状直接相关，直接影响到主要水污染物总量分配方案的制定。

2）要体现主要水污染物削减潜力的差异

从污染治理水平影响因素中筛选出工业废水主要污染物去除率、城镇生活污水主要污染物去除率两项指标作为表征主要水污染物削减潜力差异的选择。

3）要体现主体功能区类型环境约束目标的差异

在污染减排方面，优化开发区域要实行更严格的污染物排放标准和总量控制指标，大幅减少污染物排放，做到增产减污；重点开发区域要结合环境容量，实行严格的污染物排放总量控制指标，较大幅度减少污染物排放量，做到增产不增污；限制开发区域要通过治理、限制或关闭污染物排放企业、禁止新扩建排污企业等措施，实现污染物排放总量持续下降和环境质量状况达标；禁止开发区域要依法关闭所有污染物排放企业，确保污染物“零排放”，难以关闭的，必须限期迁出。本书定义主体功能区类型环境综合指数来体现主体功能区类型环境约束目标的差异，其综合指数的确定是基于各主体功能区相对于目标污染物排放量的权重和其面积构成，并通过层次分析法求解给出。

4）要体现区域水环境质量及资源禀赋的差异

本书从水环境质量、水资源禀赋影响因素中筛选出环境容量利用度、区域国控监测断面中较差水质断面所占比例、单位国土面积水资源量三个指标来表示当地对主要水污染物排放所做出的贡献和努力。

（4）总量分配指标集计算公式

人均 GDP（$\overline{\mathrm{GDP}_i}$）：

$$\overline{\mathrm{GDP}_i}=\frac{\mathrm{GDP}_i}{\mathrm{PL}_i} \tag{7-11}$$

单位 GDP 水污染物排放强度（E_{ijp}）：

$$E_{ijp}=\frac{E_{ij}}{\mathrm{GDP}_i} \tag{7-12}$$

工业废水主要水污染物去除率（I_{ij}）：

$$I_{ij}=\frac{\mathrm{TI}_{ij}}{\mathrm{TI}_{ij}+\mathrm{EI}_{ij}} \tag{7-13}$$

生活污水主要水污染物去除率（S_{ij}）：

$$S_{ij}=\frac{\mathrm{TS}_{ij}}{\mathrm{TS}_{ij}+\mathrm{ES}_{ij}} \tag{7-14}$$

环境容量利用度（EC_{ij}）：

$$\mathrm{EC}_{ij}=\frac{E_{ij}}{C_{ij}} \tag{7-15}$$

区域国控监测断面中水质较差断面比例（$R_{ij\mathrm{V}}$）：

$$R_{ij\mathrm{V}}=\frac{N_{ij\mathrm{V}}}{N_i} \tag{7-16}$$

单位国土面积的水资源量（QA_i）：

$$\mathrm{QA}_i=\frac{Q_i}{A_i} \tag{7-17}$$

主体功能区类型环境综合指数（P_i）：

$$P_i=\sum_{j=1}^{4}w_j s_{ij} \tag{7-18}$$

式中：GDP_i——i 地区 GDP 总量；

PL_i——i 地区人口总量；

E_{ij}——i 地区主要水污染物 j 的排放量；

TI_{ij}——i 地区工业废水第 j 种污染物的去除量；

EI_{ij}——i 地区工业废水第 j 种污染物的排放量；

TS_{ij}——i 地区城镇生活污水第 j 种污染物的处理量；

ES_{ij}——i 地区生活污水第 j 种污染物的排放量；

C_{ij}——i 地区第 j 种水污染物的环境容量；

N_{ijV} ——i 地区第 j 种水污染物为指标表征的国控Ⅴ类和劣Ⅴ类水质监测断面个数；

N_i ——i 地区国控水质监测断面总个数；

Q_i ——i 地区水资源总量；

A_i ——i 地区国土资源面积；

w_j ——各主体功能区类型的权重；

s_{ij} ——i 地区 j 类型主体功能区的面积。

7.5.1.2 大气环境容量约束力影响因素分析

（1）影响总量控制分配的因素

影响大气污染物环境约束力的因素主要有：①大气污染物环境现状；②经济社会发展水平；③污染治理水平；④主体功能区。其中，大气污染物环境现状是限制性要素，表示能容纳的污染物的量及环境质量目标，环境现状越好，环境约束力越小；经济社会因素是正向驱动要素，经济、人口活动的增加会导致污染物的产生量增加，环境约束力大；污染治理水平是反向驱动要素，污染治理水平会提高污染治理效率，降低排放量，环境约束力小。

（2）影响因素的表征指标

1）大气环境现状

大气环境现状影响要素有两种，一种是总量的约束，另一种是质量的约束。总量可以用环境容量相关的指标来表示大气环境的约束。不考虑其他条件的情况下，环境容量越大，可容纳的污染物的量越大，约束力也就越小，分配总量也应越大。在不考虑其他条件的情况下，大气环境质量越好，可容纳的污染物的量越大，约束力也就越小，分配总量也应越大。

2）社会经济影响要素

能源是大气环境约束力的重要影响因素之一。表征能源的指标有能源消耗总量、清洁能源占能源消耗总量的比例、单位 GDP 能耗等。单位 GDP 能耗越大，能源利用效率越低，大气环境约束力越大，可分配的排放量也越小。

3）污染治理水平要素

污染治理水平反映在污染物去除量、去除率、废气治理（脱硫）设施数量、治理能力、运行费用和运行效率、污染物排放达标率等方面。

4）主体功能区目标要素

不同的国土资源利用方式，大气质量要求不同，也会对主要大气污染物环境约束力产生影响。优化开发区域规划目标中提到大力提高清洁能源比重，壮大循环经济规模，广泛应用低碳技术，大幅降低 CO_2 排放强度，能源和水资源消耗以及污染物排放等标准达到或接近国际先进水平，全部实现垃圾无害化处理和污水达标排放。重点开发区域是资源环境承载能力较强、发展潜力较大、集聚人口和经济的条件较好，从而应该重点进行工业化城镇化开发的城市化地区。限制开发区域分为两类：一类是农产品主产区；另一类是重点生态功能区，生态系统脆弱或生态功能重要，资源环境承载能力较低。禁止开发区域是依法设立的各级各类自然文化资源保护区域，以及其他禁止进行工业化城镇化开发、需要特殊保护的重点生态功能区。依据以上分析，从大气环境容量利用强度、质量两个环境要素，经济社会发展水平、能源利用效率两个外在影响要素，污染治理水平和主体功能区两个要素出发，进行指标筛选。

（3）影响因素指标集

1）环境容量差异及提升环境质量水平

环境总量和环境质量是环境考核的两大重要方面，大气污染物总量分配要考虑这两个方面。环境容量选择大气环境容量利用强度指标表示，环境质量为环境质量现状，其中选择大气环境质量好于二级的天数的比例表示。

2）经济、社会发展要求

总量分配还要考虑经济发展和能源的适当需求。经济发展方面，选择人均 GDP 这一个经济社会指标；能源方面，选择单位 GDP 能耗这个指标。

3）污染物削减潜力差异

从污染治理水平中选择工业大气污染物（SO_2、NO_x）处理率、大气污染物排放达标率两个指标。处理率越低、达标率越低，对大气环境的负面影响就越大，应该加大削减，减少总量分配。

4）不同主体功能区要求

不同类型的主体功能区数量、面积各不相同，对其环境目标要求也不尽相同。

不同主体功能区对应的环境政策如表 7-10 所示。

表 7-10　不同主体功能区对应的环境政策

类型	环境政策
优化开发区	按照国际先进水平，实行更加严格的产业准入环境标准
	严格限制排污许可证的增发，完善排污权交易制度，制定较高的排污权有偿取得价格
	注重从源头上控制污染，建设项目要加强环境影响评价和环境风险防范，按照发展循环经济的要求进行规划、建设和改造
重点开发区	按照国内先进水平，根据环境容量逐步提高产业准入环境标准
	合理控制排污许可证的增发，积极推进排污权制度改革，制定合理的排污权有偿取得价格，鼓励新建项目通过排污权交易获得排污权
	注重从源头上控制污染，建设项目要加强环境影响评价和环境风险防范，重化工业集中地区要按照发展循环经济的要求进行规划、建设和改造
限制开发区	农产品主产区要按照保护和恢复地力的要求设置产业准入环境标准，重点生态功能区要按照生态功能恢复和保育原则设置产业准入环境标准
	从严控制排污许可证发放
	尽快全面实行矿山环境治理恢复保证金制度，并实行较高的提取标准
禁止开发区	按照强制保护原则设置产业准入环境标准
	不发放排污许可证
	旅游资源开发要同步建立完善的污水垃圾收集处理设施

7.5.2　削减规则

7.5.2.1　主要水污染物削减规则

根据总量分配指标合并和删减后的结果，对国家主要水污染物总量分配指标做进一步的调整，最终的水污染物总量分配指标集由 8 项指标组成，将这些指标作为水污染物目标总量削减分配时的应用规则（表 7-11）。

表 7-11 国家主要水污染物总量削减规则

指标	削减规则	指标内涵	正向指标（+） 反向指标（–）
人均 GDP	人均 GDP 越大，削减越大	经济发展水平高的地区应承担更大的污染减排责任	+
单位 GDP 污染排放强度	单位 GDP 污染排放强度越大，削减越大	单位 GDP 的水污染物排放越大，表明区域的单位 GDP 排放贡献越大，则应该承担更大的排放削减责任	+
工业废水主要水污染物去除率	工业废水主要水污染物去除率越大，削减越小	工业废水主要水污染物去除率越大，说明处理边际成本高，应该少削减	–
城镇生活污水主要水污染物去除率	城镇生活污水主要水污染物处理率越大，削减越小	城镇生活污水主要水污染物去除率越大，说明处理边际成本高，应该少削减	–
主体功能区类型环境综合指数	主体功能区类型环境综合指数越大，削减越小	综合指数的大小取决于各主体功能区相对于目标污染物排放量的权重和各地区不同类型主体功能区的面积构成。综合指数越低，表明环境约束目标要求越高，应该加大削减，减少污染物排放总量分配	–
水环境容量利用度	水环境容量利用度越大，削减越大	水环境容量利用度越大，表明水环境压力相对较大，区域主要水污染物应多削减，以降低区域水环境风险	+
国控监测断面中较差水质断面的比例	国控监测断面中较差水质断面的比例越大，削减越大	某一地区国控监测断面中较差水质断面比例越大，表明该地区水环境质量较差，因此，区域主要水污染物应多削减，以降低区域水环境风险	+
单位国土面积水资源量	单位国土面积水资源量越大，削减越小	单位国土面积水资源量越大，说明区域水环境容量禀赋越好，允许该区域少削减水污染物以充分利用其纳污能力	–

7.5.2.2　主要大气污染物削减规则

根据上面分析，对国家大气污染物总量分配指标做进一步的调整，最终的分配指标集由 6 项组成，将这些指标作为大气污染物目标总量削减分配时的应用规则（表 7-12）。

表 7-12　主要大气污染物总量削减规则

指标	削减规则	指标内涵	正负
大气环境容量利用强度	大气环境容量利用强度越大，削减越大	环境容量消耗多的地区应承担更大的污染减排责任	+
大气环境质量好于二级天数的比例	大气环境质量好于二级天数比例越小，削减越大	大气环境质量已经较差的地区，应该承担更大的排放削减责任	−
人均 GDP	人均 GDP 越大，削减越大	经济发展水平高的地区应承担更多的污染减排责任	+
单位 GDP 能耗	单位 GDP 能耗越大，削减越大	万元 GDP 能源消耗量越大，能源利用效率越低，则应该承担更大的排放削减责任	+
工业大气污染物处理率	工业大气污染物处理率越大，削减越小	工业大气污染物处理率越大，表明其工业污染物处理水平越高，提高处理率的边际成本高，应该少削减	−
主体功能区指数	重点开发区排放量大，其后依次是优化、限制、禁止开发区	根据主体功能区不同类型的划分，各个类型的环境目标不同，削减量应区别开来	−

7.5.3　分解方法

约束目标——环境容量利用强度的分配，可以归结为污染物排放削减量的分配。排放削减量分配分两步，第一步为影响削减量分配的各指标权重的确定，主要采用熵值法，其中主体功能区各类型对环境容量的影响采用层次分析法；第二步为污染物排放削减量的确定，采用改进的等比例分配方法。

7.5.3.1　指标权重确定——熵值法

熵值法是一种根据各项指标观测值所提供的信息的大小，即信息熵来确定指标权重的客观赋权方法。熵值法的原理为：在信息论中，熵是对不确定性的一种度量。信息量越大，不确定性就越小，熵也就越小；信息量越小，不确定性越大，熵也越大。根据熵的特性，我们可以通过计算熵值来判断一个事件的随机性及无序程度，也可以用熵值来判断某个指标的离散程度，指标的离散程度越大，该指标对综合评价的影响越大，则其权重也就越大。

熵值法具体的指标处理和权重计算方法为：

（1）数据标准化

由于影响污染物削减量分配的各项指标度量单位各不相同，需对其进行标准化处理，得到指标的归一化数值 f_{ij}。因各指标对污染物削减的影响有正有负（分别用正向指标与负向指标来表示），在对指标进行标准化处理时需对正、负向指标进行不同处理，如式（7-19）和式（7-20）所示。指标归一化数值 f_{ij} 越大，则对应的污染物削减率也应越大。

正向指标：

$$f_{ij}=(X_{ij}-X_{\min})/(X_{\max}-X_{\min}) \tag{7-19}$$

负向指标：

$$f_{ij}=(X_{\max}-X_{ij})/(X_{\max}-X_{\min}) \tag{7-20}$$

式中：X_{ij}——第 i 地区第 j 项指标值；

$X_{\max}$、$X_{\min}$——指标归一化过程中的最大、最小值。

（2）计算第 j 项指标的信息效用值 d_j

$$d_j=1+c\sum_{i=1}^{n}p_{ij}\ln p_{ij} \tag{7-21}$$

式中：p_{ij}——第 j 项指标下第 i 地区占该指数的比重；

n——分配地区的个数。

$$p_{ij}=f_{ij}/\sum_{i=1}^{n}f_{ij};\ c=\frac{1}{\ln n} \tag{7-22}$$

（3）确定评价指标的权重

某项指标的信息效用值越大，那么其在所有指标中的权重也应最大。第 j 项指标的权重可以表示为

$$w_j=d_j/\sum_{j=1}^{m}d_j \tag{7-23}$$

7.5.3.2 层次分析法

层次分析法（AHP）是美国运筹学家托马斯•塞蒂在 20 世纪 70 年代提出的，具有全面、系统和实用性的优点。层次分析法是一种将定性与定量分析方法相结合的多目标决策分析方法，将与决策有关的元素分解成目标、准则、方案等层次，在此基础之上进行定性和定量分析的决策方法。按照层次分析法构建评价体系，具体步骤为：首先，根据总体研究目标确定各因素层，建立递阶层次结构模型；其次，组织相关领域的专家，对各因素进行两两比较建立判断矩阵；最后，对判断矩阵进行一致性检验，计算出各因素的权重，从而构建出综合评价指标体系。层次分析法确定权重的步骤如下：

（1）构造判断矩阵

以 A 表示目标，u_i、u_j（i，j= 1，2，…，n）表示因素。u_{ij} 表示 u_i 对 u_j 的相对重要性数值，并由 u_{ij} 组成 A-U 判断矩阵 $\boldsymbol{P}$。

$$\boldsymbol{P}=\begin{bmatrix} u_{11} & u_{12} & u_{1n} \\ u_{21} & u_{22} & u_{2n} \\ \vdots & \vdots & \vdots \\ u_{n1} & u_{n2} & u_{nn} \end{bmatrix} \qquad (7\text{-}24)$$

（2）计算重要性排序

根据判断矩阵，求出其最大特征根 $\lambda_{\max}$ 所对应的特征向量 $\boldsymbol{w}$。方程如下：

$$\boldsymbol{Pw}=\lambda_{\max}\boldsymbol{w} \qquad (7\text{-}25)$$

所求特征向量 $\boldsymbol{w}$ 经归一化，即为各评价因素的重要性排序，也就是权重分配。

（3）一致性检验

以上得到的权重分配是否合理，还需要对判断矩阵进行一致性检验。检验使用公式如下：

$$\mathrm{CR} = \mathrm{CI}/\mathrm{RI} \qquad (7\text{-}26)$$

式中：CR——判断矩阵的随机一致性比率；

CI——判断矩阵的一般一致性指标。它由下式给出：

$$\mathrm{CI} = (\lambda_{\max} - n) / (n - 1) \qquad (7\text{-}27)$$

RI 为判断矩阵的平均随机一致性指标，1～9 阶的判断矩阵的 RI 值参见表 7-13。

表 7-13 平均随机一致性指标 RI 的值

n	1	2	3	4	5	6	7	8	9
RI	0	0	0.58	0.90	1.12	1.24	1.32	1.41	1.45

7.5.3.3 改进的等比例分配方法

等比例是指各地区在基准年污染物排放量的基础上进行相同比例的削减，这是整个削减分配方法的基础，改进则意味着依据公平准则体系根据地区之间的差异进行适当调整。一方面，等比例分配方法较为合乎国情，现实操作中较易执行；另一方面，考虑了各地区差异的分配方案合乎公平准则，容易被各方接受。

假定参与分配的地区主体数量为 n，所有地区整体排放的污染物量为 Q，整体相比于基期排放量的目标削减率为 C（此目标削减率为外生变量）。已知第 i 个地区的基期污染物排放量为 Q_i，需要确定第 i 个地区的目标削减率和削减量。基于改进的等比例分配方法，本书在削减分配过程中重点考虑“平均削减”和“相对削减”的概念，引入平均削减率和相对削减因子两个变量。平均削减率反映了等比例分配的准则，相对削减因子则是基于公平准则体系进行的适当调整。各地区的目标削减率为平均削减率与相对削减因子之积。三者之间的关系如式（7-28）所示。

$$x_i=\bar{x}\cdot\alpha_i \tag{7-28}$$

式中：x_i ——i 地区的目标削减率；

$\bar{x}$ ——n 个参与分配地区的平均削减率；

α_i ——i 地区的相对削减因子。

相对削减因子根据公平准则体系来确定，体现了各地区在等比例的基础上有差别的减排责任。首先，依据经济总量差异、产业结构差异、治理工程差异、环境质量状况差异、主体功能区分布差异等准则建立分配指标体系，将前述公平分配准则内涵（影响分配的要素）具体化；其次，根据各指标的数值大小和权重确定各地区的相对削减因子。计算式为

$$\alpha_i=\frac{\sum_{j=1}^{m} f_{ij}\times w_j}{\frac{1}{n}\sum_{i=1}^{n}\sum_{j=1}^{m} f_{ij}\times w_j} \tag{7-29}$$

式中：j——第 j 个指标（假设指标体系中共有 m 个指标）；

f_{ij} ——第 i 个地区第 j 个指标的归一化数值；

w_j——第 j 个指标的权重。

各地区的平均削减率则体现了平等的分配思想，由全国整体上要求的目标削减率 C 和各地区的相对削减因子计算得出：

$$\bar{x}=\frac{C\sum_{i=1}^{n} Q_i}{\sum_{i=1}^{n}\left(\alpha_i\times Q_i\right)} \tag{7-30}$$

综上所述，基于改进的等比例分配方法，各地区最终分配的污染物削减量 ΔQ_i：

$$\begin{aligned}\Delta Q_i&=\frac{C\sum_{i=1}^{n} Q_i}{\sum_{i=1}^{n}\alpha_i\times Q_i}\left(\alpha_i\times Q_i\right)\\&=\frac{C\sum_{i=1}^{n} Q_i}{\sum_{i=1}^{n}\left(\frac{\sum_{j=1}^{m} f_{ij}\times w_j}{\frac{1}{n}\sum_{i=1}^{n}\sum_{j=1}^{m} f_{ij}\times w_j}\times Q_i\right)}\times\frac{\sum_{j=1}^{m} f_{ij}\times w_j}{\frac{1}{n}\sum_{i=1}^{n}\sum_{j=1}^{m} f_{ij}\times w_j}\times Q_i\end{aligned} \tag{7-31}$$

7.5.4　分解方案

（1）COD 环境容量利用强度目标分配

由式（7-21）和式（7-23）可得基于熵值法的 COD 总量分配各指标的信息熵值、信息熵的效应值和熵权值，这三组数值是计算各分配对象综合属性的关键参量值，如表 7-14 所示。

表 7-14　基于熵值法的 COD 总量分配的关键参量值

指标	人均 GDP/（元/人）	单位 GDP 排放强度/（t/亿元）	COD 水环境容量利用度	水质较差断面比例/%	单位国土面积水资源量/（t/km^2）	工业废水 COD 去除率	生活污水 COD 去除率	主体功能区类型指数
信息熵	0.909	0.948	0.770	0.849	0.870	0.907	0.955	0.922
熵效用	0.091	0.053	0.230	0.151	0.130	0.093	0.046	0.078
熵权值	0.105	0.060	0.264	0.174	0.149	0.106	0.052	0.090

根据提出的 2020 年总量控制目标，即 2020 年 COD 排放量比 2015 年削减 6%，在上述研究结果的基础上，利用改进的等比例分配方法对 2020 年 COD 削减目标进行分配，结果如表 7-15 所示。

表 7-15　2020 年 COD 削减目标总量分配结果

省、市、自治区	2015 年 COD 控制量/万 t	相对削减因子	削减率/%	2020 年削减量/万 t	占总削减量比例/%	2020 年控制量/万 t
北　京	18.3	1.613	9.94	1.82	1.30	16.48
天　津	21.8	1.382	8.52	1.86	1.33	19.94
河　北	128.3	1.154	7.11	9.13	6.54	119.17
山　西	45.8	1.151	7.10	3.25	2.33	42.55
内蒙古	85.9	0.806	4.97	4.27	3.06	81.63
辽　宁	124.7	1.183	7.29	9.09	6.51	115.61
吉　林	76.1	1.065	6.57	5.00	3.58	71.10
黑龙江	147.3	0.907	5.59	8.23	5.90	139.07
上　海	23.9	1.148	7.07	1.69	1.21	22.21
江　苏	112.8	0.884	5.45	6.15	4.41	106.65
浙　江	74.6	1.059	6.53	4.87	3.49	69.73
安　徽	90.3	1.006	6.20	5.60	4.01	84.70
福　建	65.2	0.805	4.96	3.23	2.31	61.97
江　西	73.2	1.016	6.26	4.58	3.28	68.62
山　东	177.4	1.185	7.30	12.96	9.29	164.45
河　南	133.5	0.844	5.20	6.95	4.98	126.55
湖　北	104.1	0.807	4.97	5.18	3.71	98.92
湖　南	124.4	0.897	5.53	6.87	4.92	117.53
广　东	170.1	1.044	6.43	10.94	7.84	159.16

省、市、自治区	2015 年 COD 控制量/万 t	相对削减因子	削减率/%	2020 年削减量/万 t	占总削减量比例/%	2020 年控制量/万 t
广　西	74.6	0.734	4.52	3.37	2.41	71.23
海　南	20.4	0.982	6.05	1.23	0.88	19.17
重　庆	39.5	0.674	4.16	1.64	1.18	37.86
四　川	123.1	0.843	5.19	6.39	4.58	116.71
贵　州	32.7	0.537	3.31	1.08	0.77	31.62
云　南	52.9	0.861	5.31	2.81	2.01	50.09
西　藏	2.7	1.068	6.58	0.18	0.13	2.52
陕　西	52.7	1.168	7.20	3.79	2.72	48.91
甘　肃	37.6	0.668	4.12	1.55	1.11	36.05
青　海	12.3	1.228	7.57	0.93	0.67	11.37
宁　夏	22.6	1.464	9.02	2.04	1.46	20.56
新　疆	56.9	0.819	5.05	2.87	2.06	54.03

分配结果显示，在 2020 年全国整体 COD 比 2015 年削减 6%的要求下，各省的 COD 削减率存在明显差异。北京、天津、辽宁、山东、山西、河北、浙江、广东、上海等地削减率高于全国平均削减率，这些地区的优化开发区、重点开发区达到了 20%以上，经济比较发达、人口比较密集、开发强度较高、资源环境问题更加突出，水环境质量相对较差，数据显示，2010 年山西、辽宁、上海、天津、河北、北京的水质较差断面的比例分别达到了 45.83%、39.77%、38.89%、30.77%、30.48%、26.39，北京、天津、河北、山东的 COD 水环境容量利用强度分别达到了 27.4、14.34、15.03、17.53。宁夏、青海、陕西等中西部地区经济发展水平相对较低，但由于其 80%以上区域属于限制禁止开发区，对水环境质量要求较高，且部分地区现状水环境质量较差、污染治理水平较低，从主体功能区的发展要求以及可持续发展的角度来看，需要进行较多的污染削减。部分东部发达地区因其治理水平已较高，其削减率略低于全国平均削减率，如福建、江苏等地。新疆、甘肃、贵州、云南等西部地区低于全国平均削减率，与其较小的水环境压力有关。从总体上看，分配结果在体现了地区差异的同时，也体现了污染物削减公平分配的原则。在削减率计算的基础上，表 7-16 给出了计算出的 2015 年和 2020 年 COD 环境容量利用强度分配结果。

表 7-16　2015 年 COD 环境容量利用强度分配结果

省、市、自治区	2010 年 COD 容量利用强度	2015 年 COD 容量利用强度	2020 年 COD 容量利用强度
北　京	27.40	25.07	22.58
天　津	14.34	13.13	12.01
河　北	15.03	13.56	12.60
山　西	6.39	5.78	5.37
内蒙古	3.70	3.45	3.28
辽　宁	4.31	3.92	3.63
吉　林	2.34	2.13	1.99
黑龙江	2.84	2.59	2.45
上　海	2.46	2.21	2.05
江　苏	6.86	6.05	5.72
浙　江	1.48	1.31	1.23
安　徽	1.79	1.66	1.56
福　建	0.91	0.85	0.81
江　西	0.69	0.65	0.61
山　东	17.53	15.43	14.30
河　南	6.58	5.93	5.62
湖　北	1.20	1.12	1.06
湖　南	0.79	0.73	0.69
广　东	1.29	1.14	1.07
广　西	0.62	0.57	0.54
海　南	1.95	1.95	1.83
重　庆	4.10	3.80	3.64
四　川	0.58	0.54	0.51
贵　州	0.39	0.37	0.36
云　南	0.39	0.37	0.35
西　藏	0.01	0.01	0.01
陕　西	1.79	1.65	1.53
甘　肃	1.29	1.20	1.16
青　海	0.11	0.13	0.12
宁　夏	32.88	30.96	28.17
新　疆	1.03	1.03	0.98

图 7-6 给出了 2015 年与 2020 年各地区 COD 环境容量利用强度的变化情况。显然，各地区的 COD 环境容量利用强度均有所降低，尤其是现状利用强度较高的地区，下降幅度相对较大，如宁夏、北京、山东、河北、天津等地。而四川、贵州、云南、青海、西藏等现状利用强度较小的地区，下降幅度相对较小。

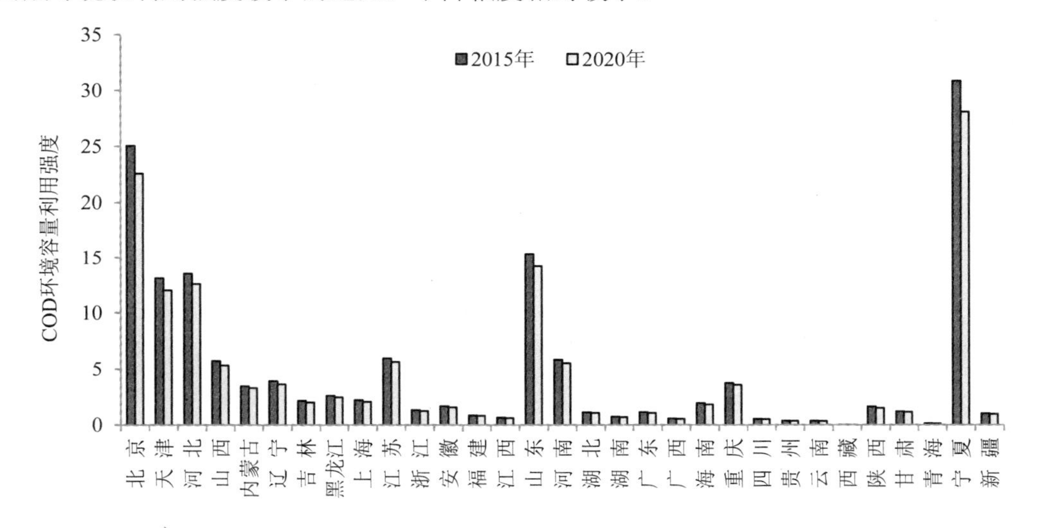

图 7-6 2015 年和 2020 年各地区 COD 环境容量利用强度对比

（2）NH_3-N 环境容量利用强度分配方案

同样按照本书中 COD 总量分配的思路，对 2020 年 NH_3-N 总量控制目标进行分配，计算给出 NH_3-N 总量分配各指标的信息熵值、信息熵的效应值和熵权值（表 7-17）。

表 7-17 基于熵值法的 NH_3-N 总量分配的关键参量值

指标	人均 GDP/（元/人）	单位 GDP 排放强度/（t/亿元）	NH_3-N 水环境容量利用度	水质较差断面比例/%	单位国土面积水资源量/（t/km^2）	工业废水 NH_3-N 去除率	生活污水 NH_3-N 去除率	主体功能区类型指数
信息熵	0.909	0.965	0.726	0.849	0.870	0.920	0.952	0.922
熵效用	0.091	0.035	0.274	0.151	0.130	0.080	0.048	0.078
熵权值	0.103	0.040	0.309	0.170	0.146	0.090	0.055	0.088

同样根据本书2020年总量控制目标，即2020年NH_3-N排放量比2015年削减8.5%，在上述研究结果的基础上，利用改进的等比例分配方法对2020年NH_3-N削减目标进行分配（表7-18）。NH_3-N分配结果显示，在2020年全国整体NH_3-N比2015年削减8.5%的要求下，各省的NH_3-N削减率也存在明显差异。北京、天津、上海、辽宁、山西、河北、浙江、广东等地削减率高于全国平均削减率，与COD削减目标分配特征基本一致，仅削减幅度相对更大，其中北京、天津削减率分别达到17.66%和15.17%。数据显示，2010年北京、天津的NH_3-N环境容量利用强度分别达到110.00和55.80，NH_3-N排放量大大超过其水环境容量。青海、陕西等中西部地区经济发展水平相对较低，现状水环境质量较差、污染治理水平较低，其中青海的NH_3-N去除率不到3%，陕西的水质较差断面比例达到了53.13%，从主体功能区的发展要求以及可持续发展的角度来看，需要进行较多的污染削减。与COD类似，福建、江苏部分东部发达地区因其治理水平较高，其削减率略低于全国平均削减率。西藏、新疆、甘肃、贵州、云南等西部地区低于全国平均削减率，其大部分地区属于限制与禁止开发区，现状水环境质量较好，特别是新疆和西藏地区的限制与禁止开发区之和达到95%以上。从NH_3-N的分配结果来看，符合不同主体功能区类型对水环境质量的要求以及污染减排的最终目的。在此基础上，表7-19给出了计算出的2015年和2020年NH_3-N环境容量利用强度分配结果。

表7-18　2020年NH_3-N削减目标总量分配结果

省、市、自治区	2015年NH_3-N控制量/万t	相对削减因子	削减率/%	2020年削减量/万t	占总削减量比例/%	2020年控制量/万t
北　京	1.98	2.000	17.66	0.35	1.74	1.63
天　津	2.50	1.718	15.17	0.38	1.89	2.12
河　北	10.14	1.013	8.95	0.91	4.54	9.23
山　西	5.21	1.120	9.89	0.52	2.59	4.69
内蒙古	4.92	0.816	7.21	0.35	1.74	4.57
辽　宁	10.01	1.088	9.60	0.96	4.79	9.05
吉　林	5.25	1.045	9.23	0.48	2.39	4.77
黑龙江	8.47	0.708	6.25	0.53	2.64	7.94

省、市、自治区	2015 年 NH_3-N 控制量/万 t	相对削减因子	削减率/%	2020 年削减量/万 t	占总削减量比例/%	2020 年控制量/万 t
上　海	4.54	1.291	11.40	0.52	2.59	4.02
江　苏	14.04	0.870	7.68	1.08	5.38	12.96
浙　江	10.36	1.075	9.49	0.98	4.89	9.38
安　徽	10.09	0.990	8.74	0.88	4.39	9.21
福　建	8.90	0.839	7.40	0.66	3.29	8.24
江　西	8.52	1.017	8.98	0.77	3.84	7.75
山　东	15.29	0.972	8.58	1.31	6.53	13.98
河　南	13.61	0.896	7.91	1.08	5.38	12.53
湖　北	12.00	0.898	7.93	0.95	4.74	11.05
湖　南	15.29	1.003	8.86	1.35	6.73	13.94
广　东	20.39	1.048	9.25	1.89	9.42	18.50
广　西	7.71	0.805	7.11	0.55	2.74	7.16
海　南	2.29	1.099	9.71	0.22	1.10	2.07
重　庆	5.10	0.609	5.37	0.27	1.35	4.83
四　川	13.31	0.905	7.99	1.06	5.28	12.25
贵　州	3.72	0.602	5.31	0.20	1.00	3.52
云　南	5.51	0.842	7.44	0.41	2.04	5.10
西　藏	0.33	0.924	8.16	0.03	0.15	0.30
陕　西	5.81	1.215	10.73	0.62	3.09	5.19
甘　肃	3.94	0.689	6.08	0.24	1.20	3.70
青　海	1.10	1.274	11.25	0.12	0.60	0.98
宁　夏	1.67	0.941	8.31	0.14	0.70	1.53
新　疆	4.06	0.692	6.11	0.25	1.25	3.81

表 7-19 2015 年和 2020 年 NH_3-N 环境容量利用强度分配结果

省、市、自治区	2010 年 NH_3-N 利用强度	2015 年 NH_3-N 利用强度	2020 年 NH_3-N 利用强度
北 京	110.00	99.00	81.52
天 津	55.80	50.00	42.41
河 北	24.70	21.57	19.64
山 西	14.83	13.03	11.74
内蒙古	4.36	3.94	3.65
辽 宁	7.08	6.30	5.69
吉 林	3.30	2.95	2.68
黑龙江	3.33	2.98	2.80
上 海	9.83	8.57	7.59
江 苏	17.33	15.10	13.94
浙 江	4.17	3.65	3.30
安 徽	4.12	3.71	3.39
福 建	2.54	2.32	2.15
江 西	1.69	1.52	1.39
山 东	30.41	26.36	24.10
河 南	13.78	12.04	11.09
湖 北	2.85	2.58	2.37
湖 南	1.98	1.79	1.63
广 东	3.15	2.73	2.48
广 西	1.29	1.18	1.10
海 南	6.03	6.03	5.44
重 庆	3.35	3.05	2.89
四 川	1.27	1.16	1.07
贵 州	0.91	0.84	0.80
云 南	0.83	0.76	0.70
西 藏	0.02	0.02	0.02
陕 西	4.05	3.65	3.26
甘 肃	2.78	2.53	2.37
青 海	0.20	0.23	0.21
宁 夏	45.50	41.75	38.28
新 疆	1.47	1.47	1.38

图 7-7 给出了 2020 年与 2015 年各地区 NH_3-N 环境容量利用强度变化情况。显然，各地区的 NH_3-N 环境容量利用强度均有所降低，尤其是现状利用强度较高的地区，下

降幅度相对较大，如北京、天津、宁夏、山东、河北、江苏等地。同样，对于四川、贵州、云南、青海、西藏等现状利用强度较小的地区，下降幅度相对较小。

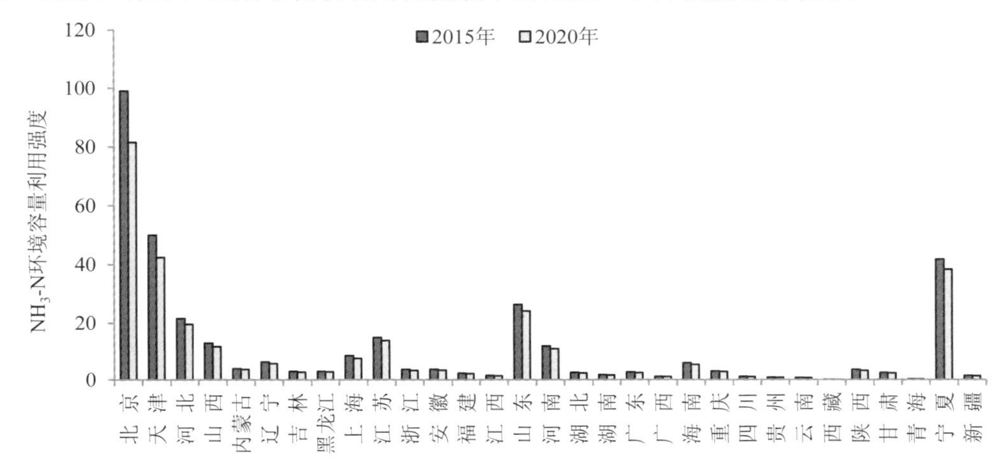

图 7-7　2015 年和 2020 年各地区 NH_3-N 环境容量利用强度分配结果

（3）SO_2 环境容量利用强度分配方案

确定指标的权重采用熵值法（方法同水部分），熵值法是一种在综合考虑各评价指标所提供信息量的基础上，计算一个综合指标的数学方法。根据收集到的指标，将数据构成的原始矩阵进行标准化，根据熵值法公式计算出的各评价指标的信息熵和熵权值如表 7-20 所示。

表 7-20　熵值法计算结果

分配指标	人均 GDP	单位地区生产总值能耗	SO_2 环境容量利用强度
信息熵	0.908 9	0.899 9	0.940 2
熵权值	0.179 5	0.197 3	0.117 7
分配指标	空气质量达到二级以上天数占全年比重	工业 SO_2 去除率	主体功能区指数
信息熵	0.909 2	0.898 8	0.935 3
熵权值	0.178 8	0.199 4	0.127 3

从得到的总量分配评价指标权重分布上，可以看到对总量分配起重要影响作用指标的权重：工业 SO_2 去除率＞单位地区生产总值能耗＞人均 GDP＞空气质量达到二级以上天数占全年比重＞主体功能区指数＞SO_2 环境容量利用强度，这与实际情况比较吻合。因

此，根据熵值法得到的总量分配评价指标权重具有准确性和科学性，作为客观确定评价指标权重的重要方法，熵值法在进行总量分配评价研究中具有可行性。“十三五”SO_2削减总量分配计算结果见表7-21，2010年和2020年SO_2环境容量利用强度计算结果见表7-22。

表7-21 “十三五”SO_2削减总量分配计算结果（相对于2015年）

省、市、自治区	削减率/%	削减量/万t	占总削减量的比例/%	相对削减因子
北京	22.72	2.36	0.67	1.410
天津	22.11	5.26	1.48	1.372
河北	16.16	23.24	6.56	1.003
山西	18.32	26.35	7.43	1.137
内蒙古	21.85	30.53	8.61	1.356
辽宁	14.31	16.77	4.73	0.888
吉林	16.86	7.03	1.98	1.046
黑龙江	18.46	9.47	2.67	1.146
上海	19.60	5.00	1.41	1.216
江苏	15.03	16.32	4.60	0.933
浙江	14.77	10.10	2.85	0.916
安徽	7.58	4.08	1.15	0.470
福建	11.06	4.35	1.23	0.687
江西	6.15	3.65	1.03	0.382
山东	14.67	27.60	7.78	0.910
河南	14.52	20.91	5.90	0.901
湖北	14.81	10.30	2.90	0.919
湖南	12.49	8.87	2.50	0.775
广东	10.99	9.22	2.60	0.682
广西	8.83	5.05	1.43	0.548
海南	7.02	0.22	0.06	0.435
重庆	15.54	9.46	2.67	0.964
四川	14.70	13.62	3.84	0.912
贵州	16.43	19.09	5.38	1.019
云南	9.27	6.53	1.84	0.576
西藏	20.10	0.08	0.02	1.247
陕西	17.65	16.74	4.72	1.095
甘肃	16.20	10.08	2.84	1.005
青海	27.72	4.35	1.23	1.720
宁夏	23.98	9.18	2.59	1.488
新疆	29.67	18.72	5.28	1.841
全国	15.70	354.54		

表 7-22　2015 年和 2020 年 SO_2 环境容量利用强度计算结果

省、市、自治区	2010 年 SO_2 环境容量利用强度	2015 年 SO_2 环境容量利用强度	2020 年 SO_2 环境容量利用强度
北　京	0.67	0.58	0.52
天　津	1.46	1.33	1.19
河　北	4.07	3.55	3.28
山　西	6.97	6.18	5.64
内蒙古	3.27	3.14	2.82
辽　宁	2.83	2.53	2.36
吉　林	1.17	1.13	1.04
黑龙江	1.21	1.18	1.08
上　海	2.26	1.95	1.77
江　苏	3.51	2.99	2.78
浙　江	2.98	2.59	2.40
安　徽	1.89	1.77	1.71
福　建	2.18	2.03	1.92
江　西	2.72	2.52	2.44
山　东	4.50	3.83	3.56
河　南	3.70	3.26	3.04
湖　北	2.64	2.42	2.25
湖　南	2.69	2.47	2.32
广　东	2.83	2.41	2.29
广　西	2.63	2.42	2.32
海　南	0.26	0.35	0.34
重　庆	3.54	3.29	3.05
四　川	4.09	3.73	3.47
贵　州	8.55	7.81	7.20
云　南	4.27	4.10	3.92
西　藏	0.04	0.04	0.03
陕　西	5.83	5.37	4.92
甘　肃	3.55	3.62	3.34
青　海	0.63	0.74	0.64
宁　夏	3.70	3.56	3.16
新　疆	1.29	1.29	1.11

各地 2015 年和 2020 年 SO_2 利用强度对比如图 7-8 所示。虽然 2015 年和 2020 年的污染物排放总量有所减少，环境容量利用强度有所下降，但是全国大部分地区的二氧化硫环境容量利用强度依然较高。

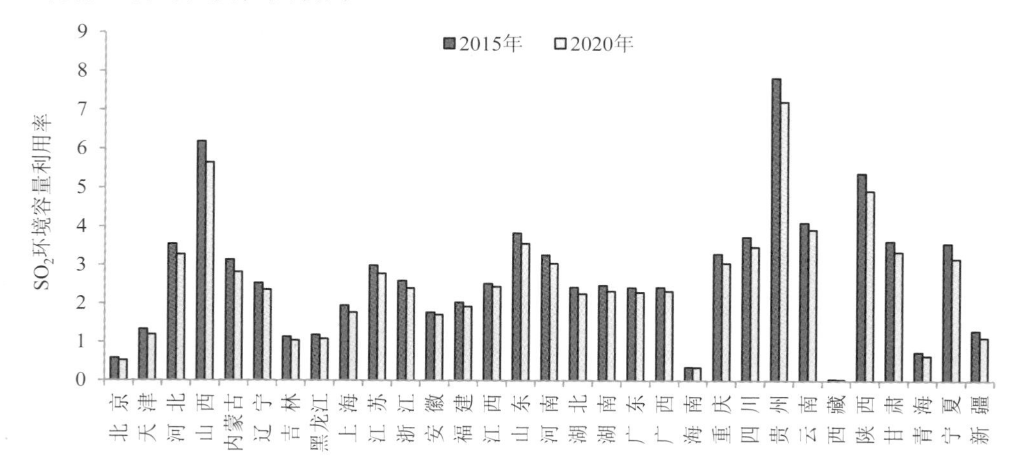

图 7-8　2015 年和 2020 年各地区 SO_2 利用强度

（4）NO_x 环境容量利用强度分配方案

根据收集到的指标，将数据构成的原始矩阵进行标准化，根据熵值法公式计算出的各评价指标的信息熵和熵权值如表 7-23 所示。

表 7-23　熵值法计算结果

分配指标	人均 GDP	单位地区生产总值能耗	NO_x 环境容量承载率
信息熵	0.908 9	0.899 9	0.949 6
熵权值	0.212 7	0.233 8	0.117 6
分配指标	空气质量达到二级以上天数占全年比重	工业 NO_x 去除率	主体功能区指数
信息熵	0.909 2	0.968 7	0.935 3
熵权值	0.211 9	0.073 1	0.150 9

根据前文的计算结果，“十三五”NO_x 削减总量按 2020 年比 2010 年总量削减 18.7% 计算（表 7-24）。

表 7-24 “十三五” NO_x 削减总量分配计算结果

省、市、自治区	削减率/%	削减量/万 t	占总削减量的比例/%	相对削减因子
北　京	29.31	5.80	1.37	1.558
天　津	24.48	8.32	1.97	1.301
河　北	20.22	34.63	8.18	1.074
山　西	19.34	24.01	5.67	1.028
内蒙古	26.16	34.37	8.12	1.390
辽　宁	16.46	16.79	3.96	0.875
吉　林	18.13	10.55	2.49	0.963
黑龙江	16.50	12.43	2.93	0.877
上　海	24.64	10.92	2.58	1.310
江　苏	20.63	30.36	7.17	1.096
浙　江	19.44	16.58	3.92	1.033
安　徽	11.51	10.46	2.47	0.612
福　建	12.39	5.55	1.31	0.658
江　西	10.87	6.33	1.49	0.578
山　东	19.87	34.58	8.16	1.056
河　南	18.03	28.66	6.77	0.958
湖　北	19.27	12.16	2.87	1.024
湖　南	14.76	8.92	2.11	0.785
广　东	12.40	16.41	3.87	0.659
广　西	7.99	3.60	0.85	0.425
海　南	11.55	0.92	0.22	0.614
重　庆	18.62	7.11	1.68	0.990
四　川	14.89	9.23	2.18	0.791
贵　州	17.10	8.43	1.99	0.909
云　南	13.81	7.18	1.70	0.734
西　藏	15.36	0.58	0.14	0.816
陕　西	20.95	16.05	3.79	1.113
甘　肃	20.82	8.74	2.06	1.106
青　海	26.63	3.09	0.73	1.415
宁　夏	30.79	12.87	3.04	1.637
新　疆	30.41	17.88	4.22	1.616
全　国	18.70	423.52		

在此基础上，计算给出 2015 年和 2020 年 NO_x 环境容量利用强度的分配结果（表 7-25）。

表 7-25 2015 年和 2020 年 NO_x 利用强度分配结果

省、市、自治区	2010 年 NO_x 利用强度	2015 年 NO_x 利用强度	2020 年 NO_x 利用强度
北京	1.54	1.35	1.17
天津	2.51	2.13	1.89
河北	5.82	5.01	4.55
山西	7.21	6.21	5.67
内蒙古	3.69	3.48	3.06
辽宁	2.96	2.55	2.36
吉林	1.95	1.82	1.67
黑龙江	2.13	2.06	1.91
上海	4.72	3.89	3.45
江苏	5.71	4.71	4.27
浙江	4.46	3.66	3.34
安徽	3.82	3.45	3.27
福建	2.98	2.72	2.57
江西	3.2	2.98	2.84
山东	5	4.19	3.81
河南	4.9	4.18	3.84
湖北	2.88	2.67	2.44
湖南	2.75	2.50	2.34
广东	5.36	4.45	4.20
广西	2.49	2.27	2.18
海南	0.79	0.97	0.92
重庆	2.67	2.48	2.27
四川	3.28	3.06	2.85
贵州	4.35	3.93	3.62
云南	3.79	3.57	3.35
西藏	0.4	0.40	0.37
陕西	5.65	5.09	4.61
甘肃	2.87	2.79	2.52
青海	0.56	0.65	0.57
宁夏	4.84	4.61	3.97
新疆	1.45	1.45	1.25

虽然 2015 年和 2020 年各地的 NO_x 排放总量均有所减少，NO_x 环境容量利用强度有所下降，但是全国大部分地区的利用强度依然较高（图 7-9）。

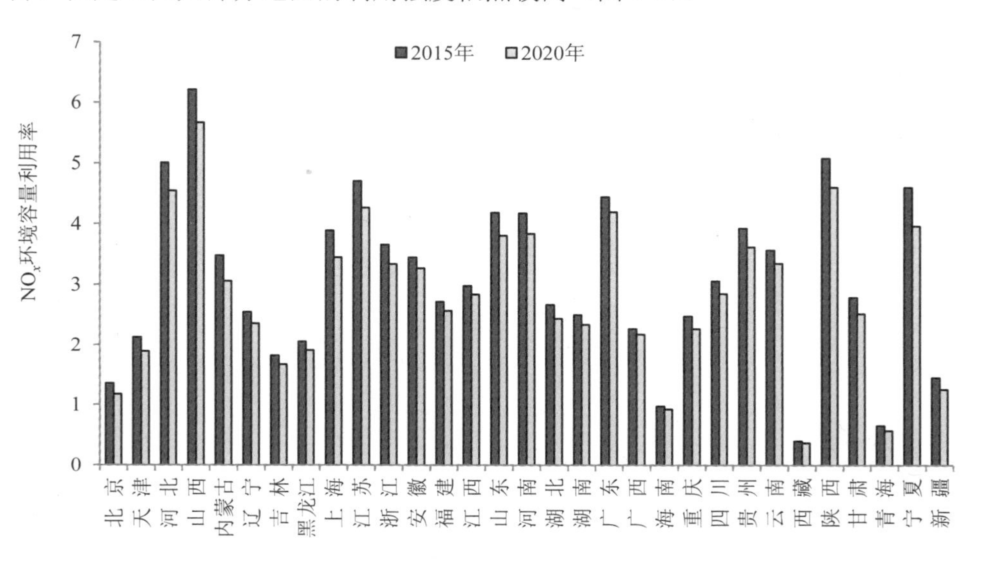

图 7-9　2015 年和 2020 年各地区 NO_x 容量利用强度

第 8 章　环境承载力评估监测预警平台

在开展的环境承载力评估方法与试点研究的基础上，课题组开发完成了国家环境承载力监测预警平台一期（以下简称“平台”），该平台搭建了集合基础数据库、计算模型库、评估结果 GIS 展示与查询、环境承载力监测预警响应、基于主体功能区的集环境承载力调控等多功能为一体的平台框架，并以京津冀为例，实现了京津冀区域环境承载力评估、成果展示、预警与可视化，为进一步实现全国层面环境承载力评估预警的信息化、指导产业优化布局与调整提供技术支持。

8.1　平台框架

8.1.1　平台框架

环境承载力评估监测预警平台基于基础数据库、环境监测数据库等基础数据，选取水/大气环境超载率计算模型作为核心算法，以 GIS 基础应用平台为可视化平台，搭建基于水、大气环境质量方法的环境承载能力计算平台。同时，针对已有基于环境容量法的环境承载能力评估成果，搭建 GIS 展示平台，并预留环境承载力监测预警功能接口，构建环境承载能力监测预警平台。平台框架见图 8-1。

①硬件层：包括服务器、网络等基础设施。

②数据库层：系统采用 EF（Entity Framework）连接数据库，可读取本地微软 SQL Server 数据库。建立数据管理系统，数据库包括基础数据库、水环境监测数据库、大气环境监测数据库、水环境容量法研究成果数据库和大气环境容量法研究成果数据库。

③计算平台：包括单指标水环境质量超载率计算和综合水环境质量超载率计算，单指标大气环境质量超载率计算和综合大气环境质量超载率计算，环境质量超载率综合计

算三大方面。

④展示平台：包括水环境容量计算结果、入河污染物排放量计算模块和基于环境容量法的水环境承载能力评估结果，大气环境容量计算结果、大气污染物排放量计算模块和基于环境容量法的大气环境承载能力评估结果，基于环境容量法的综合环境承载力评估结果三大方面。

⑤业务应用层：主要包括环境承载力评估计算、环境承载力空间 GIS 展示、统计分析；数据查询、数据浏览、数据管理、数据下载；系统管理、日志管理。

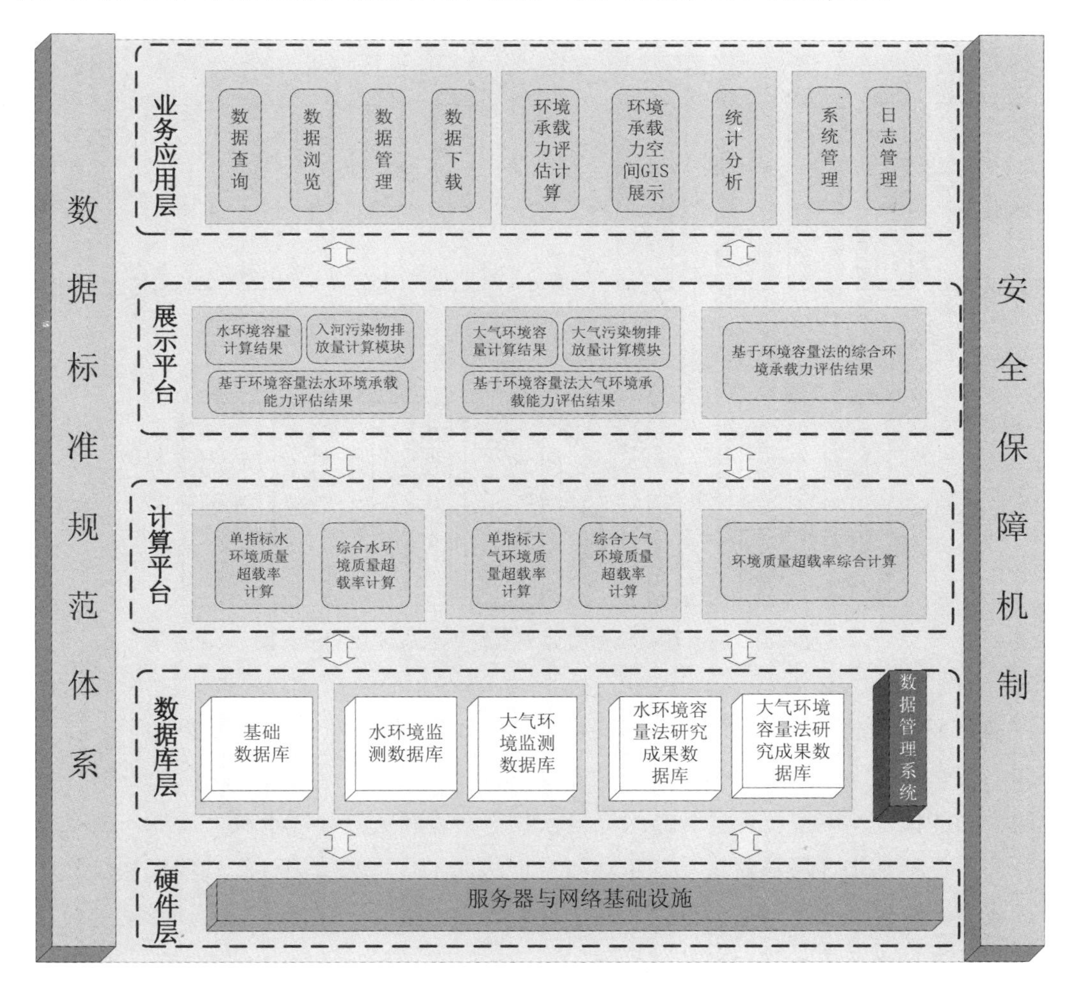

图 8-1 国家环境承载力监测预警平台总体架构图

8.1.2 平台总体功能设计

环境承载力评估监测预警平台总体功能设计如图 8-2 所示。

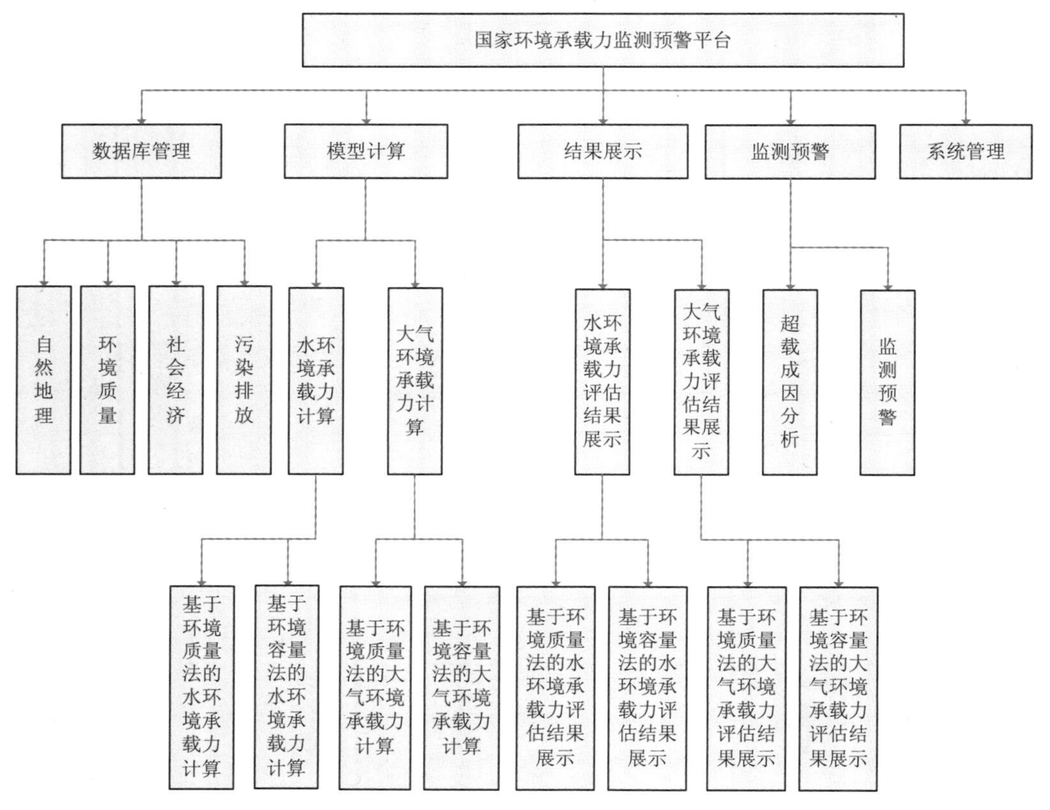

图 8-2 国家环境承载力监测预警平台总体功能设计图

国家环境承载力监测预警平台主要包括数据库管理、模型计算、结果展示、监测预警和系统管理五大模块。数据库管理主要包括自然地理、环境质量、社会经济和污染排放四个功能模块。模型计算分别为水环境承载力计算和大气环境承载力计算，水环境承载力计算包括基于环境质量法和基于环境容量法的水环境承载力计算功能模块；大气环境承载力计算包括基于环境质量法和基于环境容量法的大气环境承载力计算功能模块。结果展示包括水环境承载力评估结果展示以及大气环境承载力评估结果展示，水环境承载力评估结果展示包括基于环境质量法和基于环境容量法的水环境承载力评估结果展示功能模块；大气环境承载力评估结果展示包括基于环境质量法和基于环境容量法的大气环境承载力评估结果展示功能模块。监测预警包括超载成因分析和监测预警两大功能模块。系统管理模块主要以管理性质模块为主，如日志管理、权限管理等。

8.2 技术路线

“平台”开发的工作思路如图 8-3 所示。前期通过对平台需求进行调研分析，收集空间数据、环境质量数据、污染排放数据、研究成果数据等基础信息数据，整理错误和欠缺数据，建立数据库管理系统，搭建平台框架，根据平台接口耦合的要求预留好接口。通过用户反复反馈软件需求，运用数据库技术和地理信息系统技术，结合模型算法开发和平台接口开发，对环境承载力监测预警平台进行开发，开发完成后对平台示范模拟运行。

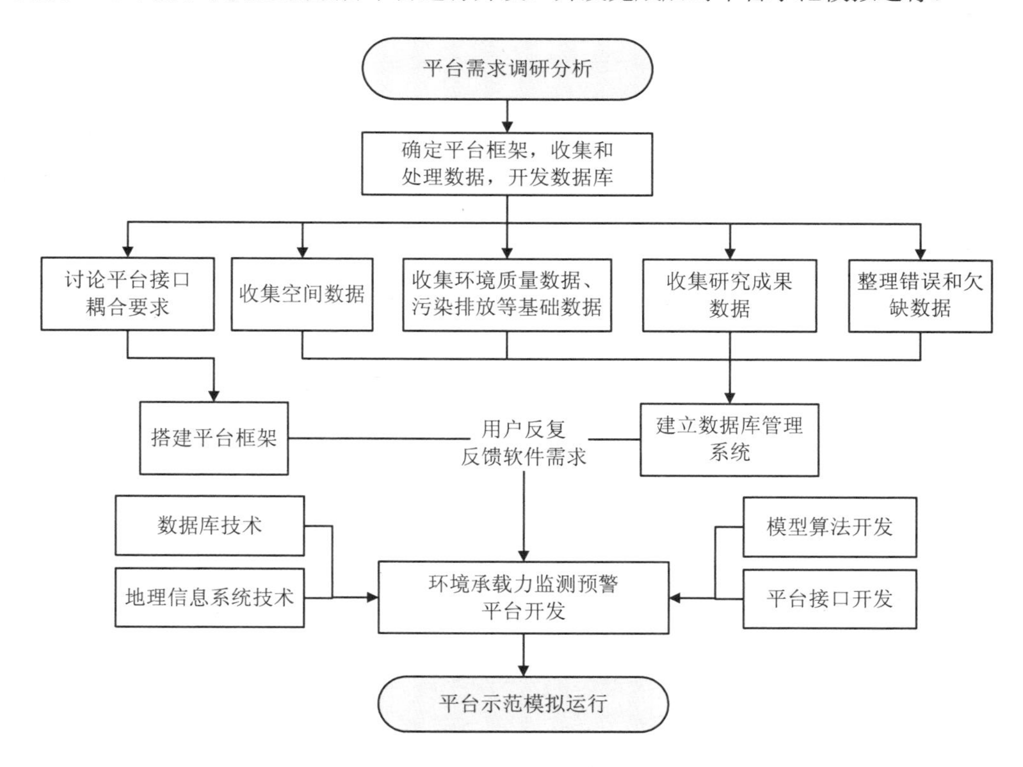

图 8-3 “平台”开发技术路线图

8.3　展示成果

8.3.1　数据库管理

平台数据库包括自然地理数据库、社会经济数据库、污染排放数据库及环境质量数据库，如图 8-4 所示。平台数据库管理梳理数据资源目录、对数据进行统一管理，进一步实现环境承载力评估、展示等模块对数据的调用与进一步统计分析、模型计算和 GIS 展示等功能。

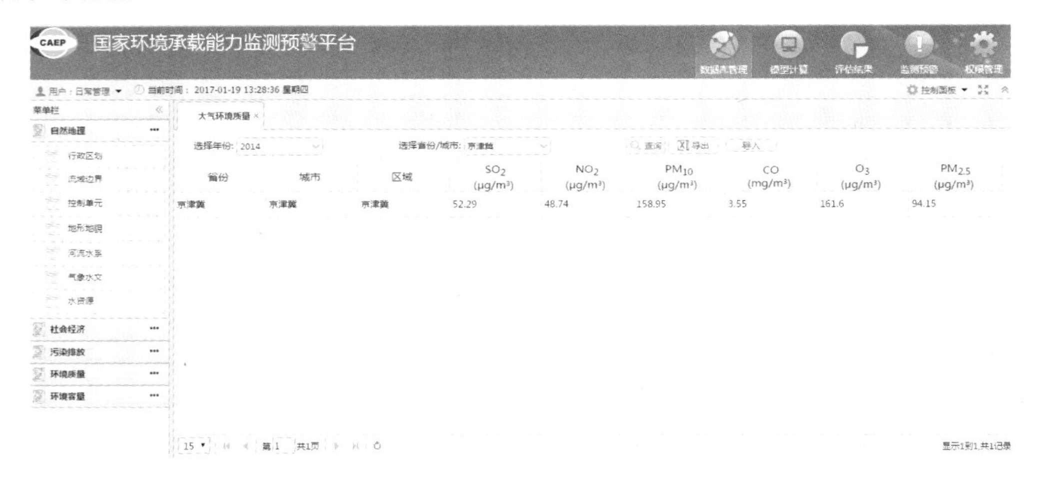

图 8-4　平台数据库管理模块界面

自然地理数据库包括行政区划、流域边界、控制单元（流域）、地形地貌、河流水系、气象水文和水资源等信息，各项数据包含空间信息和属性信息。

社会经济数据库包括人口资源、城市化水平、经济水平和能源消费状况等。

污染排放数据库为根据已有的年度环境统计数据，考虑不同污染源中污染物的入河过程、区域分布特征，进行研究区域内的水污染物入河量和大气污染物排放估算后的结果数据，包括大气污染排放状况和水污染排放状况等。本平台对估算结果数据进行数据梳理、统一入库和可视化展示。

大气污染排放数据库包括北京市［分为北部山区、北部地区（含门头沟）、中心城区、南部地区]、天津市（中心区域、滨海新区、北部区域、南部区域）、河北省各市（石家庄、唐山、秦皇岛、邯郸、邢台、保定、张家口、承德、沧州、廊坊、衡水）的大气污染物排放量（单位为万 t/a），包括 SO_2、NO_x、一次 $PM_{2.5}$ 的排放量，数据以表格形式展示。

水污染排放数据库包括北京市 3 个水系（包括东城、西城、朝阳、海淀、丰台、石景山、通州、大兴、昌平和顺义 10 个区的北运河水系，包括房山区的大清河水系和包括平谷区的蓟运河水系）、天津市 10 个区县（宝坻区、北辰区、滨海新区、东丽区、蓟县、津南区、静海区、宁河区、武清区、西青区）、河北省各市（石家庄、唐山、秦皇岛、邯郸、邢台、保定、张家口、承德、沧州、廊坊、衡水）的入河污染物排放量（单位为万 t/a），包括 COD 和 NH_3-N 的入河排放量，数据以表格形式展示。

大气环境质量数据库包括京津冀地区各区县 SO_2、NO_2、PM_{10}、CO、O_3、$PM_{2.5}$ 等 6 项污染物的监测数据，其中除 CO 的单位为 mg/m^3 外，各项监测指标的单位均为 g/m^3。

水环境质量数据库包括京津冀地区所有地表水水质监测断面 7 项有机污染水质监测指标 [《地表水环境质量标准》（GB 3838—2002）中采用的]，包括 DO、COD_{Mn}、COD_{Cr}、BOD_5、NH_3-N、TP、TN（仅有湖泊监测断面数据）的监测浓度数据，各项监测指标的单位均为 mg/L。同时，该数据库还包括监测断面的等级及水质目标等信息。

8.3.2 环境承载力模型计算

8.3.2.1 基于环境质量法的环境承载力计算

（1）基于环境质量法的大气环境承载力计算

平台对前述单指标大气环境超载率、大气环境综合超载率、大气环境承载力超载判定阈值等方法进行开发，实现相应计算功能。

采用数据库管理系统中大气环境质量数据，利用上述开发的“基于环境质量法的大气环境承载力”模型计算方法进行计算，如图 8-5 所示，得到京津冀地区各区县、市级、省级行政区的大气环境超载率。

大气环境承载力计算(质量法)

------大气环境质量数据------

指标: 二氧化硫 数据表

年份: 2014 GIS专题图

区县: 东城区 时间序列图

大气污染浓度超标指数计算

------大气环境承载力评价结果------

指标: 二氧化硫超标指数 数据表

年份: 2014 GIS专题图

范围: 区县 时间序列图

名称: 东城区 排序

图 8-5 大气环境承载力计算（环境质量法）界面图

（2）基于环境质量法的水环境承载力计算

根据水环境质量状况的主要监测指标与现有水环境质量标准限值相对比，用“基于水污染物质量浓度的超载率”表征水环境承载能力。平台对前述单指标水环境超载率、水环境综合超载率、水环境承载力超载判定阈值等方法进行开发，实现相应计算功能。

采用数据库管理系统中水环境质量数据，利用上述开发的“基于环境质量法的水环境承载力”模型计算方法进行计算，如图 8-6 所示，得到京津冀地区各断面、区县、市级、省级行政区的水环境超载率。

图 8-6　水环境承载力计算（环境质量法）界面图

8.3.2.2　基于环境容量法的环境承载力计算

（1）基于环境容量法的大气环境承载力计算

平台对“基于环境容量法的大气环境承载力”模型方法进行开发，实现相应计算功能。基于大气环境容量和大气污染物排放量计算结果数据，进行大气环境承载指数计算，如图 8-7 所示，得到京津冀地区各区域或市级、省级行政区的大气环境承载指数（大气环境承载率）。

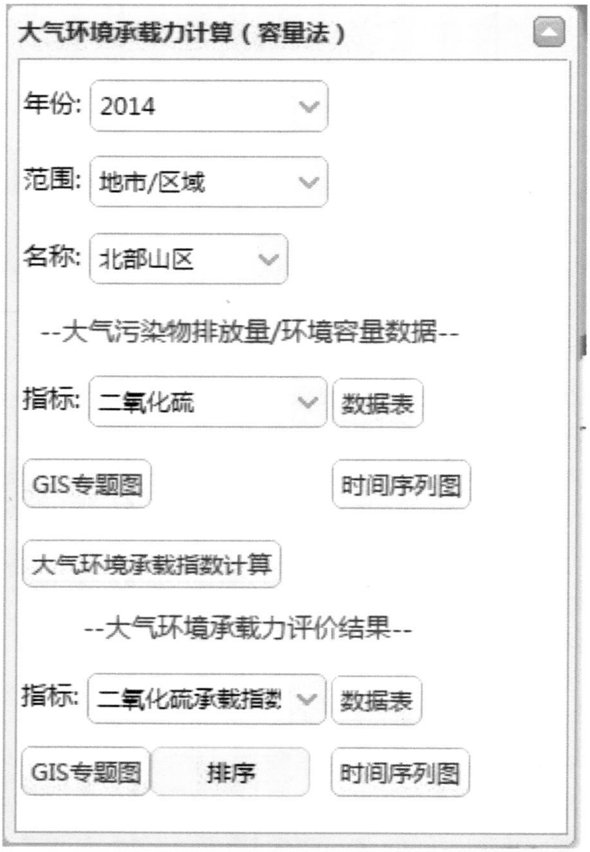

图 8-7 大气环境承载力计算（容量法）页面

（2）基于环境容量法的水环境承载力计算

平台对“基于环境容量法的水环境承载力”模型方法进行开发，实现相应计算功能。基于水环境容量和水污染物排放量计算结果数据，进行水环境承载指数计算，如图 8-8 所示，得到京津冀地区各区域或市级、省级行政区的水环境承载指数（水环境承载率）。

图 8-8　水环境承载力计算（容量法）页面

8.3.3　环境承载力评估结果展示

8.3.3.1　基于环境质量法的环境承载力评估结果展示

（1）大气环境承载力评估结果展示

1）大气环境质量数据展示

① 数据表展示。

基于环境质量法的大气环境承载力评估方法中，输入大气环境质量数据后，以数据表形式进行展示，如图 8-9 所示。

大气环境监测数据

选择时间: 2014　　选择省份/城市: 京津冀　查询　导出

区县	统计年份	SO_2 (μg/m³)	NO_2 (μg/m³)	CO (mg/m³)	O_3 (μg/m³)	PM_{10} (μg/m³)	$PM_{2.5}$ (μg/m³)
房山区	2014	19.8	61.6	4.32	161.6	135.1	100.8
海淀区	2014	25.2	66.8	3.68	169.6	126.7	89.6
平谷区	2014	19.8	38.4	2.88	193.6	102.9	83.3
丰台区	2014	22.8	58	3.8	193.6	127.4	94.85
通州区	2014	28.8	60.4	4.72	193.6	137.2	106.05
门头沟区	2014	18	48.8	3.08	193.6	119.7	84.35
东城区	2014	22.2	56.4	3.08	195.2	114.1	86.45
石景山区	2014	20.4	62.4	3.4	196.8	130.9	89.25
经济技术开发区	2014	24	56.8	4	196.8	123.2	103.95
西城区	2014	22.8	63.2	3.48	198.4	115.5	88.55

15　第1 共14页　　显示1到15,共204记录

图 8-9　大气环境质量数据

②GIS 专题图展示。

选择不同的大气环境质量监测指标（SO_2、NO_2、PM_{10}、CO、O_3、$PM_{2.5}$）及年份，平台将各个区县的大气环境质量数据以 GIS 专题图形式，展示在空间地图中，如图 8-10 所示。

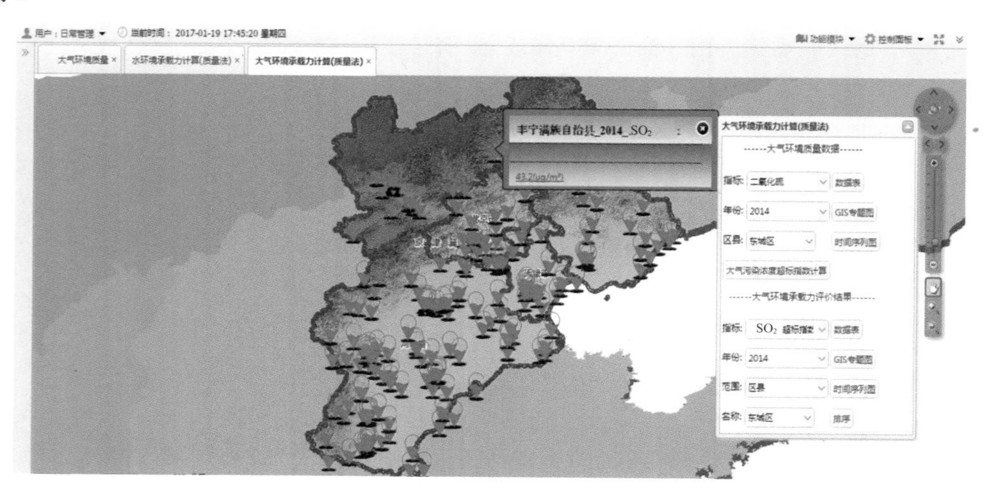

图 8-10　大气环境质量（SO_2）数据 GIS 专题图

基于 GIS 地图，以气泡代表各区县行政区位置，单击某一气泡，显示当前所选择区县名称——丰宁满族自治县、年份——2014 年，以及所选择大气环境监测指标——二氧化硫的浓度值 43.8 μg/m^3。

③时间序列展示。

平台通过设置“时间序列表按钮”，选择某一区县，弹出时间序列表窗口展示对应区县行政区在时间尺度上各项大气环境监测指标浓度的变化情况，如东城区 SO_2 浓度（图 8-11）。

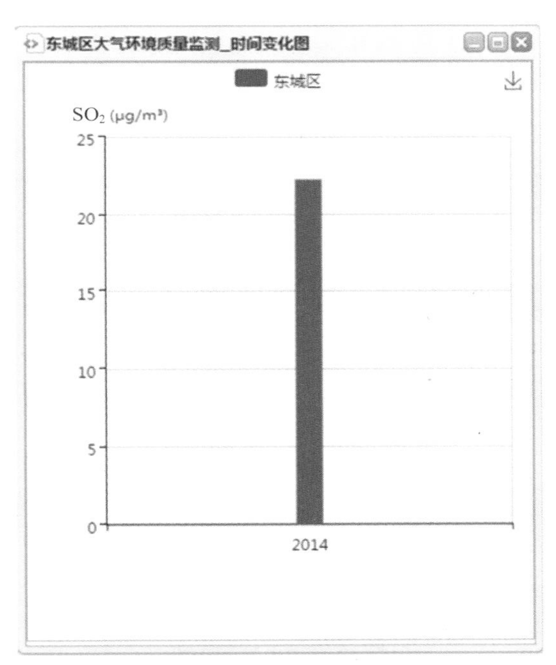

图 8-11　东城区 SO_2 浓度的时间变化图

2）大气承载力评价结果展示

平台采用“基于环境质量法的大气环境承载力计算模型”进行大气污染浓度超标指数计算，计算结果以数据表、GIS 专题图等形式进行展示。

①数据表展示。

通过设置大气环境承载力计算结果“数据表”按钮，得到京津冀地区各区县、市级、省级行政区的各项单指标及综合大气环境超载率，其中综合大气环境超载率按其所属超载、临界超载或不超载状态的不同，分别以红、黄、绿三种颜色高亮显示，如图 8-12 所示。同时，所选择数据可导出到本地文件夹。

大气污染指标超载指数

选择时间: 2014　　范围: 区县　　查询　导出

	区县	统计年份	SO_2	NO_2	PM_{10}	CO	$PM_{2.5}$	O_3	综合超载指数	承载级别
1	密云县	2014	-0.7	0.01	0.34	-0.35	1.09	0.35	1.09	超载
2	怀柔区	2014	-0.7	-0.06	0.38	-0.4	1.18	0.32	1.18	超载
3	昌平区	2014	-0.65	0.14	0.47	-0.25	1.27	0.33	1.27	超载
4	平谷区	2014	-0.67	-0.04	0.47	-0.28	1.38	0.21	1.38	超载
5	顺义区	2014	-0.71	0.14	0.53	-0.35	1.4	0.29	1.4	超载
6	门头沟区	2014	-0.7	0.22	0.71	-0.23	1.41	0.21	1.41	超载
7	东城区	2014	-0.63	0.41	0.63	-0.23	1.47	0.22	1.47	超载
8	西城区	2014	-0.62	0.58	0.65	-0.13	1.53	0.24	1.53	超载
9	朝阳区	2014	-0.61	0.57	0.77	-0.23	1.53	0.24	1.53	超载
10	石景山区	2014	-0.66	0.56	0.87	-0.15	1.55	0.23	1.55	超载

15　第 1 共14页　　显示1到15,共204记录

图 8-12　大气污染浓度超标指数计算结果数据表

②GIS 专题图展示。

在大气环境承载能力计算结果部分设置“GIS 专题图”按钮，得到京津冀地区各区县、市级、省级行政区的各项单指标及综合大气环境超载率空间分布图，各级行政区的大气环境超载评估结果按照综合大气环境超载率所属超载、临界超载或不超载状态的不同，分别以红、黄、绿三种颜色填充显示，填充过程中，系统设置进度条提示用户，正在进行区域填充。填充完成后，如图 8-13 所示，为各区县大气环境承载力评估结果的 GIS 专题图。

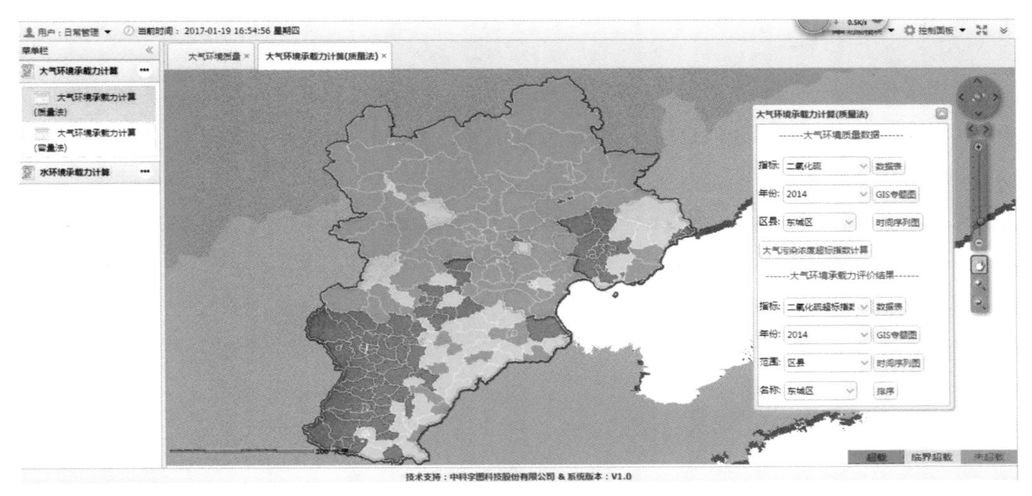

图 8-13　各区县大气环境承载力评估结果 GIS 专题图

③时间序列展示。

平台通过设置“时间序列表按钮”，选择某一区县，弹出时间序列表窗口展示对应区县行政区在时间尺度上各项大气环境监测指标浓度超标指数的变化情况，如图 8-14 所示，为东城区 SO_2 超标指数的时间变化图。

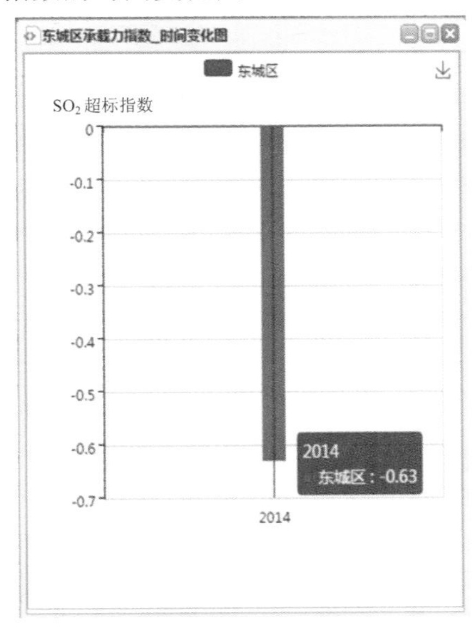

图 8-14　东城区大气环境（SO_2）承载指数时间序列图

④排序功能展示。

平台可按区县（市）“大气污染浓度超标指数”大小进行升序或降序排列，展示“大气污染浓度超标指数”较大的前十个区县（市），或较小的前十个区县（市），如图 8-15 所示。

图 8-15 “大气污染浓度超标指数”升序与降序排列前 10 名

（2）水环境承载能力评估结果展示

1）水环境质量数据展示

①数据表展示。

基于环境质量法的水环境承载力评估方法，输入包括水环境质量等数据，可以以数据表形式进行展示，如图 8-16 所示。通过下拉菜单选择不同的年份，省、市或区县行政区、水系、河流或断面名称等进行超载指数的查询与浏览，各条记录按照断面超载指数从高到低进行排序。同时，所选择数据可导出到本地文件夹。

水环境断面监测数据

选择时间：2014　　选择省份/城市：京津冀　　查询　　导出

断面	统计年份	DO (mg/L)	COD_{Mn} (mg/L)	BOD_5 (mg/L)	COD_{Cr} (mg/L)	NH_3-N (mg/L)	总磷 (mg/L)	总氮 (mg/L)	水质目标	特殊项	特殊项浓度上 (mg/L)
鼓楼外大	2014	7.39	4.73	5.93	28.56	1.11	0.126		4		
广北滨河	2014	8.13	5.33	4.43	34.58	0.772	0.073		4		
沙子营	2014	4.39	9.47	24.93	87.42	13.28	0.74		5		
新八里桥	2014	4.35	8.94	19.78	74.67	6.697	1.695		5	氨氮	2.5
沙窝	2014	1.99	11.44	24.49	88.75	9.768	1.163		5	氨氮	2.5
大红门闸	2014	7.29	7.41	8.6	24.25	3.666	0.368		5	氨氮	2.5
南大荒桥	2014	10.66	9.32	6.64	69.67	0.62	0.189		5	氨氮	2.5
清河闸	2014	9.45	5.97	3.71	27.42	0.752	0.128		4		
白石桥	2014	8.81	4.43	2.77	20.6	0.324	0.055		4		
花园路	2014	8.85	6.37	3.8	27.83	0.805	0.125		4		
沿河城	2014	8.64	1.99	2.47	11.67	0.139	0.016		2		
大沙地	2014	11.28	1.7	1.68	2.88	0.125	0.014		2		

图 8-16　水环境质量数据

②GIS 专题图展示。

基于 GIS 地图，以气泡代表各水质监测断面位置，单击某一气泡，显示当前所选择水质监测断面名称——大关桥、年份——2014 年，以及所选择水环境监测指标——DO 的浓度值 7.74 mg/L（图 8-17）。

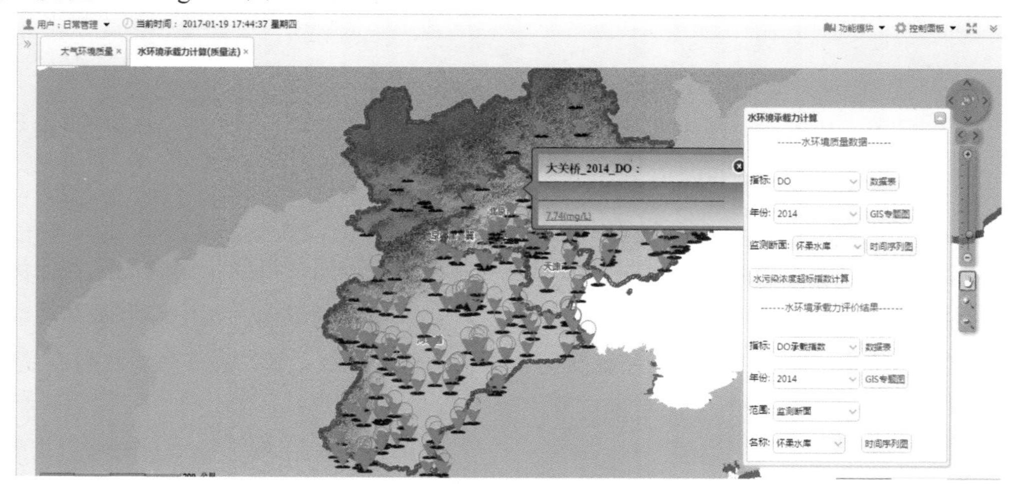

图 8-17　水环境质量数据 GIS 专题图

③时间序列展示。

平台通过设置“时间序列表按钮”，选择某一水质监测断面，弹出时间序列表窗口展示对应水质监测断面在时间尺度上各项水环境监测指标浓度的变化情况，如图 8-18 所示，为密云水库 DO 浓度的时间变化图。

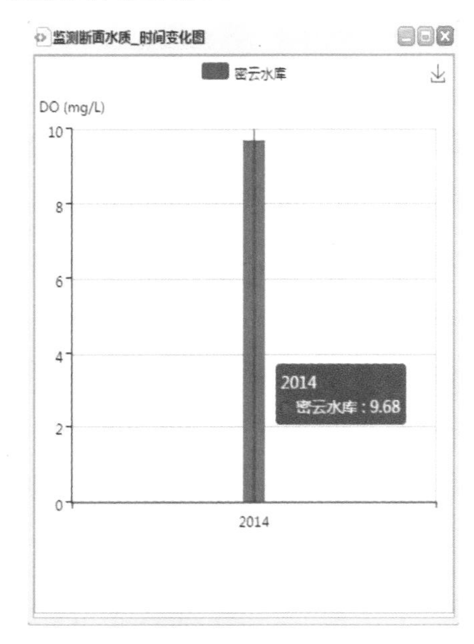

图 8-18 密云水库水质（DO）数据时间序列图

2）水环境承载力评价结果展示

平台采用“基于环境质量法的水环境承载力计算模型”进行水污染浓度超标指数计算，计算结果以数据表、GIS 专题图等形式进行展示。

① 数据表展示。

通过在水环境承载力计算结果部分设置“数据表”按钮，得到京津冀地区各监测断面、区县、市级、省级行政区的各项单指标及综合水环境超载率，其中综合水环境超载率按其所属超载、临界超载或不超载状态的不同，分别以红、黄、绿三种颜色高亮显示，如图 8-19 所示。同时，所选择数据可导出到本地文件夹。

水环境承载力指数

选择时间: 2014　　范围: 监测断面　　查询　导出

监测断面	统计年份	DO	COD_{Mn}	BOD_5	COD_{Cr}	NH_3-N	总磷	总氮	综合承载指数	承载级别
鼓楼外大	2014	2.46	0.47	0.98	2.46	0.95	0.42		2.46	超载
广北滨河	2014	2.71	0.53	0.73	2.71	1.15	0.24		2.71	超载
沙子营	2014	2.19	0.63	2.49	2.19	2.18	1.85		6.64	超载
新八里桥	2014	2.17	0.59	1.97	2.17	1.86	4.23		4.23	超载
沙窝	2014	0.99	0.76	2.44	0.99	2.21	2.9		3.9	超载
大红门闸	2014	3.64	0.49	0.86	3.64	0.6	0.92		3.64	超载
南大荒桥	2014	5.33	0.62	0.66	5.33	1.74	0.47		5.33	超载
清河闸	2014	3.15	0.59	0.61	3.15	0.91	0.42		3.15	超载
白石桥	2014	2.93	0.44	0.46	2.93	0.68	0.18		2.93	超载
花园路	2014	2.95	0.63	0.63	2.95	0.92	0.41		2.95	超载

15　第 1 共18页　　显示1到15,共268记录

图 8-19　水环境承载力指数计算结果（质量法）数据表

②GIS 专题图展示。

在水环境承载能力计算结果部分设置“GIS 专题图”按钮，得到京津冀地区各区县、市级、省级行政区的各项单指标及综合水环境超载率空间分布图，各级行政区的水环境超载评估结果按照综合水环境超载率所属超载、临界超载或不超载状态的不同，分别以红、黄、绿三种颜色填充显示，填充过程中，系统设置进度条提示用户，正在进行区域填充。填充完成后，如图 8-20 所示，为各区县水环境承载力评估结果的 GIS 专题图。

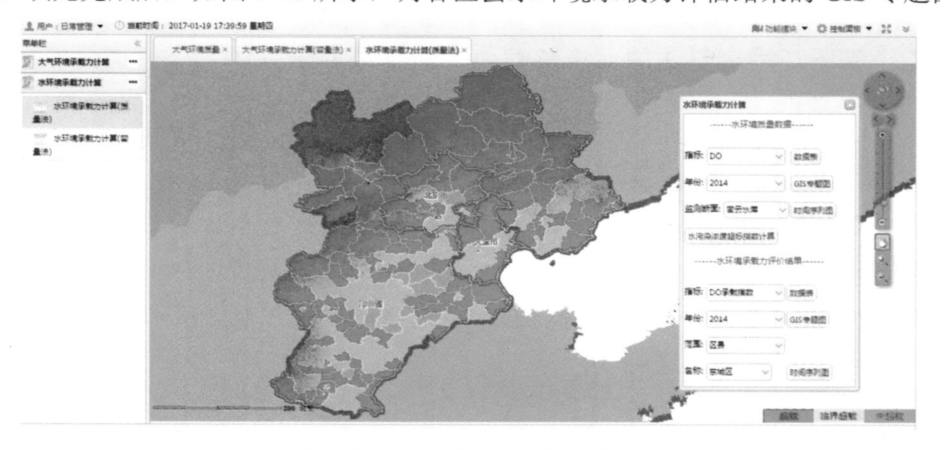

图 8-20　各区县水环境承载力评估结果 GIS 专题图

③时间序列展示。

平台通过设置“时间序列表按钮”，选择某市，弹出时间序列表窗口展示对应市级行政区在时间尺度上各项水环境监测指标浓度超标指数的变化情况，如图 8-21 所示，为天津市 DO 超标指数的时间变化图。

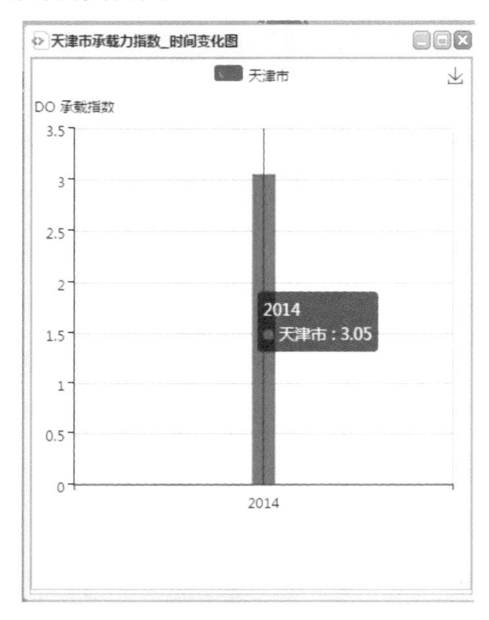

图 8-21　天津市水环境（DO）承载力指数时间序列图

8.3.3.2　基于环境容量法的环境承载力评估结果展示

（1）大气环境承载力评估结果展示

1）大气污染物排放量及环境容量

①数据表展示。

基于环境容量法的大气环境承载力评估方法中，输入数据包括大气环境容量数据和大气污染物排放量数据，可以以数据表形式进行展示，如图 8-22 所示。

大气污染物排放量/环境容量数据

选择时间: 2014　　选择省份/城市: 地市/区域　　查询　　导出

地市/区域	统计年份	SO_2排放量(万t/a)	SO_2容量(万t/a)	NO_x排放量(万t/a)	NO_x容量(万t/a)	$PM_{2.5}$排放量(万t/a)	$PM_{2.5}$容量(万t/a)
北部山区	2014	0.81	0.34	0.94	0.53	0.37	0.25
北部地区（含门	2014	2.03	0.76	2.71	1.5	0.88	0.49
中心城区	2014	3.52	0.09	8.99	2.46	1.2	0.46
南部地区	2014	2.34	0.81	4	1.51	1.14	0.45
中心区域	2014	6.76	3.25	12.08	6.04	4.33	1.58
南部区域	2014	1.05	0.51	1.51	0.81	0.89	0.39
北部区域	2014	2.42	1.15	6.64	2.08	1.89	0.76
滨海新区	2014	11.46	5.7	10.9	5.19	1.26	0.77
石家庄	2014	19.2	5.38	27.66	7.39	7.27	1.38
唐山	2014	29.23	10.36	35.4	11.31	29.15	6.5

15　第1　共2页　　显示1到15,共19记录

图 8-22　大气污染物排放量/大气环境容量数据表

通过设置大气污染物排放量/环境容量数据部分“数据表”按钮，可得到京津冀地区各省级、市级（或市、区域级）行政区的大气污染物排放量/环境容量数据表格。通过下拉菜单选择不同的年份、尺度（省、市、区县）、行政区等进行大气污染物排放量/环境容量数据的查询与浏览。同时，所选择数据可导出到本地文件夹。

②GIS 专题图展示。

大气环境容量平台将大气环境容量研究成果进行展示，包括北京市[分为北部山区、北部地区（含门头沟）、中心城区、南部地区]、天津市（中心区域、滨海新区、北部区域、南部区域）、河北省各市（石家庄、唐山、秦皇岛、邯郸、邢台、保定、张家口、承德、沧州、廊坊、衡水）的 SO_2、NO_x、一次 $PM_{2.5}$ 环境容量。大气环境容量数据以 GIS 专题图形式，展示在空间地图中，如图 8-23、图 8-24 所示。

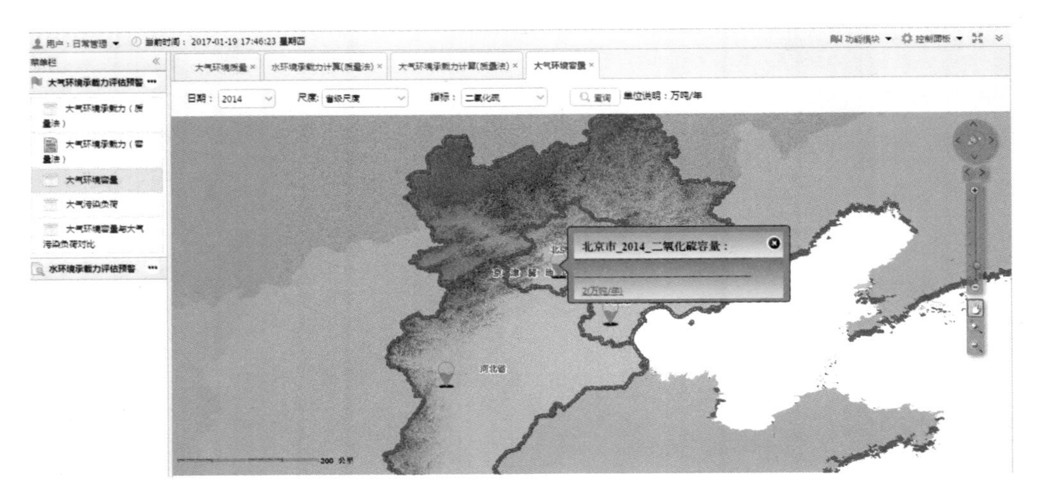

图 8-23　各省（市）大气（SO_2）环境容量 GIS 专题图

图 8-24　各市（区域）大气（SO_2）环境容量 GIS 专题图

基于 GIS 地图，以气泡形式显示各省级、市级（或市、区域级）行政区大气环境容量，单击某一气泡，显示当前所选择省、市（或市、区域）名称——北京市（张家口市）、年份——2014 年，以及所选择大气环境监测指标——SO_2 的容量 2 万 t/a（5.68 万 t/a）。

大气污染物排放量平台将大气污染物排放量研究成果进行展示，包括北京市［分为北部山区、北部地区（含门头沟）、中心城区、南部地区］、天津市（中心区域、滨海新区、北部区域、南部区域）、河北省各市（石家庄、唐山、秦皇岛、邯郸、邢台、保定、张家口、承德、沧州、廊坊、衡水）的 SO_2、NO_x、一次 $PM_{2.5}$ 污染物排放量。大气污染物排放量数据以 GIS 专题图形式，展示在空间地图中，如图 8-25、图 8-26 所示。

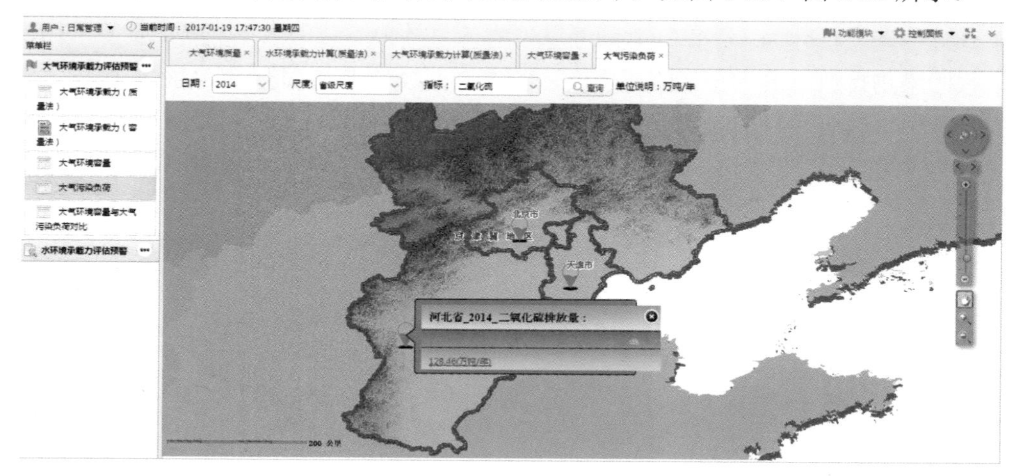

图 8-25　各省（市）大气污染物（SO_2）排放量 GIS 专题图

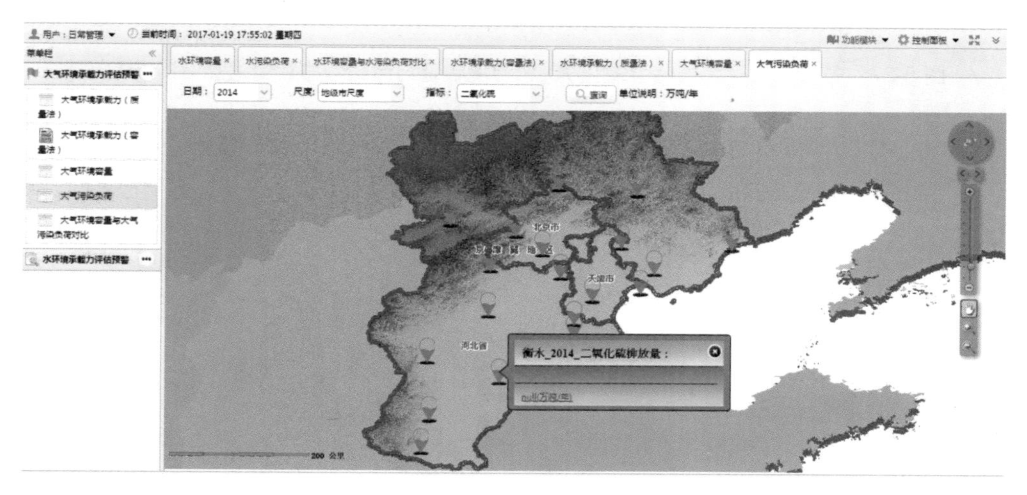

图 8-26　各市（区域）大气污染物（SO_2）排放量 GIS 专题图

基于 GIS 地图，以气泡形式显示各省级、市级（或市、区域级）行政区大气污染物排放量，单击某一气泡，显示当前所选择省、市（或市、区域）名称——河北省（衡水市）、年份——2014年，以及所选择大气环境监测指标——SO_2的排放量128.46万t/a（空值）。

大气环境容量与大气污染物排放量对比。基于GIS地图，展示各省、市级（或市、区域级）行政区的各项大气环境容量与大气污染物排放量对比柱状图（图8-27、图8-28）。通过各行政区上柱状图（绿色柱子的高度代表大气环境容量的大小，红色柱子的高度代表大气污染物排放量的大小）的形式展示各省、市级（或市、区域级）行政区的大气环境容量与大气污染物排放量对比的空间分布情况。

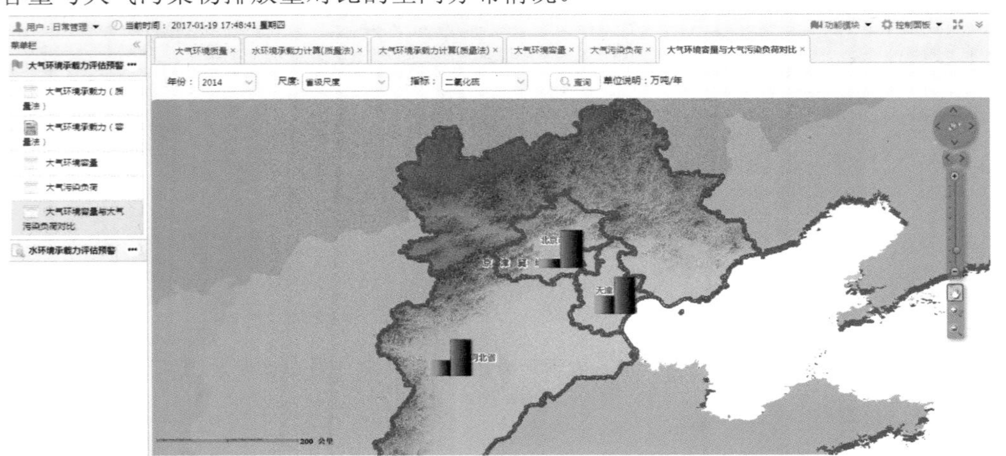

图8-27 各省（市）大气污染物（SO_2）环境容量与污染物排放量对比GIS专题图

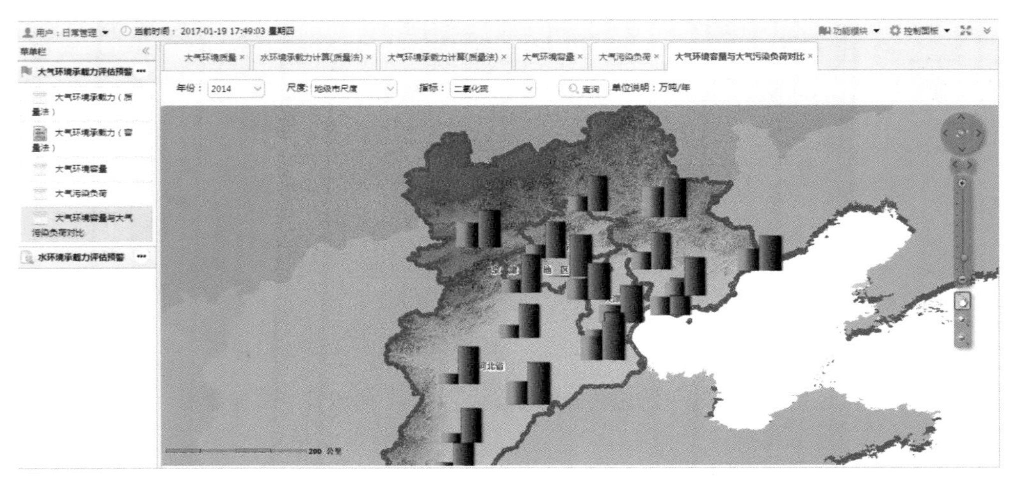

图8-28 各市（区域）大气污染物（SO_2）环境容量与污染物排放量对比GIS专题

③时间序列展示。

通过设置“时间序列表按钮”，点击按钮，通过时间序列表窗口展示各市或区域等行政区在时间尺度上大气环境容量与大气污染物排放量的变化情况，如图 8-29 所示，其中，红色代表大气环境容量，蓝色代表大气污染物排放量。

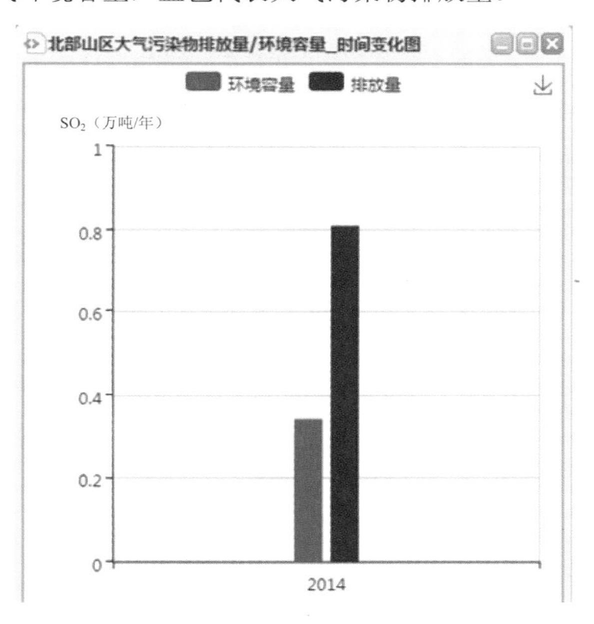

图 8-29　北京市北部山区大气污染物（SO_2）环境容量与污染物排放量对比时间序列图

2）大气环境承载力评价结果

平台采用大气环境容量数据及大气污染物排放量数据，利用“基于环境容量法的大气环境承载力计算模型”对京津冀地区包括北京市［分为北部山区、北部地区（含门头沟）、中心城区、南部地区］、天津市（中心区域、滨海新区、北部区域、南部区域）、河北省各市（石家庄、唐山、秦皇岛、邯郸、邢台、保定、张家口、承德、沧州、廊坊、衡水）进行大气环境承载指数计算，计算结果以数据表、GIS 专题图等形式进行展示。

①数据表展示。

点击右侧大气环境承载力计算结果部分“数据表”按钮，得到京津冀地区各省、市级（或市、区域级）行政区的各项单指标及综合大气环境超载率，其中综合大气环境超载率按其所属超载、临界超载或不超载状态（“不超载”“临界超载”“超载”的阈值分别为 0.8 和 1。大气环境承载率小于 0.8 为不超载，大气环境承载率介于 0.8 和 1 为临界超载，大气环境承载率大于 1 为超载）的不同，分别以红、黄、绿三种颜色高亮显示，如图 8-30 所示。同时，所选择数据可导出到本地文件夹。

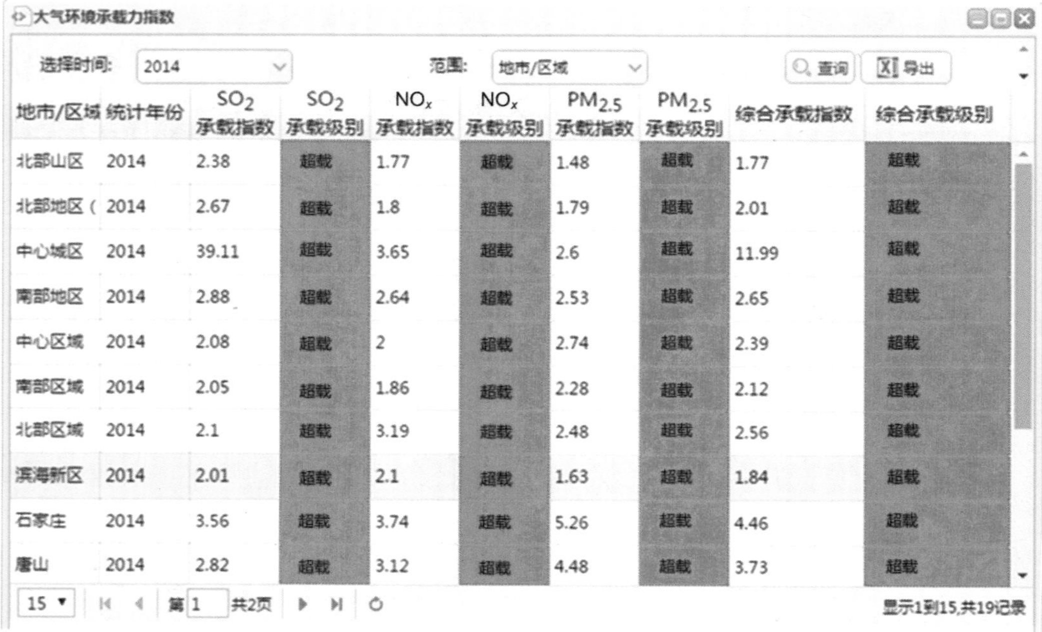

大气环境承载力指数

选择时间：2014　范围：地市/区域　查询　导出

地市/区域	统计年份	SO_2 承载指数	SO_2 承载级别	NO_x 承载指数	NO_x 承载级别	$PM_{2.5}$ 承载指数	$PM_{2.5}$ 承载级别	综合承载指数	综合承载级别
北部山区	2014	2.38	超载	1.77	超载	1.48	超载	1.77	超载
北部地区（	2014	2.67	超载	1.8	超载	1.79	超载	2.01	超载
中心城区	2014	39.11	超载	3.65	超载	2.6	超载	11.99	超载
南部地区	2014	2.88	超载	2.64	超载	2.53	超载	2.65	超载
中心区域	2014	2.08	超载	2	超载	2.74	超载	2.39	超载
南部区域	2014	2.05	超载	1.86	超载	2.28	超载	2.12	超载
北部区域	2014	2.1	超载	3.19	超载	2.48	超载	2.56	超载
滨海新区	2014	2.01	超载	2.1	超载	1.63	超载	1.84	超载
石家庄	2014	3.56	超载	3.74	超载	5.26	超载	4.46	超载
唐山	2014	2.82	超载	3.12	超载	4.48	超载	3.73	超载

15　第 1 共2页　显示1到15,共19记录

图 8-30　大气环境承载指数（容量法）计算结果数据表

②GIS 专题图展示。

同时，计算结果基于 GIS 地图，在空间地图上展示各省、市级（或市、区域级）行政区的大气环境承载状态。点击右侧大气环境承载能力计算结果部分“GIS 专题图”按钮，得到京津冀地区各省、市级（或市、区域级）行政区的各项单指标及综合大气环境超载率空间分布图，各级行政区的大气环境超载评估结果按照综合大气环境超载率所属超载、临界超载或不超载状态的不同，分别以红、黄、绿三种颜色填充显示，结果如图 8-31 所示。

图 8-31　各省、市行政区大气环境承载力评估结果 GIS 专题图（容量法）

③时间序列展示。

通过设置“时间序列表按钮”，点击按钮，通过时间序列表窗口展示某省级、市级、区县行政区在时间尺度上大气环境承载率的变化情况，结果如图 8-32 所示。

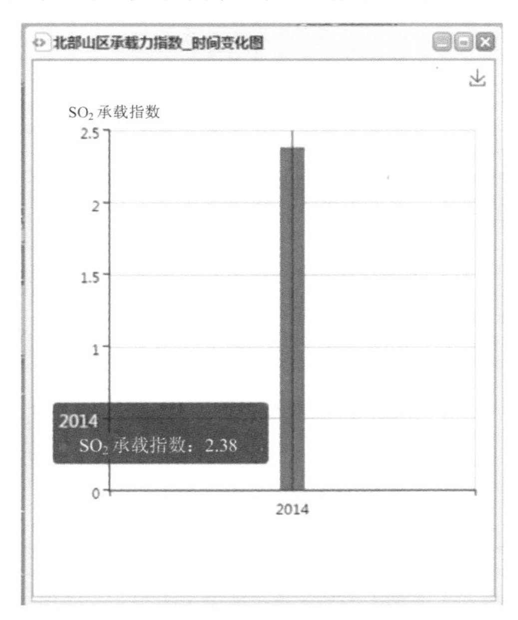

图 8-32　北京市北部山区大气环境（SO_2）承载指数时间序列图

④升降序展示。

平台可按区县（市）“大气环境承载指数”大小进行升序或降序排列，展示“大气环境承载指数”较大的前10个区县（市），或较小的前10个区县（市），如图8-33所示。

图8-33 “大气环境承载指数”升序和降序排列前10名

（2）水环境承载力评估结果展示

1）水污染物排放量及环境容量

根据前述内容，采用基于环境容量法的环境承载力评价模型对京津冀区域大气和水环境承载力开展评价研究，本平台将对已有研究成果及中间过程数据进行GIS空间展示及统计分析。

①数据表展示。

基于环境容量法的水环境承载力评估方法中，输入数据包括水环境容量数据和入河污染物排放量数据。首先，输入数据可以以数据表形式进行展示，如图8-34所示。

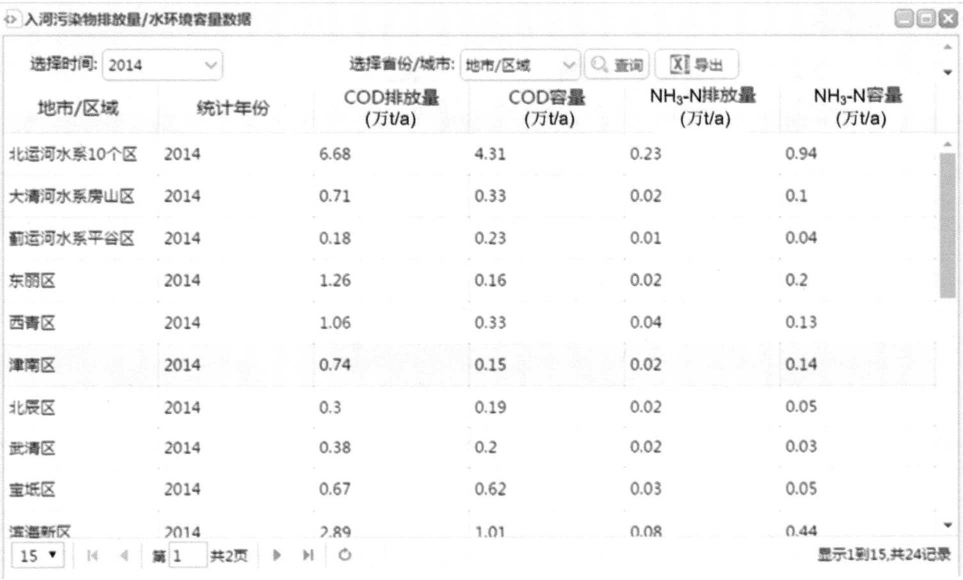

入河污染物排放量/水环境容量数据

选择时间: 2014　选择省份/城市: 地市/区域　查询　导出

地市/区域	统计年份	COD排放量 (万t/a)	COD容量 (万t/a)	NH_3-N排放量 (万t/a)	NH_3-N容量 (万t/a)
北运河水系10个区	2014	6.68	4.31	0.23	0.94
大清河水系房山区	2014	0.71	0.33	0.02	0.1
蓟运河水系平谷区	2014	0.18	0.23	0.01	0.04
东丽区	2014	1.26	0.16	0.02	0.2
西青区	2014	1.06	0.33	0.04	0.13
津南区	2014	0.74	0.15	0.02	0.14
北辰区	2014	0.3	0.19	0.02	0.05
武清区	2014	0.38	0.2	0.02	0.03
宝坻区	2014	0.67	0.62	0.03	0.05
滨海新区	2014	2.89	1.01	0.08	0.44

15　第 1 共2页　显示1到15,共24记录

图 8-34　入河污染物排放量/水环境容量数据表

通过点击右侧入河污染物排放量/水环境容量数据部分“数据表”按钮，可得到京津冀地区各省级、市级（或市、区域级）行政区的入河污染物排放量/水环境容量数据表格。通过下拉菜单选择不同的年份、尺度（省、市、区县）、行政区等进行入河污染物排放量/水环境容量数据的查询与浏览。同时，所选择数据可导出到本地文件夹。

②GIS 专题图展示。

水环境容量。平台将水环境容量研究成果进行展示，包括北京市 3 个水系（包括东城、西城、朝阳、海淀、丰台、石景山、通州、大兴、昌平和顺义 10 个区的北运河水系，包括房山区的大清河水系和包括平谷区的蓟运河水系）、天津市 10 个区县（宝坻区、北辰区、滨海新区、东丽区、蓟县、津南区、静海区、宁河区、武清区、西青区）、河北省各市（石家庄、唐山、秦皇岛、邯郸、邢台、保定、张家口、承德、沧州、廊坊、衡水）的水环境容量。水环境容量数据以 GIS 专题图形式，展示在空间地图中，如图 8-35、图 8-36 所示。

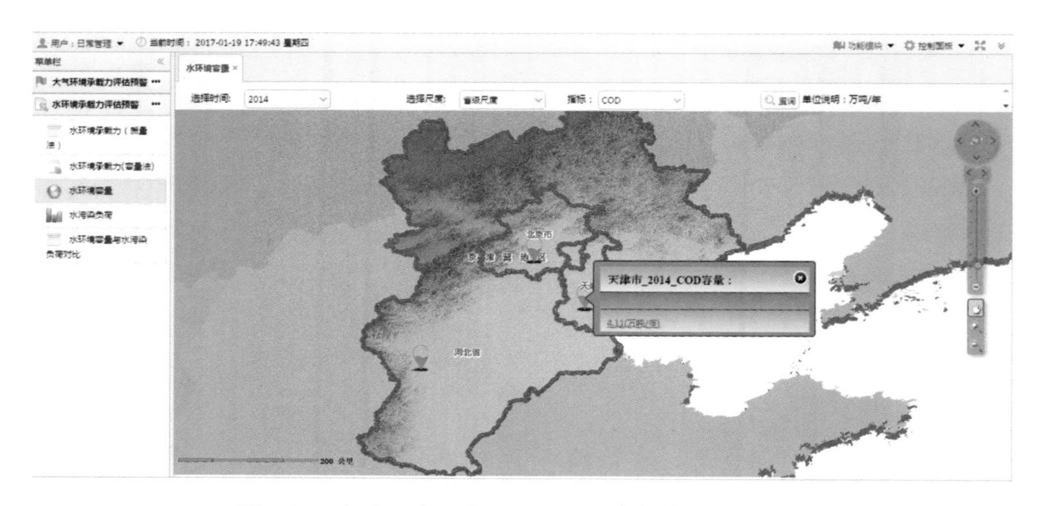

图 8-35　各省（市）水（COD）环境容量 GIS 专题图

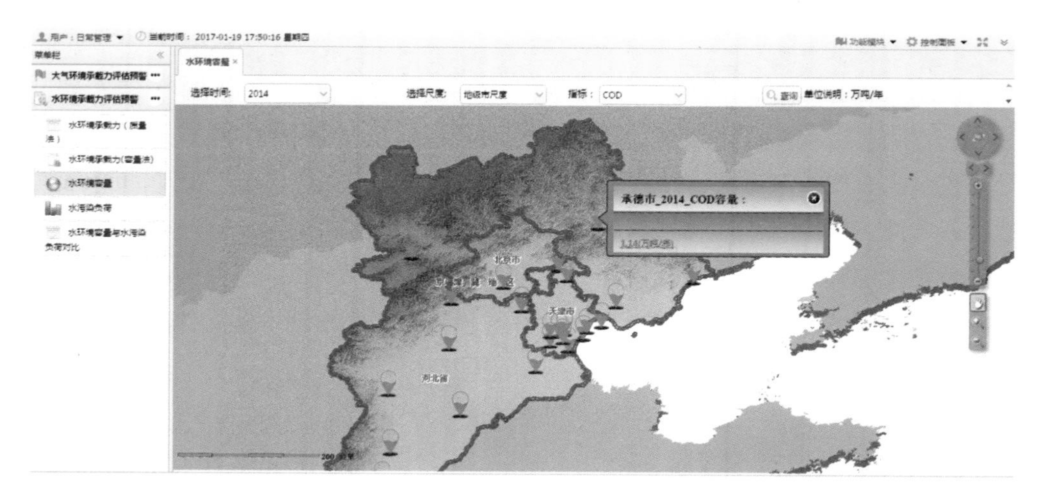

图 8-36　各市（区域）水（COD）环境容量 GIS 专题图

基于 GIS 地图，以气泡形式显示各省级、市级（或市、区域级）行政区水环境容量，单击某一气泡，显示当前所选择省、市（或市、区域）名称——天津市（承德市）、年份——2014 年，以及所选择水环境监测指标——COD 的容量 4.11 万 t/a（1.14 万 t/a）。

入河污染物排放量。平台将入河污染物排放量研究成果进行展示，包括北京市 3 个水系（包括东城、西城、朝阳、海淀、丰台、石景山、通州、大兴、昌平和顺义 10 个区的北运河水系，包括房山区的大清河水系和包括平谷区的蓟运河水系）、天津市 10 个区县（宝坻区、北辰区、滨海新区、东丽区、蓟县、津南区、静海区、宁河区、武清区、西青区）、河北省各市（石家庄、唐山、秦皇岛、邯郸、邢台、保定、张家口、承德、沧州、廊坊、衡水）的入河污染物排放量。入河污染物排放量数据以 GIS 专题图形式，展示在空间地图中，如图 8-37、图 8-38 所示。

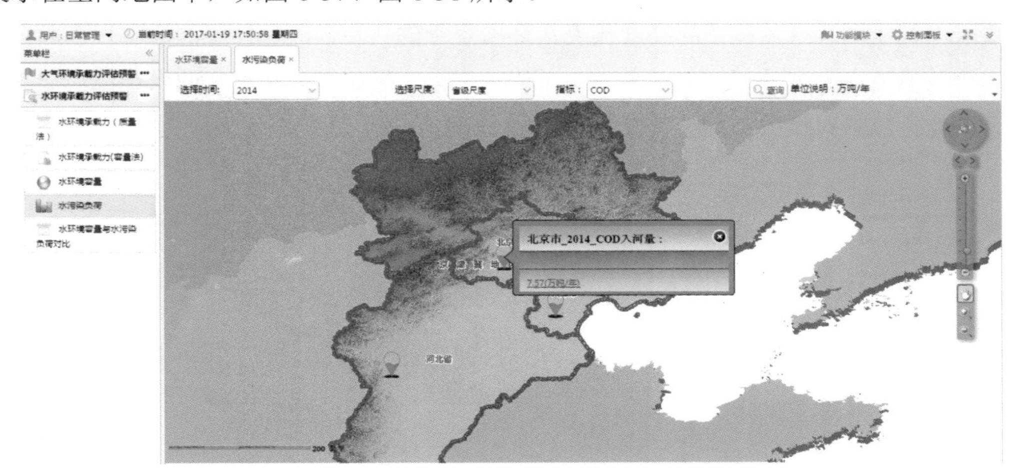

图 8-37　各省（市）水（COD）入河污染物排放量 GIS 专题图

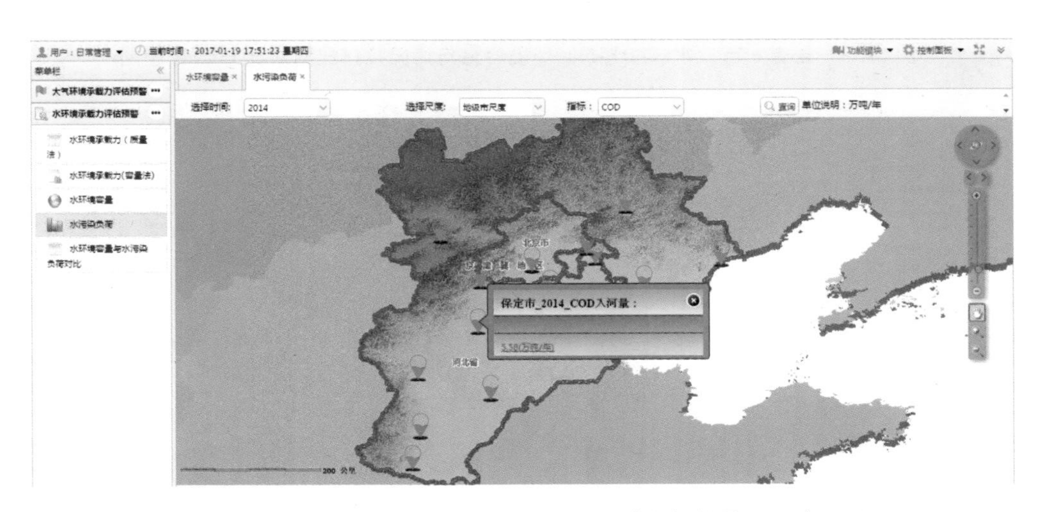

图 8-38　各市（区域）水（COD）入河污染物排放量 GIS 专题图

基于 GIS 地图，以气泡形式显示各省级、市级（或市、区域级）行政区入河污染物排放量，单击某一气泡，显示当前所选择省、市（或市、区域）名称——北京市（保定市）、年份——2014 年，以及所选择水环境监测指标——COD 的排放量 7.57 万 t/a（5.58 万 t/a）。

水环境容量与入河污染物排放量。基于 GIS 地图，展示各省、市级（或市、区域级）行政区的各项水环境容量与入河污染物排放量对比柱状图（图 8-39、图 8-40）。通过各行政区上柱状图（绿色柱子的高度代表水环境容量的大小，红色柱子的高度代表入河污染物排放量的大小）的形式展示各省、市级（或市、区域级）行政区的水环境容量与入河污染物排放量对比的空间分布情况。

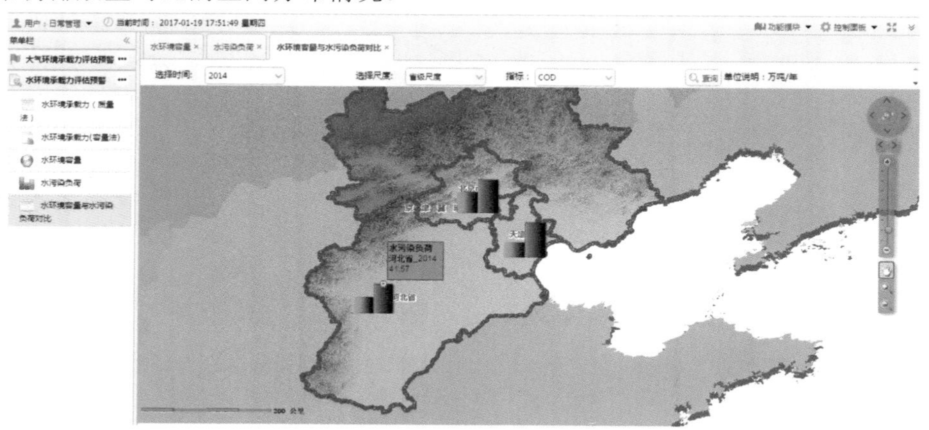

图 8-39　各省（市）水（NH_3-N）环境容量与污染物排放量对比 GIS 专题图

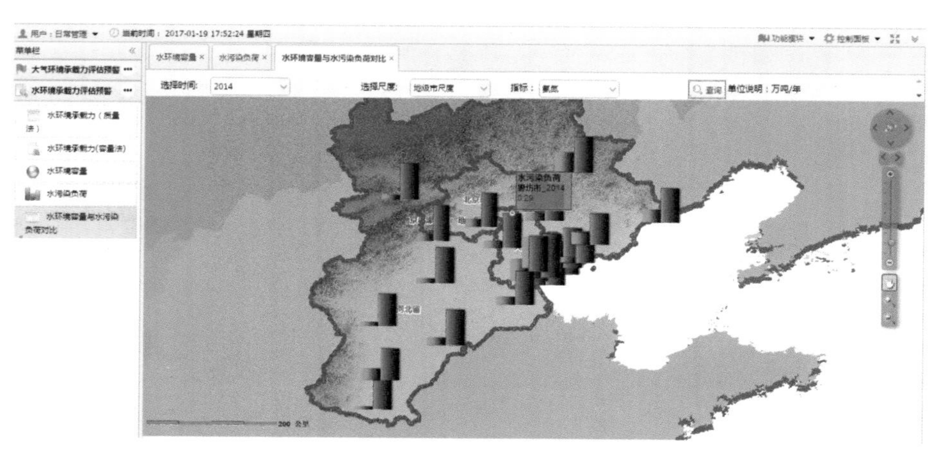

图 8-40　各市（区域）水（NH_3-N）环境容量与污染物排放量对比 GIS 专题

③时间序列展示。

通过设置“时间序列表按钮”，点击按钮，通过时间序列表窗口展示各市或区域等行政区在时间尺度上水环境容量与入河污染物排放量的变化情况，如图 8-41 所示，其中，绿色代表水环境容量，红色代表入河污染物排放量。

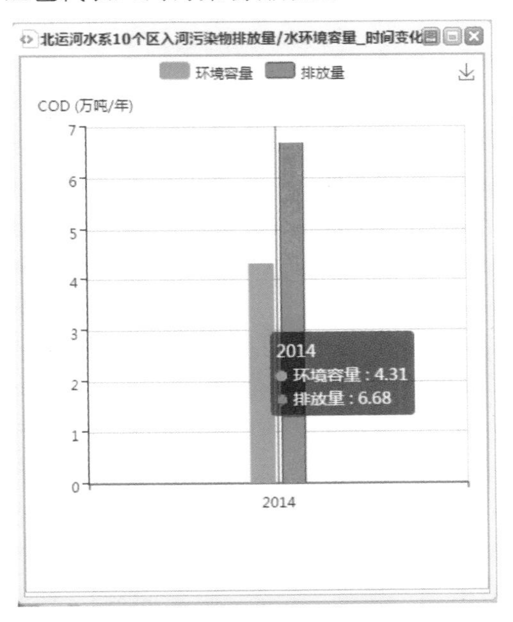

图 8-41　北运河水系水（COD）环境容量与污染物排放量对比时间序列图

2）水环境承载力计算结果

平台采用水环境容量数据及入河污染物排放量数据，利用“基于环境容量法的水环境承载力计算模型”对京津冀地区包括北京市 3 个水系（包括东城、西城、朝阳、海淀、丰台、石景山、通州、大兴、昌平和顺义 10 个区的北运河水系，包括房山区的大清河水系和包括平谷区的蓟运河水系）、天津市 10 个区县（宝坻区、北辰区、滨海新区、东丽区、蓟县、津南区、静海区、宁河区、武清区、西青区）、河北省各市（石家庄、唐山、秦皇岛、邯郸、邢台、保定、张家口、承德、沧州、廊坊、衡水）进行水环境承载指数计算，计算结果以数据表、GIS 专题图等形式进行展示。

①数据表展示。

点击右侧水环境承载力计算结果部分“数据表”按钮，得到京津冀地区各省、市级

（或市、区域级）行政区的各项单指标及综合水环境超载率，其中综合水环境超载率按其所属超载、临界超载或不超载状态（“不超载”“临界超载”“超载”的阈值分别为 0.8 和 1。大气环境承载率小于 0.8 为不超载，水环境承载率介于 0.8 和 1 为临界超载，水环境承载率大于 1 为超载）的不同，分别以红、黄、绿三种颜色高亮显示，如图 8-42 所示。同时，所选择数据可导出到本地文件夹。

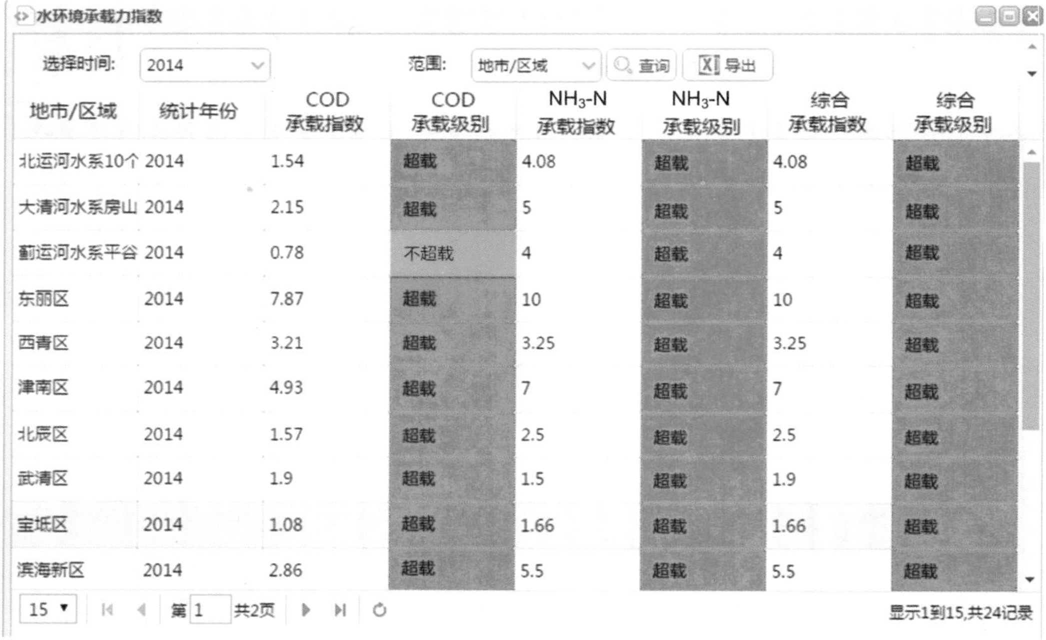

水环境承载力指数

选择时间：2014　　范围：地市/区域　查询　导出

地市/区域	统计年份	COD 承载指数	COD 承载级别	NH_3-N 承载指数	NH_3-N 承载级别	综合承载指数	综合承载级别
北运河水系10个	2014	1.54	超载	4.08	超载	4.08	超载
大清河水系房山	2014	2.15	超载	5	超载	5	超载
蓟运河水系平谷	2014	0.78	不超载	4	超载	4	超载
东丽区	2014	7.87	超载	10	超载	10	超载
西青区	2014	3.21	超载	3.25	超载	3.25	超载
津南区	2014	4.93	超载	7	超载	7	超载
北辰区	2014	1.57	超载	2.5	超载	2.5	超载
武清区	2014	1.9	超载	1.5	超载	1.9	超载
宝坻区	2014	1.08	超载	1.66	超载	1.66	超载
滨海新区	2014	2.86	超载	5.5	超载	5.5	超载

15　第 1 共2页　　显示1到15,共24记录

图 8-42　水环境承载指数（容量法）计算结果数据表

②GIS 专题图展示。

计算结果基于 GIS 地图，在空间地图上展示各省、市级（或市、区域级）行政区的水环境承载状态。水环境承载能力计算结果部分设置“GIS 专题图”按钮，得到京津冀地区各省、市级（或市、区域级）行政区的各项单指标及综合水环境超载率空间分布图，各级行政区的水环境超载评估结果按照综合水环境超载率所属超载、临界超载或不超载状态的不同，分别以红、黄、绿三种颜色填充显示，结果如图 8-43 所示。

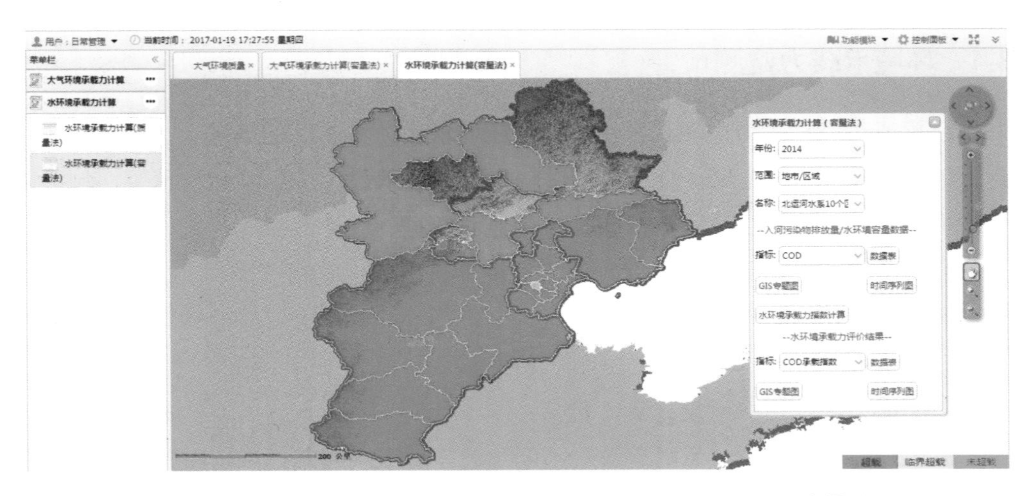

图 8-43　各省、市行政区水环境承载力评估结果 GIS 专题图（容量法）

③时间序列表展示。

通过设置“时间序列表按钮”，时间序列表窗口展示某省级、市级、区县行政区在时间尺度上水环境承载率的变化情况，结果如图 8-44 所示。

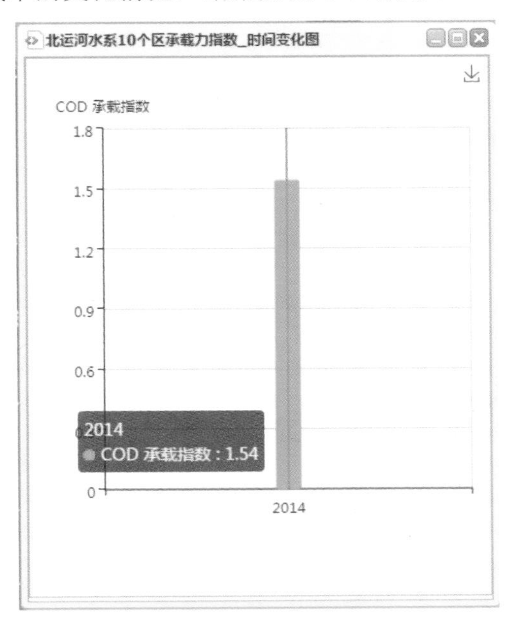

图 8-44　北运河水系水环境（COD）承载指数时间序列图

8.3.4 环境承载力监测预警

平台预留环境承载力监测预警接口，在环境承载力状态评估基础上，进行超载成因分析，包括相关性分析、聚类分析等。进一步对环境承载力进行监测与预警，包括接入环境质量、污染源等在线监测数据或长序列监测数据、统计数据等，采用趋势分析、大数据分析、环境形势、环境景气指数预测预警等模型进行监测预警。

8.3.5 系统管理

主要用途为管理用户所设方案。包括：

①提供用户注册功能，为用户设置不同角色，对应不同的权限，高权限用户可以进行建模操作、数据导入操作、并对所有参数具备修改权限；而低级别用户仅能修改必要参数，无法完成建模、数据导入操作。

②在系统运行的各个关键环节提供日志生成功能，便于用户查看之前系统运行状态。

③提供完整的帮助文档，详细介绍各个功能介绍及软件具体使用流程，方便用户零基础情况下能够快速掌握系统平台使用方法。

参考文献

[1] Alfieri L，Salamon P，Pappenberger F，et al.. Operational early warning systems for water-related hazards in Europe[J].Environmental Science & Policy，2012，21：35-49.

[2] Bishop A B. Carrying Capacity in Regional Environment Management[M].Washington：Government Printing Office，1974.

[3] Dakos V，Scheffer M，Van Nes E H，et al.. Slowing down as an early warning signal for abrupt climate change[J].Proceedings of the National Academy of Sciences，2008，105（38）：14308-14312.

[4] De Soyza A G，Whitford W G，Herrick J E，et al.. Early warning indicators of desertification：examples of tests in the Chihuahuan Desert[J]. Journal of Arid Environments，1998，39（2）：101-112.

[5] Drake J M，Griffen B D. Early warning signals of extinction in deteriorating environments[J]. Nature，2010，467（7314）：456-459.

[6] Gong L，Jin C L. Fuzzy comprehensive evaluation for carrying capacity of regional water resources[J]. Water Resources Management，2009，23（12）：2505-2513.

[7] Guttal V，Ayaprakash C. Changing skewness：an early warning signal of regime shifts in ecosystems[J].Ecology Letters，2008，11（5）：450-460.

[8] Hackett B，Comerma E，Daniel P，et al.. Marine pollution monitoring and prediction[J].Oceanography，2009，22：168-175.

[9] Hadwen I A S，Palmer L J. Reindeer in Alaska[M]. Washington：US Department of Agriculture，1922.

[10] Hamre T，Krasemann H，Groom S，et al.. Interoperable web GIS services for marine pollution monitoring and forecasting[J]. Journal of Coastal Conservation，2009，13（1）：1-13.

[11] Hardin G. Cultural capacity：a biological approachto human problems[J]. Bioscience，1986，36（9）：599-604.

[12] Kiseok Lee，Shawn Ni. On the dynamic effects of oil price shocks：a study using industry level data[J].

Journal of Monetary Economics，2002，（49）：823-852.

[13] Lee K，Ni S，Ratti R A. Oil shocks and the macreconomy：the role of Price variability[J]. The Energy Journal，1995，（16）：39-56.

[14] Leopold A. Wilderness as a land laboratory. In Nelson M P，Callicott J B.The Wilderness Debate Rages on：Continuing the Great New Wilderness Debate[M]. Athens：University of Georgia Press，2008.

[15] Li N，Yang H，Wang L C，et al.. Optimization of industry structure based on water environmental carrying capacity under uncertainty of the Huai River Basin within Shandong Province，China[J]. Journal of Cleaner Production，2016，112：4594-4604.

[16] Maltust R. An essay onthe principle of population [M]. London：St Paul' s Church- Yard，1798.

[17] Meadows D H，Meadows D L，Randers J，et al. The limits to growth：A report for the club of Rome's project on the Predicament of Mankind[M]. New York：Universe Books：1972.

[18] Meadows D H，Randers J，Meadows D L. Limitsto growth：The 30-year update[M]. 3rd ed. White River Junction，VT：Chelsea Green Publishing，2004.

[19] Munn R E. Global Environmental Monitoring System（GEMS）：Action Plan for Phase I[M]. SCOPE Secretariat，1973.

[20] Odum E P. Fundamentals of Ecology[M]. Philadelphia：W. B. Saunnders，1953.

[21] Park R F，Burgess E W. An Introduction to the Science of Sociology[M]. Chicago：The University of Chicago Press，1921.

[22] Peng J，Du Y Y，Liu Y X，et al.. How to assess urban development potential in mountain areas？An approach of ecological carrying capacity in the view of coupled human and natural systems[J]. Ecological Indicators，2016，60：1017-1030.

[23] Schneider D，Godschalk D R，Axler N. The Carrying Capacity Concept as a Planning Tool[M]. Chicago：American Planning Association，1978.

[24] Schneider W A. Integral formulation for migration in two and three dimensions[J]. Geophysics，1978，43（1）：49-76.

[25] Seidl I，Tisdell C A. Carrying capacity reconsidered：from Malthus' population theory to cultural carrying capacity[J]. Ecological Economics，1999，31：395-398.

[26] Stekler herman O. Are Economic Foecasts Valuable？[J]. Journal of Foecasting，1994，13.

[27] Sutton P C，Anderson S J，Tuttle B T，et al.. The real wealth of nations：Mapping and monetizing the

human ecological footprint[J]. Ecological Indicators，2012，16：11-22.

[28] UNESCO & FAO. Carrying capacity assessment with a pilot study of Kenya：a resource accounting methodology for sustainable development[R]. Paris：United Nations Educational，Scientific and Cultural Organization，1985.

[29] United Nations Conference on the Human Environment. Stockholm declaration on the human environment[R]. Nairobi，Switzerland：United Nations Environment Program，1972.

[30] Verhulst P F. Notice sur la loi que la population suit dans son accroissement. Correspondance mathématique et physique publiée par A[J]. Quetelet，1838，10：113-121.

[31] Wackernagel M，Yount J D. The ecological footprint：An indicator of progress toward regional sustainability[J]. Environmental Monitoring and Assessment，1998，51（1-2）：511-529.

[32] Wang W Y，Zeng W H. Optimizing the regional industrial structure based on the environmental carrying capacity：An inexact fuzzy multi- objective programming model[J]. Sustainability，2013，5（12）：5391-5415.

[33] Wei C，Guo Z Y，Wu J P，et al.. Constructing an assessment indices system to analyze integrated regional carrying capacity in the coastal zones：A case in Nantong[J]. Ocean & Coastal Management，2014，93：51-59.

[34] William V. Roadto Survival[M]. London：Victor Gollanez，1949.

[35] World Commission on Environment and Development. Our common future[M]. England：Oxford University Press，1987.

[36] Yang J F，Lei K，Khu S，et al.. Assessment of water environmental carrying capacity for sustainable development using a coupled system dynamics approach applied to the Tieling of the Liao River Basin，China[J]. Environmental Earth Sciences，2015，73（9）：5173-5183.

[37] Zeng W H，Wu B，Chai Y. Dynamic simulation of urban water metabolism under water environmental carrying capacity restrictions[J]. Frontiers of Environmental Science & Engineering，2016，10（1）：114-128.

[38] Zheng D F，Zhang Y，Zang Z，et al.. Empirical research on carrying capacity of human settlement system in Dalian City，Liaoning Province，China[J]. Chinese Geographical Science，2015，25（2）：237-249.

[39] 白辉，高伟，陈岩，等.基于环境容量的水环境承载力评价与总量控制研究[J]. 环境污染与防治，

2016，38（4）：103-106，110.

[40] 柴发合，段宁，孙绳武，等.区域大气污染物总量控制技术与示范研究[R].2006.

[41] 陈楷根. 区域环境承载力理论及其应用[D]. 福州：福建师范大学，2002.

[42] 陈国阶. 对环境预警的探讨[J]. 重庆环境科学，1996，18（5）：1-4.

[43] 董成森，陈端吕，董明辉，等. 武陵源风景区生态承载力预警[J]. 生态学报，2007，27（11）：4766-4776.

[44] 段雷，郝吉明，谢绍东，等. 用稳态法确定中国土壤的硫沉降和氮沉降临界负荷[J]. 环境科学，2002（2）：7-12.

[45] 段雷，郝吉明，周中平，等. 确定不同保证率下的中国酸沉降临界负荷[J]. 环境科学，2002（5）：25-28.

[46] 樊杰，王亚飞，汤青，等. 全国资源环境承载能力监测预警（2014 版）学术思路与总体技术流程[J]. 地理科学，2015，35（1）：1-10.

[47] 樊杰，周侃，王亚飞. 全国资源环境承载能力预警（2016 版）的基点和技术方法进展[J]. 地理科学进展，2017，36（3）：266-276.

[48] 范绍佳，黄志兴，刘嘉玲. 大气污染物排放总量控制 A-P 值法及其应用[J]. 中国环境科学，1994，14（6）：407-410.

[49] 范小杉，何萍. 生态承载力环评：研究进展 • 存在问题 • 修正对策[J]. 环境科学研究，2017，30（12）：1869-1879.

[50] 段新光，栾芳芳. 基于模糊综合评判的新疆水资源承载力评价[J]. 中国人口 • 资源与环境，2014，24（3）：119- 122.

[51] 封志明，杨艳昭，闫慧敏，等. 百年来的资源环境承载力研究：从理论到实践[J]. 资源科学，2017，39（3）：379-395.

[52] 傅伯杰. 区域生态环境预警的原理与方法[J]. 资源开发与保护，1991，7（3）：138-141.

[53] 傅伯杰. 区域生态环境预警的理论及其应用[J]. 应用生态学报，1993，4（4）：436-439.

[54] 符娟林，乔标. 基于模糊物元的城市化生态预警模型及应用[J]. 地球科学进展，2008，23（9）：990-995.

[55] 洪阳，叶文虎. 可持续环境承载力的度量及其应用[J]. 中国人口 • 资源与环境，1998，8（3）：54-58.

[56] 候德邵，晏克非，成峰. 城市交通环境噪声承载力分析模型及算法[J]. 计算机工程与应用，2008，44（18）：215-220.

[57] 黄佳聪，高俊峰. 智能算法及其在环境预警中的应用[J]. 环境监控与预警，2010，2（3）：5-8.

[58] 高方述. 典型湖区水环境承载力与调控方案研究——以洪泽湖西部湖滨为例[D]. 南京：南京师范大学，2013.

[59] 郭怀成，赵智杰. 我国新经济开发区水环境规划研究[J]. 环境科学进展，1994，2（6）：14- 22.

[60] 高铁梅，张桂莲，樊克勤. 我国经济预警信息系统的维护和应用[J]. 预测，1997，5：35-38.

[61] 高伟，伊璇，刘永，等. 可持续性约束下开放流域系统氮磷环境承载力研究[J]. 环境科学学报，2016，36（2）：690-699.

[62] 郭秀锐，毛显强. 中国土地承载力计算方法研究综述[J]. 地球科学进展，2000，15（6）：705-711.

[63] 李磊，贾磊，赵晓雪，等. 层次分析——熵值定权法在城市水环境承载力评价中的应用[J]. 长江流域资源与环境，2014，23（4）：456-460.

[64] 李莉，程水源，陈东升，等. 基于 CMAQ 的大气环境容量计算方法及控制策略[J]. 环境科学与技术，2010（8）：162-166.

[65] 李继尊. 中国能源预警模型研究[D]. 青岛：中国石油大学，2007.

[66] 李如忠，钱家忠，孙世群. 模糊随机优选模型在区域水环境承载力评价中的应用[J]. 中国农村水利水电，2005（1）：31-34.

[67] 李新，石建屏，曹洪. 基于指标体系和层次分析法的洱海流域水环境承载力动态研究[J]. 环境科学学报，2011，31（6）：1338-1344.

[68] 李云生，冯银厂，谷清，等. 城市区域大气环境容量总量控制技术指南[M]. 北京：中国环境科学出版社，2005.

[69] 刘东，封志明，杨艳昭. 基于生态足迹的中国生态承载力供需平衡分析[J]. 自然资源学报，2012，27（4）：614-624.

[70] 刘立勇，王彬，李忠武. 典型城区山岳型风景区大气环境承载力分析[J]. 生态环境学报，2009，18（2）：688-692.

[71] 刘龙华，汤小华，陈加兵. 福建省大气环境承载力研究[J]. 亚热带资源与环境学报，2013，8（4）：31-39.

[72] 刘伟，叶芝祥，刘盛余，等. 区域大气环境承载力评价指标体系与评价方法研究[C]. 成都市科技年会分会场——世界现代田园城市空气环境污染防治学术交流会论文集，2010.

[73] 卢亚灵，颜磊，许学工. 环渤海地区生态脆弱性评价及其空间自相关分析[J]. 资源科学，2010，32（2）：303-308.

[74] 吕贤知. 什么是经济景气监测[J]. 人民检察，1997，4：60.

[75] 毛汉英，余丹林. 区域承载力定量研究方法探讨[J]. 地理科学进展，2001（04）：549-555.

[76] 彭再德，杨凯，王云. 区域环境承载力研究方法初探[J]. 中国环境科学，1996，16（1）：6-10.

[77] 钱跃东. 区域大气环境承载力评估方法研究[D]. 南京：南京大学，2011.

[78] 任海平，王思强. 四大经济学家纵谈中国经济与世界经济[J]. 科学决策，2004，11：51-52.

[79] 任阵海，俞学曾，杨新兴，等. 我国大气污染物总量控制方法研究[C]. 第八届全国大气环境学术会议，昆明，2000，10.

[80] 塔娜. 基于 PSR 模型的土地利用规划实施评价研究[D]. 武汉：华中农业大学，2007.

[81] 唐剑武，郭怀成，叶文虎. 环境承载力及其在环境规划中的初步应用[J]. 中国环境科学，1997（1）：6-9.

[82] 陶骏昌，李宗凌，等. 农业预警系统——宏观农业管理的新思路[M]. 北京：中国统计出版社，1992.

[83] 陶在朴（奥地利）. 生态包袱与生态足迹[M]. 北京：经济科学出版社，2003：145.

[84] 肖杨，毛显强，马根慧，等. 基于 ADMS 和线性规划的区域大气环境容量测算[J]. 环境科学研究，2008，21（3）：13-16.

[85] 熊建新，陈端吕，彭保发，等. 基于 ANN 的洞庭湖区生态承载力预警研究[J]. 中南林业科技大学学报，2014，34（2）：102-107.

[86] 徐大海，王郁. 确定大气环境承载力的烟云足迹法[J]. 环境科学学报，2013，33（6）：1734-1740.

[87] 徐鹤，丁洁，冯晓飞.基于 ADMS-Urban 的城市区域大气环境容量测算与规划[J]. 南开大学学报（自然科学版），2010，43（4）：67-72.

[88] 许联芳，杨勋林，王克林，等. 生态承载力研究进展[J]. 生态环境，2006（5）：1112-1116.

[89] 徐琳瑜，康鹏，刘仁志. 基于突变理论的工业园区环境承载力动态评价方法[J]. 中国环境科学，2013，33（6）：1127-1136.

[90] 徐美，朱翔，刘春腊. 基于 RBF 的湖南省土地生态安全动态预警[J]. 地理学报，2012（10）：1411-1422.

[91] 许学工. 黄河三角洲生态环境的评估和预警研究[J]. 生态学报，1996，16（5）：461-468.

[92] 薛文博，王金南，杨金田，等. 淄博市大气污染特征模型模拟及环境容量估算[J].环境科学，2013，34（4）：1264-1269.

[93] 薛文博，付飞，王金南，等. 基于全国城市 $PM_{2.5}$ 达标约束的大气环境容量模拟[J]. 中国环境科学，2014，34（10）：2490-2496.

[94] 薛文博，付飞，王金南，等. 中国 $PM_{2.5}$ 跨区域传输特征数值模拟研究[J].中国环境科学，2014，34（6）：1361-1368.

[95] 王春娟，冯利华，罗伟. 长三角经济区水资源承载力的综合评价[J]. 水资源与水工程学报，2012，23（4）：38-42.

[96] 王耕，吴伟. 基于 GIS 的辽河流域水安全预警系统设计[J]. 大连理工大学学报，2007，47（2）：175-179.

[97] 王耕，吴伟. 区域生态安全预警指数——以辽河流域为例[J]. 生态学报，2008，28（8）：3535-3542.

[98] 王俭，孙铁珩，李培军，等. 环境承载力研究进展[J]. 应用生态学报，2005，16（4）：768-772.

[99] 王俭，孙铁珩，李培军，等. 基于人工神经网络的区域水环境承载力评价模型及其应用[J]. 生态学，2007，26（1）：139-144.

[100] 王金南，潘向忠. 线性规划方法在环境容量资源分配中的应用[J]. 环境科学，2005，26（6）：195-198.

[101] 王金南，蒋洪强. 主体功能区环境容量约束力指标内涵及地区分解方案研究[R]. 2013.

[102] 王奎峰，李娜，于学峰，等. 基于 P-S-R 概念模型的生态环境承载力评价指标体系研究：以山东半岛为例[J]. 环境科学学报，2014，34（8）：2133-2139.

[103] 王勤耕，吴跃明，李宗恺. 一种改进的 P 值控制法[J]. 环境科学，1997，17（3）：278-283.

[104] 王淑莹，高春娣. 环境导论[M]. 北京：中国建筑工业出版社，2004.

[105] 王思强. 中长期能源预测预警体系研究与应用[D]. 北京：北京交通大学，2009.

[106] 王西琴，高伟，曾勇. 基于 SD 模型的水生态承载力模拟优化与例证[J]. 系统工程理论与实践，2014，34（5）：1352-1360.

[107] 汪彦博，王嵩峰，周培疆. 石家庄市水环境承载力的系统动力学研究[J]. 环境科学与技术，2006，3（29）：26-28.

[108] 吴俊松. 煤炭矿区大气环境承载能力分析[J]. 能源环境保护，2009，23（5）：60-64.

[109] 夏增禄. 土壤环境容量及其应用[M]. 北京：气象出版社，1988.

[110] 闫满存，王光谦，李保生，等. 基于模糊数学的广东沿海陆地地质环境区划[J]. 地理学与国土研究，2000，16（4）：41-48.

[111] 叶龙浩，周丰，郭怀成，等. 基于水环境承载力的沁河流域系统优化调控[J]. 地理研究，2013，32（6）：1007-1016.

[112] 叶雪梅，郝吉明，段雷，等. 应用动态模型确定酸沉降临界负荷的探讨[J]. 环境科学，2002（4）：18-23.

[113] 易武英，苏维词，周文龙，等. 基于元胞自动机模型的贵阳市花溪区生态安全预警模拟研究[J]. 浙江农林大学学报，2015，32（3）：369-375.

[114] 曾维华，王华东，薛纪渝. 人口·资源与环境协调发展关键问题之一——环境承载力研究[J]. 中国人口·资源与环境，1991，1（2）：33-37.

[115] 曾维华，薛英岚，贾紫牧，等. 水环境承载力评价技术方法体系建设与实证研究[J]. 环境保护，2017，45（24）：17-24.

[116] 曾维华，杨月梅，陈荣昌，等. 环境承载力理论在区域规划环境影响评价中的应用[J]. 中国人口·资源与环境，2007，17（6）：27-31.

[117] 张会涓，陈然，赵言文. 基于模糊物元模型的区域水环境承载力研究[J]. 水土保持通报，2012，32（2）：186-189.

[118] 张静，曾维华，吴舜泽，吴悦颖，等. 一种新的区域环境承载力评价预警方法及应用[J]. 生态经济，2016，32（2）：19-23.

[119] 张军以，苏维词，张凤太. 基于 PSR 模型的三峡库区生态经济区土地生态安全评价[J]. 中国环境科学，2011，31（6）：1039-1044.

[120] 张文国，杨志峰. 基于指标体系的地下水环境承载力评价[J]. 环境科学学报，2002，22（4）：541-544.

[121] 赵宏波，马延吉. 基于变权-物元分析模型的老工业基地区域生态安全动态预警研究——以吉林省为例[J]. 生态学报，2014，（16）：4720-4733.

[122] 赵卫，刘景双，苏伟，等. 辽宁省辽河流域水环境承载力的多目标规划研究[J]. 中国环境科学，2008，28（1）：73-77.

[123] 赵艳萍. 农田生态安全预警研究[D]. 合肥：安徽农业大学，2007.

[124] 郑荣宝，刘毅华，董玉祥. 广州市土地安全预警系统与 RBF 评估模型的构建[J]. 地理科学，2007，27（6）：774-778.

[125] 周彬，钟林生，陈田，等. 基于变权模型的舟山群岛生态安全预警[J]. 应用生态学报，2015，26（6）：1854-1862.

[126] 左其亭，马军霞，高传昌. 城市水环境承载能力研究[J]. 水科学进展，2005，16（1）：103-108.